U0339549

第一推动丛书: 宇宙系列
The Cosmos Series

爱因斯坦的未完成交响曲
Einstein's Unfinished Symphony

[美] 玛西亚·芭楚莎 著　李红杰 译
Marcia Bartusiak

CSK 湖南科学技术出版社

THE
FIRST
MOVER

总序

《第一推动丛书》编委会

科学，特别是自然科学，最重要的目标之一，就是追寻科学本身的原动力，或曰追寻其第一推动。同时，科学的这种追求精神本身，又成为社会发展和人类进步的一种最基本的推动。

科学总是寻求发现和了解客观世界的新现象，研究和掌握新规律，总是在不懈地追求真理。科学是认真的、严谨的、实事求是的，同时，科学又是创造的。科学的最基本态度之一就是疑问，科学的最基本精神之一就是批判。

的确，科学活动，特别是自然科学活动，比起其他的人类活动来，其最基本特征就是不断进步。哪怕在其他方面倒退的时候，科学却总是进步着，即使是缓慢而艰难的进步。这表明，自然科学活动中包含着人类的最进步因素。

正是在这个意义上，科学堪称为人类进步的"第一推动"。

科学教育，特别是自然科学的教育，是提高人们素质的重要因素，是现代教育的一个核心。科学教育不仅使人获得生活和工作所需的知识和技能，更重要的是使人获得科学思想、科学精神、科学态度以及科学方法的熏陶和培养，使人获得非生物本能的智慧，获得非与生俱来的灵魂。可以这样说，没有科学的"教育"，只是培养信仰，而不是教育。没有受过科学教育的人，只能称为受过训练，而非受过教育。

正是在这个意义上，科学堪称为使人进化为现代人的"第一推动"。

　　近百年来，无数仁人志士意识到，强国富民再造中国离不开科学技术，他们为摆脱愚昧与无知做了艰苦卓绝的奋斗。中国的科学先贤们代代相传，不遗余力地为中国的进步献身于科学启蒙运动，以图完成国人的强国梦。然而可以说，这个目标远未达到。今日的中国需要新的科学启蒙，需要现代科学教育。只有全社会的人具备较高的科学素质，以科学的精神和思想、科学的态度和方法作为探讨和解决各类问题的共同基础和出发点，社会才能更好地向前发展和进步。因此，中国的进步离不开科学，是毋庸置疑的。

　　正是在这个意义上，似乎可以说，科学已被公认是中国进步所必不可少的推动。

　　然而，这并不意味着，科学的精神也同样地被公认和接受。虽然，科学已渗透到社会的各个领域和层面，科学的价值和地位也更高了，但是，毋庸讳言，在一定的范围内或某些特定时候，人们只是承认"科学是有用的"，只停留在对科学所带来的结果的接受和承认，而不是对科学的原动力 —— 科学的精神的接受和承认。此种现象的存在也是不能忽视的。

　　科学的精神之一，是它自身就是自身的"第一推动"。也就是说，科学活动在原则上不隶属于服务于神学，不隶属于服务于儒学，科学活动在原则上也不隶属于服务于任何哲学。科学是超越宗教差别的，超越民族差别的，超越党派差别的，超越文化和地域差别的，科学是普适的、独立的，它自身就是自身的主宰。

　　湖南科学技术出版社精选了一批关于科学思想和科学精神的世界名著，请有关学者译成中文出版，其目的就是为了传播科学精神和科学思想，特别是自然科学的精神和思想，从而起到倡导科学精神，推动科技发展，对全民进行新的科学启蒙和科学教育的作用，为中国的进步做一点推动。丛书定名为"第一推动"，当然并非说其中每一册都是第一推动，但是可以肯定，蕴含在每一册中的科学的内容、观点、思想和精神，都会使你或多或少地更接近第一推动，或多或少地发现自身如何成为自身的主宰。

再版序
一个坠落苹果的两面：
极端智慧与极致想象

龚曙光
2017年9月8日凌晨于抱朴庐

连我们自己也很惊讶，《第一推动丛书》已经出了25年。

或许，因为全神贯注于每一本书的编辑和出版细节，反倒忽视了这套丛书的出版历程，忽视了自己头上的黑发渐染霜雪，忽视了团队编辑的老退新替，忽视好些早年的读者，已经成长为多个领域的栋梁。

对于一套丛书的出版而言，25年的确是一段不短的历程；对于科学研究的进程而言，四分之一个世纪更是一部跨越式的历史。古人"洞中方七日，世上已千秋"的时间感，用来形容人类科学探求的速律，倒也恰当和准确。回头看看我们逐年出版的这些科普著作，许多当年的假设已经被证实，也有一些结论被证伪；许多当年的理论已经被孵化，也有一些发明被淘汰 ……

无论这些著作阐释的学科和学说，属于以上所说的哪种状况，都本质地呈现了科学探索的旨趣与真相：科学永远是一个求真的过程，所谓的真理，都只是这一过程中的阶段性成果。论证被想象讪笑，结论被假设挑衅，人类以其最优越的物种秉赋 —— 智慧，让锐利无比的理性之刃，和绚烂无比的想象之花相克相生，相否相成。在形形色色的生活中，似乎没有哪一个领域如同科学探索一样，既是一次次伟大的理性历险，又是一次次极致的感性审美。科学家们穷其毕生所奉献的，不仅仅是我们无法发现的科学结论，还是我们无法展开的绚丽想象。在我们难以感知的极小与极大世界中，没有他们记历这些伟大历险和极致审美的科普著作，我们不但永远无法洞悉我们赖以生存世界的各种奥秘，无法领略我们难以抵达世界的各种美丽，更无法认知人类在找到真理和遭遇美景时的心路历程。在这个意义上，科普是人类极端智慧和极致审美的结晶，是物种独有的精神文本，是人类任何其他创造——神学、哲学、文学和艺术无法替代的文明载体。

在神学家给出"我是谁"的结论后，整个人类，不仅仅是科学家，包括庸常生活中的我们，都企图突破宗教教义的铁窗，自由探求世界的本质。于是，时间、物质和本源，成为了人类共同的终极探寻之地，成为了人类突破慵懒、挣脱琐碎、拒绝因袭的历险之旅。这一旅程中，引领着我们艰难而快乐前行的，是那一代又一代最伟大的科学家。他们是极端的智者和极致的幻想家，是真理的先知和审美的天使。

我曾有幸采访《时间简史》的作者史蒂芬·霍金，他痛苦地斜躺在轮椅上，用特制的语音器和我交谈。聆听着由他按击出的极其单调的金属般的音符，我确信，那个只留下萎缩的躯干和游丝一般生命气息的智者就是先知，就是上帝遣派给人类的孤独使者。倘若不是亲眼所见，你根本无法相信，那些深奥到极致而又浅白到极致，简练到极致而又美丽到极致的天书，竟是他蜷缩在轮椅上，用唯一能够动弹的手指，一个语音一个语音按击出来的。如果不是为了引导人类，你想象不出他人生此行还能有其他的目的。

无怪《时间简史》如此畅销！自出版始，每年都在中文图书的畅销榜上。其实何止《时间简史》，霍金的其他著作，《第一推动丛书》所遴选的其他作者著作，25年来都在热销。据此我们相信，这些著作不仅属于某一代人，甚至不仅属于20世纪。只要人类仍在为时间、物质乃至本源的命题所困扰，只要人类仍在为求真与审美的本能所驱动，丛书中的著作，便是永不过时的启蒙读本，永不熄灭的引领之光。

虽然著作中的某些假说会被否定，某些理论会被超越，但科学家们探求真理的精神，思考宇宙的智慧，感悟时空的审美，必将与日月同辉，成为人类进化中永不腐朽的历史界碑。

因而在25年这一时间节点上，我们合集再版这套丛书，便不只是为了纪念出版行为本身，更多的则是为了彰显这些著作的不朽，为了向新的时代和新的读者告白：21世纪不仅需要科学的功利，而且需要科学的审美。

当然，我们深知，并非所有的发现都为人类带来福祉，并非所有的创造都为世界带来安宁。在科学仍在为政治集团和经济集团所利用，甚至垄断的时代，初衷与结果悖反、无辜与有罪并存的科学公案屡见不鲜。对于科学可能带来的负能量，只能由了解科技的公民用群体的意愿抑制和抵消：选择推进人类进化的科学方向，选择造福人类生存的科学发现，是每个现代公民对自己，也是对物种应当肩负的一份责任、应该表达的一种诉求！在这一理解上，我们将科普阅读不仅视为一种个人爱好，而且视为一种公共使命！

牛顿站在苹果树下，在苹果坠落的那一刹那，他的顿悟一定不只包含了对于地心引力的推断，而且包含了对于苹果与地球、地球与行星、行星与未知宇宙奇妙关系的想象。我相信，那不仅仅是一次枯燥之极的理性推演，而且是一次瑰丽之极的感性审美……

如果说，求真与审美，是这套丛书难以评估的价值，那么，极端的智慧与极致的想象，则是这套丛书无法穷尽的魅力！

PSR 1913+16B

RA	DEC	PERIOD	DM
1913.74	16°00'	.059/0332	160
1913.13	16°00'24"	.059.38	167±5
±4ˢ	≈60"	28.98/24	
		.059030	

SCAN	DUMPS	DM CHNL	FREQ/tree	S/N
473	205-236	8,10	430/±B	7.25
526	1-128	8,9	430/28	13.0
535	1-384	8	430/28	15.C

$l = 49.95$ $b = 2.11$ fantastic!

罗素·胡尔斯正在波多黎各的阿雷西博天文台操作计算机和电传打字机（1974年）。记录有PSR 1913+16"妙极了"的探测结果的表格上，还有胡尔斯在困惑中画掉的它变化着的周期。（版权归诺贝尔基金会所有）

约瑟夫·泰勒从PSR 1913+16这对中子双星的运动中找到了引力波的证据。（丽塔·娜尼尼）

40年前，约瑟夫·韦伯发明了共振棒探测器，从而创立了引力波天文学。然而，他报告的探测结果，至今仍备受争议。这是20世纪70年代他在马里兰大学一台共振棒探测器上工作时的照片。（由约瑟夫·韦伯免费提供）

约翰·阿齐博尔德·惠勒把广义相对论带进了天体物理学前沿，并给黑洞取了"黑洞"这个名字。（照片由罗伯特·A.马修拍摄，并由普林斯顿大学免费提供）

1887年艾尔伯特·迈克尔逊在地下实验室里建造了这台干涉仪，但并没有探测到以太；这个令人困惑的结果最终导致了爱因斯坦狭义相对论的提出。（卡内基天文台收藏，亨廷顿实验室，加利福尼亚圣马力诺市）

麻省理工学院（MIT）的20号楼就是著名的"胶合板皇宫"。20世纪70年代，瑞纳·怀斯在这里首次提出的激光干涉仪计划后来发展成了LIGO。（麻省理工学院博物馆）

　　加州理工学院的理论家基普·桑尼
（拍摄于20世纪80年代）在被说服、从
而相信了探测到引力波是有可能实现的
之后，成了引力波天文学最坚定的支持
者。他和自己的学生们精于预测可能的
引力波辐射源。（由罗伯特·J. 帕斯／加
州理工学院免费提供）

　　罗纳德·德莱弗在苏格兰和加州理工学院都发展了工程上的革新措施，从而使
激光干涉仪得以向前发展。（版权归詹姆斯·舒格所有）

来自锡拉丘兹大学的LIGO研究员彼得·索尔森："我们正在努力争取的精确度水平是我们事业的标志；这样做的话，你就'走上正道了'。"（彼得·芬格）

普林斯顿大学的罗伯特·迪克，摄于20世纪60年代。在20世纪后50年广义相对论实验复兴的过程中，他是一位关键人物。（普林斯顿大学图书馆）

詹姆斯·福乐、彼得·班德和R.塔克·斯特宾斯（从左至右）在科罗拉多大学的天文物理联合研究所发起了太空干涉仪研究。他们的工作最终发展成了拟议中的LISA工程。（由肯·阿伯特拍摄，版权归科罗拉多大学所有）

集中在阿贝尔2218星系团里的所有天体就像一面巨大的变焦透镜。正如爱因斯坦广义相对论所预测的那样，这个距离我们一二十亿光年远的星系团把更为遥远的星系放大并弯曲成了一系列同心圆弧。（NASA：安德鲁·伏鲁西特和ERO小组）

左图为LIGO的主任巴里·巴里希（《费米新闻》）。右图为麻省理工学院的瑞纳·怀斯，激光干涉仪先驱，在很多人看来，他还是LIGO的建造之父。（加州理工学院）

VIRGO小组的成员，在他们的高级隔震塔——"超级衰减器"——前的合影。VIRGO的联合主管阿戴尔伯特·贾佐托位于后排，左起第三位。（由VIRGO免费提供）

身着无菌室工作服的LIGO研究员们正在巨大的干涉仪内建立起众多光学支持系统中的一套。（加州理工学院）

坐落在路易斯安那州利文斯顿松林里的激光干涉仪引力波天文台（LIGO）。它的一条4千米长的管道壁向上延伸开去，另一条向右延伸。另一同样的天文台建在华盛顿州的汉福德。（加州理工学院）

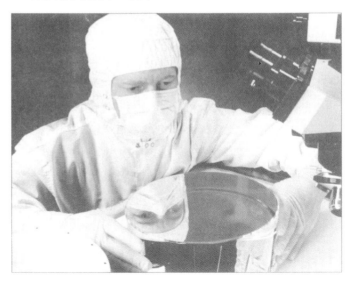

一位光学工程师正在捧起一块LIGO的纯硅镜片，它们是引力波探测器的核心部件。（加州理工学院）

致谢

　　正式接触引力波，已是 20 多年前的事了。当时我正为一份以边缘科学见长的杂志《科学 85》(很可惜，已经停刊了) 工作；而位于加利福尼亚的斯坦福大学则拥有探测引力波最先进的设备 —— 一根过冷保护的粗笨金属棒，安放在校园里一座洞穴似的房子里。这根 5 吨重的铝棒可是本书的重头戏，在这一探索时空那飘忽不定的涟漪的迷离故事里，它可是主角。而这台探测器最有可能探测到的是我们银河系里的超新星大爆发，这种事件[1]每百年才能碰上几次。

　　还在西海岸的时候，我做了一件几乎是放 " 马后炮 " 的事 —— 决定前往加州理工学院，了解另一个探测项目的详情。长远来看，这个项目将会获得更多的观测资料；但与那些金属棒相比来说，它还处于幼儿园阶段 —— 这就是激光干涉测量仪。在加州理工学院校园里有一台测量仪原型；而在访问期间，他们给我看的则是一张天文台草图。他们将和麻省理工学院 (MIT)[2] 携手共建这座完全成熟的天文台。草图上画的是两根几千米长的巨型管道，建在一片假想的平坦沙漠中。

---

1. " 事件 " 是指时空中某一点发生的现象或事件；在相对论中，" 事件 " 是基本的观察实体。—— 译者注
2. 此后再提到 " 麻省理工学院 " 时，均用简称 MIT。为便于阅读，其他专有词均依此例，即首次提到时全称、简称并举，再次提到时使用简称。阅读时如有疑问请参阅本书索引。—— 译者注

在那个联邦预算大幅缩水的年代，真怀疑平生能否见到这套设备真正建成的那一天。

令我又惊又喜的是，我错了。惊喜的理由很充分。当我动笔开始写一本天文学和天体物理学方面的书时，各种观测宇宙电磁辐射的设备已经建立起来了。天文学家们在宇宙观测的征途上，已经迈出了成功的一步。从无线电波到伽马射线，他们没有漏掉任何电磁波段。我觉得，虽然新天文学已经做好准备来欢迎天文学家们在宇宙调色板上描绘出一片风景了，但仅仅一个科普作家就能为之作传的时代已经过去了。不过，后来我却又意识到，引力波天文学给了我这么一个机会。

首先要感谢彼得·索尔森，他是我的指路人。1988年我们第一次见面，当时我正在写一篇天文学进展方面的跟踪报道。后来彼得离开MIT，去了锡拉丘兹大学，虽然处处不便，但他仍在努力使我跟上新科技的步伐，并促使我冒出了把期刊扩展为一部书的念头。他的鼓励是本书的发端，而且他的建议和指引自始至终都伴随着我。在这征途上，他和妻子莎拉已成为我的亲密战友。

在四处——从帕萨迪纳到比萨——采访之余，我常常去坐落在查尔斯河畔的MIT科学图书馆。这里，我要感谢那儿的图书管理员们，他们常常耐心地回答我的问题，并为我指出要查询的书架在哪儿。

到调研快结束时，我已经采访了50多位科学家和工程师，有的是面对面采访，还有的是电话采访或通过电子邮件联系的。还有那些帮我查出书中错误并提出了宝贵意见的人们，在此也要一并向他们表示感谢。他们是：约翰·阿姆斯特朗、彼得·班德、加利林·比林斯利、菲利普·查普曼、卡斯坦·丹兹曼、萨姆·芬、隆·德莱弗、威廉·福克纳、罗伯特·福沃德、阿戴尔伯特·贾佐托、威廉·哈米尔顿、罗素·休斯、理查德·艾萨克森、艾尔伯特·拉扎里尼、弗莱德·拉阿布、罗兰·西林、欧文·夏皮罗、约瑟夫·泰勒、基普·桑尼、托尼·泰森、斯坦·惠特柯姆、克利福德·威尔和迈克尔·扎克（以上如有错误，均由我一人负责）。这里还要特别感谢瑞纳·怀斯，虽然激光干涉仪引力波天文台（LIGO）试运转的最终期限快要到了，他仍常常抽出时间接待我，并回答我的问题。《天文学》期刊编辑部里我最喜欢的一位编辑罗伯特·奈耶，也提供了他独到的见解。

　　我还要感谢那些提出了具有历史意义的观点的物理学家和研究人员们，包括：约翰·惠勒，他带我在普林斯顿大学游览了一圈，还去参观了许多爱因斯坦以前常去的地方；约瑟夫·韦伯，在我去马里兰大学访问时他曾热情地接待了我。此外，我还参观了不少探测装置，获得了不少有价值的信息。为此，我要感谢加州理工学院掌管探测器原型的詹尼弗·洛根，VIRGO[1]的卡萝·布拉答夏、路易斯安那LIGO的塞西尔·福兰克林和汉福德LIGO的奥托·麦色尼。加州理工学院十分出色的管理员唐娜·汤姆林森也提供了无价的帮助——安排了我去LIGO总部参观。同样还要感谢提供了关键资料或发表了独到见解的调查人员们，他们是：巴里·巴里希、比普拉卜·巴瓦尔、罗夫·鲍克、约当·坎普、道格拉斯·库克、罗伯特·艾森斯坦、杰·希夫纳、吉姆·霍、维奇·卡罗杰拉、肯·利布里切特、菲尔·林德奎斯特、瓦

---

1. "室女座"干涉仪，见索引。——译者注

利德·马吉德、戴尔·奥维密特、简妮·黑兹尔·罗米、R. 约翰·桑德曼、盖里·桑德斯、戴维·舒马克、R. 塔克·斯特宾斯、塞拉普·提拉夫、韦姆·冯·阿姆斯福特、罗比·沃格特和山本博章。

自始至终，朋友和同事们都与我保持着联系，甚至在我一连数周都销声匿迹时也这样，这使我得以保持昂扬的斗志来完成这部书。他们对本书的兴趣激励着我不断向前。为此，我要感谢伊丽莎白和戈兹·伊顿、伊丽莎白·马吉奥和艾克·格兹尔、塔拉和保罗·麦克卡比、苏赞尼·塞斯席拉和杰德·罗伯茨、弗莱德·韦伯和斯米塔·斯里尼法斯、林达和史蒂夫·胡勒、L. 科尔·史密斯、艾伦·拉贝尔、谢尔和戴尔·沃利。而我远在他乡的教女斯凯·麦克科尔·芭楚莎给我带来了许多欢声笑语，在此也向她表示感谢。还要感谢决心支持我的母亲、哥哥切特及其家人、姐姐简·贝利及其家人，还有克利福德、尤妮斯、鲍勃·罗维及我丈夫一家人。特别要感谢杜菲——我最喜欢的一条邻家的狗，它总是在我疲劳的时候冲我房门大叫，提醒我离开电脑，出去散散步，品味一下玫瑰的清香来驱散疲劳。

如果没有约瑟夫·亨利出版社主编斯蒂芬·马特纳的特别支持，读者们也不会读到这本书了。铁齿铜牙的他，从没有对这本书失去过信心，而且还耐心地等我签约等了整整两年。（谢谢你，马格丽特·盖勒，是你介绍我们认识的。）现在我意识到了，与一个致力于科学传播的出版社合作，是一件多么开心的事，而斯蒂芬给了我一个这样的机会。我还要感谢约瑟夫·亨利出版社的其他职员们，是他们在默默地帮助我：芭芭拉·科林·波普和安·莫钦特。克利斯汀·霍瑟搜罗了书中那些精彩的照片，而芭芭拉则将我的手稿排成了漂亮的版式。

　　最后，我要感谢丈夫史蒂夫·罗维。两年来，如果没有他的爱、鼓励和支持，我脑中的思维也不会开花结果。不只这些，本书还仰仗他在科学上的出色判断。谢谢你一直陪伴着我，史蒂夫！

[1] 前言

> "啊！可是人之所欲理应超越能力所及。否则，要天堂干什么？"[1]
>
> —— 罗伯特·布朗宁，《德萨托的安德里亚》，1855

    要想来到21世纪的天文台，必须穿越美洲南部古城 —— 确切地说，要穿越路易斯安那州的首府巴吞鲁日。刚下飞机，游客们就会感觉到本州的支柱产业所带来的气息 —— 拜附近一家炼油厂所赐，空气中飘荡着一股刺激性气味。沿着10号州际公路驱车继续前行，广告牌、杀人魔乔的海鲜和路易斯安那泥画扑面而来，稍纵即逝。中途相伴的还有蜿蜒曲折的密西西比河，流向新奥尔良和墨西哥湾。一路向前，首府东边的农田渐趋平坦，道路如同方格纸上的线条一样笔直。偶尔闪现出的斑驳树影以及浑身披挂着碧绿寄生藤的河流，冲淡了这种规整。

---

1. 这句话出自英国19世纪诗人布朗宁（Robert Browning，1812 — 1889）的一首诗《德萨托的安德里亚》（*Andrea Del Sarto*），为该诗的第97至第98行。该诗主要根据瓦萨里（Giorgio Vasari）的著作《画家的生活》（1550）的材料，借文艺复兴时期画家安德里亚（Andrea，1486 — 1531）的生平来讽喻作者自己的身世和处境，最早见于1855年的《男人和女人》。画家安德里亚是佛罗伦萨一个裁缝的儿子，于是叫del Sarto。这首诗又名《完美的画家》。当时，布朗宁在诗坛的知名度远不及妻子巴雷特（Elizabeth Barrett）。妻子于1861年去世后，布朗宁才渐渐出名。历史上，画家安德里亚与寡妇鲁克蕾齐亚（Lucrezia del Fede）结了婚，作画时由她来做模特。近代学者一般认为，瓦萨里的故事并不可靠。—— 译者注

　　路易斯安那州拥有670万公顷的森林，所以路上经常见到载满木材的大卡车。它们许多都来自巴吞鲁日东边35千米远的利文斯顿教区，那儿有一大片储备松林。沿着63号公路向北，越过一片废弃的饲料仓库，再向前数千米之后，就看到一块"激光干涉引力波天文台"的标志牌，该天文台是加州理工学院和MIT携手共建的，内行都简称其为LIGO。但是从高速公路上什么都看不到。拐进一条沥青路，小心穿过一片部分刚被砍伐过的小树林，就会看到长角牛群悠闲地漫步在道路上，再驱车前行1500米，天文台才映入眼帘。天文台有点儿类似一个多层货栈，银灰的底色，外加蓝色和白色的装饰。天文台在路易斯安那州并不常见，但是建造新的科技设备却是这个州的传统。早在1811年，爱德华·利文斯顿就曾帮助罗伯特·富尔顿建造了一艘行驶于密西西比河上的商用轮船。后来他成了一名参议员，而"利文斯顿"也成了教区的名字。

　　置放LIGO关键设备的大房子足足有10米高，十字形大厅仿佛一座飞机修理库，也像是教堂的十字形翼部，或者一座现代基督教教堂。在相互垂直的"十"字的两端，各有一个大圆舱。两个圆舱的开口处各引出一条长管，向旁边的乡间延伸出4000米长。每一条管道的直径都是1.2米，有点类似于石油管道，必要的时候工作人员可以弯腰在里面行走。为了安放这些管道，工作人员从松树林中生生开出了一个巨大的"L"字。"L"的一条臂伸向东南方，另一条伸向西南方。沿着每条臂都筑有一条高出路易斯安那州漫滩2.5米的公路，筑路所用的泥土直接从旁边采掘而得，这样就在每条公路旁边都留下了一道水沟，与管道平行。一条以天文台职员投喂的面包圈为生的鳄鱼，甚至占据了一个采料坑作为自己的寝宫。管道不能直接看到，因为上面覆盖有将近20厘米厚的混凝土来保护它不被风吹雨淋，也不至于在狩猎季节被流弹击中。管道内没有空气，任何撞击都可能是致命的。

3　　　"这就是我们掏挖出的一条4000米长的管道"，马克·寇斯一边自豪地挥舞着手臂，一边这么说。他身材高大，平易近人，刚刚从加州理工学院来到这儿，指导利文斯顿天文台的工作。他很快就适应了这儿法裔的生活方式，还为观测台带来了一句法语口号："让引力波的浪涛尽情翻滚吧！"他们把这句口号印在了T恤衫上，放在接待区出售。他们要捕捉的信号是引力辐射波，也就是通常所说的重力波[1]。

电磁波，包括可见光、无线电波和红外线等，都是由单个原子或电子发出的。通过某一天体发射出的电磁波，我们可以了解到它的一些特性，比如温度、年龄以及成分等。而引力波则携带着完全不同的信息，它告诉我们的是大质量天体的总体运行情况。它们是时空的一种振动，是从宇宙中能量变化最激烈的地方发出的。比如，恒星走到生命的尽头演变成超新星，中子星的高速自转，两颗黑洞围绕彼此旋转且越靠越近并最终合二为一，都会辐射出引力波。引力波会告诉我们整个宇宙中共有多少物质在运动、旋转和碰撞。这种研究宇宙的新方法，甚至最终还能找到宇宙在诞生之后最初1纳秒时所留下的痕迹，也就是令人敬畏的大爆炸留在时空中的烙印。在给利文斯顿天文台的献辞中，美国国家自然科学基金会（NSF）主任丽塔·科维尔说它正

---

1. 在以前的物理学中，gravity waves（重力波）常常用来指另一种物理现象——一种因气体密度不同而导致的大气振动。为简单起见，这里我把它作了"引力波"（gravitational waves）的同义词，正如研究人员所做的那样。引用莎士比亚的话说，简洁的意思就是："从舌尖轻快流畅地吐出……有一种平滑自然的感觉。"（原文为trippingly on the tongue … that may give it smoothness.）译者注：原文中的gravitational waves，一律译成"引力波"；而gravity waves则根据相应的语境分别译作"引力波"或"重力波"。——原文注

在"打开一瓶可以把我们带到从未去过的往古的香槟"。这些信息太引人注目了，科学家们一直都在竭尽全力探测这些难以捉摸的振动。

LIGO大厅里的气氛庄严肃穆，有点儿像漆黑一片的望远镜观测中心。虽然望远镜的观测对象也是繁星点缀的天空，但两者的观测机理却截然不同。这儿没有监视太空的窗口，只有一座引力波天文台牢牢坚守在自己的岗位上。这座天文台潜伏在时空蛛网的一角，静静地等待着捕捉爱因斯坦早在80年前就预言过的微弱振动。

MIT的瑞纳·怀斯说："想知道原委吗？我来告诉你。我们之所以这样做，完全出于对爱因斯坦的信任。芸芸众生中，确实存在这么一位不可思议的天才。普通大众都知道他的重要性。如果你跑到国会，告诉大家你要证明海森堡不确定原理存在错误的话，你会备受冷落；但如果你说想做一些测量，来证实或证伪爱因斯坦的理论，那么，所有的大门都会向你敞开。很玄乎。"

阿尔伯特·爱因斯坦是20世纪科学巨匠中的佼佼者。直到今天，他的思想引导的革命仍在进行。他颠覆了我们通常的时空观念。物理学革命很多都是沿着时空观念变革的足迹前进的。并且，我们的世界观——宇宙准则——的每一次调整，都会给物理学带来一场变革，以适应新的宇宙准则。每位物理学家思考的起点都是：如何描述物体在时空中的运动。他们给这些无形的概念取了名字，比如"里"或"秒"，而且自从艾萨克·牛顿爵士解释了苹果落地的原因之后，科学家们坚信自己理解了这些词的含义。可是，他们没有。爱因斯坦击碎了他们的自信。通过广义相对论，他告诉我们物质、时间和空间之间并不是相互独立的，而是有着永恒的联系，引力就来自于这些联系。这就是爱因斯坦引导这场革命的原因。他告诉我们时间和空间并不仅仅是为了方便测量而下的定义。相反，它们结合成为一个整体，名叫"时空"，外形则由四周的物质来决定。根据广义相对论，大质量物体，比如恒星，会导致周围时空的弯曲（就像保龄球会在蹦床上压出一个坑来一样）。而行星和彗星被恒星吸引着，仅仅是因为它们要沿着被

5 恒星"压弯"的时空高速公路行驶而已。如同我们希望的那样，大自然严格按照牛顿定律运行。但这实际上只是能量和速度都较低时的特殊情况。许多深受爱因斯坦"咒语"影响的人们，都觉得自己像幻境中的小姑娘爱丽丝一样，眼前的世界变得"越来越古怪"。爱因斯坦更为普适的理论就像魔棒一样，指引着我们来到一个背离直觉的世界。在这个神奇世界里，长度可能缩短，时间可能加速流逝或放慢步伐，物质也可能在转眼之间就消逝在时空的深井中 —— 爱因斯坦让时间和空间渐渐变得不再那么难以捉摸了。

在物理学家们看来，爱因斯坦的方程就像是一朵散发着数学美的奇葩。1915年首次被提出时，广义相对论就被尊为人类认知领域的一大突破。但在此之后相当长一段时间里，人们都认为它没有什么实际价值。当广义相对论被广泛接受，爱因斯坦也因此一举成名时，其证据在审美上的意义却更多一些。因为在21世纪初，能够验证此理论的证据只有水星轨道的细微偏移，以及太阳巨大质量导致的空间弯曲给途经附近的恒星星光带来的偏转。验证相对论效应的实验，完全有理由落后于理论工作。因为无论是描述圆球的自由落体，还是要把飞船送上月球，牛顿的理论都完全能够胜任。广义相对论效应过于细微，只有在引力场足够强大时才能观测到。但在爱因斯坦生活的年代，

人们认为宇宙很温顺，其中的引力场远远没有这么强大。可是，最初的验证工作完成之后，爱因斯坦名声空前，广义相对论也成了理论中的珍品，人人崇仰却又少人问津。诚如相对论学者克利福德·威尔所说："人们都认为相对论学者高居在智慧的象牙塔里，终日埋首于复杂深奥的计算之中。"

广义相对论有点儿像瑞普·凡·温克[1]，在数十年的沉寂之后，特别是在天文学家们发现了大量引人注目的天体，比如脉冲星、类星体和黑洞之后，重又焕发出了勃勃生机，因为这些天文现象只能用广义相对论来解释。中子星、引力透镜、膨胀的宇宙等，也需要引入爱因斯坦的观点才能解释。与此同时，飞速发展的科技也给物理学家们提供了先进的设备，使之能以空前的精度来探测相对论的微弱效应。这还不仅仅局限于在实验室做实验。利用行星探测器、射电天文望远镜以及航天钟，科学家们已经验证了爱因斯坦的假设与实际完全符合，而且精度高得惊人。整个太阳系都成了验证广义相对论的实验室。在那本被誉为相对论领域圣经的《引力论》一书中，查尔斯·迈斯纳、基普·桑尼和约翰·惠勒宣布："相对论不再是理论者的天堂、实验者的地狱了。"近一个世纪以来，相对论已经深入到各个实验领域里去了。这并不只是爱因斯坦和他的理论的胜利；大自然能够严格照此数

6

---

1. 小说《瑞普·凡·温克》（*Rip van Winkle*）的主人公。此书系美国小说家及历史学家华盛顿·欧文（Washington Irving，1783 — 1859）的名篇。故事大意为：有一天，瑞普·凡·温克在山中遇到了一个背着酒桶、形容古怪的老头。他带瑞普穿过了极深的峡谷，来到一个半圆形的山洼，看到一群奇形怪状的人在不声不响地玩着九桂球。这些人看到老头子与瑞普，就停止了游戏。痛饮他们带来的酒之后，重又开始游戏。瑞普禁不住趁这些人不注意偷偷尝了一口酒，觉得浓香可口，就又偷喝了几口。最后他头昏脑涨，两眼发黑，不知不觉就睡着了。一睡就是20年。醒后他回到了自己的村子里，却发现村子里一个熟人都没有，连他所惧怕的太太也已经离开人世了。这个故事与我国的《黄粱梦》（元代马致远所撰，故事取自《枕中记》）内容虽异，但意境相似，都在感叹人世之虚幻、富贵荣华之短促。——译者注

学规律运行，本身就是一个奇迹。更何况，许多事实都表明相对论已经走出象牙塔，对我们的日常生活产生着切实的影响。比如，旅行者、水手们和士兵等用来确定方位的全球卫星定位系统（GPS），就必须把相对论效应考虑进去，来修正牛顿理论的误差。天文学家们在用电磁信号把各大洲的射电望远镜连接起来，组成一台地球一样大的望远镜时，也必须考虑相对论效应。

　　但相对论的故事还没有画上一个圆满的句号，还有一个秘密没有被发现，一个重要预言尚待直接证实：引力波。为了便于理解，我们可以考虑一下宇宙中能量变化最为剧烈的事件——超新星爆发——一颗恒星临终的绝唱。16万年前，猛犸象还悠闲地漫步在亚洲大陆时，一颗被称为圣都立克−69°202的蓝巨星，在南星空的标志性天体——大麦哲伦星云里爆发了。直到1987年，爆炸发出的光芒才抵达地球。此时，全世界的天文台都把注意力投向了这束代表着一颗恒星行将就木的星光。自发明望远镜以来，这还是人类头一次观测到银河系里的超新星爆发呢。

7　　爱因斯坦的理论还预言，圣都立克−69°202爆发时将释放出引力波，即一种在宇宙中以光速传播的时空振动。爆发前的一瞬间，蓝巨星的内核突然坍缩成一颗直径只有16千米的致密圆球，密度大得惊人，手指头大小的这种物质就有5亿吨重，比整个人类加在一起还要重。就这样，一颗中子星诞生了。伴随着这么一个巨星的坍缩，空间本身也跟着晃来晃去。这就好比向平静的时空池塘中扔进一颗石子一样，激起的涟漪从坍缩处向四周传播开来。尽管在传播的过程中变得越来越弱，但引力波仍在持续不断地拨动着时空之弦。在到达地球之前，这些引力波已经穿越满天繁星。其实，穿越的过程，也是一个不断挤压、扩张途经空间的过程。之后，它们又穿越山川河岳、殿宇楼阁，穿越草木虫鱼、天下苍生，绝地球而去。

正如圣都立克的例子所示，只要有空间剧烈扰动的地方，就会有引力波发出。引力波并不像光波那样真正穿越空间而传播；它们只是空间自身的振动，据此效应我们可以建造一台强大的探测器。光波在宇宙中漫游时，会被恒星、星云、细微的宇宙尘埃等物质吸收。而引力波却能自由地穿越这些物质，因为它们与物质的相互作用太微弱了。所以，引力波的天空与天文学家们当前观测的天空大不相同。引力波不仅仅给宇宙多开了一扇窗口，还带给了我们对于宇宙的一个全新理解。除此之外，它们还会最终证明爱因斯坦那非常重要的思维成果。它们的存在会切实而明白地告诉我们，时空本身就是一个物理实体。

美国和欧洲的一些先锋科学家声称已经探测到圣都立克带给时空的微弱振动了；但此结果却被另外一些科学家断然否定了。不过，下一次引力波经过时，科学家们绝不会再掉以轻心了。为此，他[8]们建立了LIGO。LIGO拥有两座天文台，一座在路易斯安那州，另一座在华盛顿州，两者遥相呼应。但它并不是绝无仅有的。尺寸各异但功能类似的这类设施，正在意大利、德国、澳大利亚和日本纷纷兴建起来。这些都是迄今为止最先进的引力波探测器，都期望着摘取那项难以捉摸的宇宙大奖。几乎无人怀疑引力波的存在，因为已经有足够的证据证明这是事实了。天文学家们已经观察到银河系中有两颗中子星——超新星爆发的产物——彼此围绕着高速旋转了，且它们相距越来越近，运转轨道每年都要缩短将近1米。这正是以引力波的形式损失能量的结果。然而，只有捕捉到引力波，才能给出最终的证明，并给科学家们提供一个400年来探测寰宇最先进、最根本的工具。

　　早在16世纪，意大利帕多瓦大学一位杰出的数学教授伽利略·伽利雷，就曾经把一架新的探测工具对准了夜空进行观测。透过这个名叫"望远镜"的东西，他观测到了天空中前人从不敢想象的丰富细节。从前人们都认为天堂是完美的，永远不变的，但伽利略却看到了一个有着黑点的太阳和一个坑坑洼洼的月亮。随着望远镜越来越先进，天空中越来越多的细节呈现在世人眼前了。后来我们得知，银河系也不过是宇宙中诸多星系中的一个，而且这些星系都随着时空的膨胀而在向外扩展。当天文学家将视线延伸到可见光之外时，他们发现了另外一些电磁"颜色"，比如无线电波、红外线和X射线等，过去那个完美的天堂也变得面目全非了。长期以来被描绘成一个安静居所的宇宙，满是文雅的恒星、端庄的螺旋星系的宇宙，现在则变得充满生机与活力了，有时还会有那么一点点暴力倾向。而那些聚集于宇宙边缘部分的射电望远镜阵列还发现，那儿存在着一种被称作类星体的年轻星系。一个不足我们太阳系大的这种星系却散发着万亿颗太阳的能量。把镜头拉近至我们的恒星邻居身旁，射电望远镜们看到的是1秒钟内旋转几十次的中子星。这些城市大小的中子星，都是大质量恒星坍缩的产物，全部由中子构成。而X射线望远镜则发现了大量普通光学望远镜探测不到的气态物质，它们一边围绕着星系团旋转，一边辐射出X射线。就这样，借助于这些不同类型的望远镜，原本看不见的天体都尽收眼底了。

　　在21世纪，天文学将会经历另一次革命。这次革命将在天文学家们探测到引力波时爆发。这种时空涟漪不会为肉眼所见，也不会在电子显示屏上显示，因为它们根本就不属于可见光、无线电、X射线之类的电磁波。从某种意义上来说，每一个引力子[1]在途经地球时都会被感觉到，或者说，被觉察到，就像一次轻微的震动，一阵颤抖的隆隆声，甚至宇宙的一声低沉的咕哝声。当引力波被捕获时，天文学整个儿就完全改观了。现在我们观察遥远的天空，就像是在看一部无声电影，只有画面，没有声音。待探测到后，引力波将为我们的宇宙电影配上声音。到那时，我们就能听到黑洞碰撞时的雷鸣声，或恒星坍缩时的嘶嘶声了。切实探测到引力波，将给爱因斯坦尚未完成的交响乐填补上最后的乐章。

引力波探测器就像一台地震检波器一样，只不过它是一台安装在时空网上的检波器，记录的是时空网的震动。最原始的引力波探测器就像一根汽车大小的圆柱状金属棒，每当一个能量足够大的引力子穿过时，探测器就会发出钟一样的嗡嗡声。像LIGO这样的最新的探测器，内部都装有一套悬挂装置。每当途经的引力波的波峰和波谷交替挤压和拉伸它所占据的空间时，此装置就会来回摆动（尽管摆动的幅度十分细微，只有原子核尺寸的几千分之一）。这些探测器一起监视着天空中的引力波源。通过精心测定引力子通过方位不同的探测器的时间，天文学家们就可以推算出波源的位置。引力子可能是井然有序的，也可能是飘忽不定的；可能是源源不断的一串，也可能是茕茕孑立的一个。从根本上来说，我们能够识别宇宙交响乐的每一个节拍。[10]引力波方面的天文学家们会把这样一段段的节律 —— 呜呜哀鸣、怦

---

1. "引力子"系具有波粒二象性且携带有单位能量的引力波。原文中将引力波视为可数名词，常有"一个引力波"之说，但此说法在汉语中行不通，故遵此情况都译作"一个引力子"。——译者注

然勃发、杂乱无章的咆哮等 —— 转译成一幅宇宙新图景，一幅如今尚不能领略的神秘宇宙图景。

　　所有这些努力，都可以追溯到 20 世纪 60 年代。当时有一位热衷于此领域的科学家，谨慎地展开了这方面的工作。那是在马里兰大学，物理学家约瑟夫·韦伯巧妙地设计了一套探测装置，并于 1969 年宣布探测到了引力子。受韦伯的启发，另一些物理学家们迅速加入到这个探测队伍中来了，探测设备也在全球遍地开花。然而，韦伯的探测结果从没有逃脱过争议，事实上，有很多人主张他的证据已经被驳倒了。但这并没有阻止新的科学家加入进来继续研究，他们很想在这个充满挑战的领域里一试身手。韦伯发起了一场至今仍方兴未艾的探测热潮。不同领域 —— 光学、激光、材料科学、广义相对论，还有真空技术等 —— 的科学家会聚一堂，来研究一个有史以来最复杂的天文探测装置。没谁敢保证一定就能探测到信号，所以批评者们猛烈地抨击说现在还为时过早。许多天文学和物理学协会向他们发动了强劲攻势，声称科研经费应该投到那些更有把握的项目上去。但是科学界的潜势力 —— 更不用说强大的政治势力了 —— 根本不理会这些。结果就是，探测引力波的科学家们不但在进行实验，还正在开辟自己的一片新天地。他们问的问题可以追溯到亚里士多德，而答案他们自己或许就能找到。《爱因斯坦的未完成交响曲》一书将向您展示为什么说他们正在攀登的是世纪探索的巅峰 —— 没有他们的雄心壮志，时空之谜就不可能被解开。

目录

第 1 章　001　降 G 调空间

第 2 章　014　大师登场

第 3 章　040　恒星的华尔兹

第 4 章　063　双人舞

第 5 章　085　共振棒探测器及探测

第 6 章　118　不和谐的音符

第 7 章　153　一小节轻音乐

第 8 章　182　主旋律的变奏

第 9 章　201　宇宙的乐章

第 10 章　225　最终章

第 11 章　246　尾声

247　参考文献

256　索引

290　译后记

第 1 章
降 G 调空间[1]

11　　　我们在讨论"空间"时，总是不假思索，脱口而出："这幢楼再没有一间办公室的'地儿'了。""同志，让点'空儿'。"虽然对于普通大众来说是显而易见的，但从深层次的考虑来说，"空间"的概念还是很难以捉摸的。英国哲学家伊恩·辛克法斯曾经质疑过："通常人们把万物分为物质、空间和时间。物质存在于空间，延续于时间。但这并不能说明什么是空间……关键是我们看到的、听到的、摸到的是什么，是什么引起了我们的感觉……"我们能意识到空间的存在，但并不能看到它，听到它，真切地感觉到它。那么，到底什么是空间呢？

　　　感觉到空间的极限和范围，很可能是早期智人的成就之一。在意识到只有通过一定的努力，才能走到附近的一条小河边、一块石头旁，或一棵树下时，最早的空间概念就从周围熟悉的事物中产生了。空间感的产生很可能早于时间感，因为我们是用描述空间距离的词"长"或"短"来形容时间的。而随着农业时代的到来，对空间的精确测量
12 就成了一种生产需要。比如，耕种一块土地或挖掘一道沟渠，都需要这种测量。

---

1. 原文 Space in G flat 意为"降 G 调里的空间"，而降 G 调"G flat"中的 G 代表"广阔的"（Grand），flat 意为"平坦的"，而 Space in G flat 则意味着本章讨论的是广阔无边的平坦空间。——译者注

正是从这些生活琐事中产生了深奥的空间概念。古希腊的哲学家们提出了一种有关虚空的概念：元气（pneuma apeiron），即一种允许物质在其中分离的东西。原子论之父德谟克利特就需要这样一种"虚空"，一种不存在任何东西的"虚空"，来使其理论得以成行。"空间"就是这样一种能使他的物质颗粒 —— 原子 —— 在其中运动的空的范围。这样的讨论很快就扩展到了对抽象的空间概念的思考。另一位古希腊哲学家阿基塔斯问了这样一个问题：当你走到世界的尽头并伸出你的手去，将会发生些什么呢？你的手会不会被空间的边界给挡住呢？德谟克利特的学生卢克莱修认为答案是否定的，并给了一个有趣的证明来说明空间无限：设想一个人跑到世界的边缘并扔了一支标枪出去，因为没有东西阻挡标枪前进，所以他认为宇宙应该不断向外延伸，以至无穷。而亚里士多德却持相反的意见，认为宇宙是有限的。他曾说："很明显，天堂之外没有空间、虚空和时间"，并认为如果一块石头落向地球是在寻找它在宇宙中心的自然位置的话，那么上升的火焰也总归将会碰到一个边界的。在亚里士多德的物理世界里，"上升"运动和"下降"运动势必保持平衡。另外，如果宇宙无穷大，那么在其最远的边缘被迫绕静止地球旋转的物体，将会"以无穷大的速度停止运动"。这种情形在他看来，显然是很荒谬的。

直到文艺复兴，人们一直都在激烈争论着"空间"这个话题。在中世纪，神学常常给这种争论注入一种偏见。现来考虑古希腊原子论者提出的"静止的虚空"，这个概念意味着上帝创造了一种他无法移动的东西，这对上帝的全能性构成了挑战。所以这种观点被认为是异端的，不为世俗所容。但是，自然哲学家们于14世纪已开始考虑"运动学"，即关于运动物体的学问了。这样，他们就需要引进一个"绝对 13

静止空间"概念，好让速度和加速度等物理概念都有一个参考系。其中，有个人在探索运动所遵循的数学规律时，就做了这样的假设。这个人改变了整个科学图景。他就是艾萨克·牛顿爵士。

　　1665 年，可怕的黑死病在英国爆发了，并一路向北传到了大学城剑桥，牛顿便于当年夏天回到了儿时生活过的庄园，即位于林肯郡的沃尔索普。他在那儿辛勤工作了两年，在只有 20 岁出头时，就开始研究他那些重要理论的数学和物理基础了。这些早在他的学院生活时就产生了萌芽的理论包括：颜色理论、微积分，还有最重要的万有引力定律。1667 年，24 岁的牛顿重返剑桥，两年内就被聘为卢卡锡数学教授，这在剑桥可是一种很高的荣誉。因为性格内向，而且有点儿神经质，牛顿没有发表自己很多革命性的观点，担心公开后会招致批评。直到 1684 年，在各种问题的启发下和埃蒙德·哈雷的不断督促下，牛顿终于开始动手写作他那部历史巨著 ——《自然哲学的数学原理》了。他放弃了刚刚迷上的炼金术，把他传奇式的精力都集中在《自然哲学的数学原理》上，只用了不到两年时间就完成了此书。

　　《自然哲学的数学原理》阐述了引力理论和运动学。牛顿在这本书中提到，自然界的力，并不像亚里士多德所说的那样维持着物体的运动，而是物体运动状态改变的原因。牛顿明确了伽利略由实验得来的推断：①运动的物体并不自动趋于静止，而是一直运动下去，除非受到摩擦力这样的外力的作用；②力的效果是使物体启动、减速或改变方向；③两物体间的引力，依赖于两个因素：各物体的质量和它们之间的距离。物体的质量越大，引力越大；而距离越大，引力越小。更确切一点说就是：③两物体间的引力与各自的质量成正比，而与两者之间距离的平方成反比[1]。更重要的是，牛顿认识到把苹果吸引到地面的力（传说中，正是因为在沃尔索普看到苹果落地，牛顿才受到启发，开始了对引力的思考），也是维持月球围绕地球旋转的力。他甚至还推导出了决定这些运动的公式。他发觉自然界是用一本数学书来作为上演一场场精彩戏剧的剧本的。他还发现所有的运动，无论是天上的还是地上的，都遵守着同一个物理规律，这个发现成了科学史上的一座里程碑。而在这之前，哲学家们普遍认为天堂与人间截然不同；人间的东西都遵守着演化的规律，最终都会走到自己生命的尽头——而天上的星星却是永恒的、不朽的。但是牛顿的理论却把天堂人间统一了起来。现在，一个无所不能的数学公式可以解释两个不同世界里的事物：地上的潮汐，天上彗星和行星的运行，甚至加农炮炮弹的运动轨迹。所有这些事物的运动轨道，都可以同样精确地计算出来了。牛顿的贡献太大了，他因此成了英国历史上第一位因自然科学工作而被授予爵位的人。

　　跳伞运动员和蹦极爱好者之所以垂直下落，是因为地球引力在往下拽着他们。引力不但主宰着宇宙的进化，还决定着宇宙在大尺度上的结构。然而，看起来有点自相矛盾的是，引力却是宇宙中最弱的力。一块小小的磁铁可以克服整个地球的引力把一个书夹给吊起来；两个彼此相邻的质子，它们之间的引力只有电磁力的一万亿亿亿亿（10^{36}）分之一。引力只有在质量很大或距离很远时才起决定性作用，比如在行星、恒星或星系之间。

---

1. ①、②、③实际上分别是牛顿第一定律、第二定律和引力定律。——译者注

　　牛顿的理论需要一个时空架构，所以时间和空间显得尤其重要。就拿牛顿第一定律来说吧：一物体在没有外力的作用下，将保持静止或匀速直线运动状态。但是这个"静止"是相对于什么来说的呢？"运动"又是朝着哪个方向或者背离哪个方向的呢？一提到运动，我们就必须选定一个参考系。比如，一个小孩子坐在飞驰中的汽车上看书，对于路边的旁观者来说，小孩子手里的书也在飞奔；但对于小孩子来说，书本却是静止不动的。牛顿的应急方案是在宇宙大尺度上选取一个参考系。空间就是它自身的静止参考系，均匀、透明，且永不改变。这种想法并不是牛顿首创的 —— 比如，在他之前，伽利略就曾在宇宙中安置了一个连续的三维虚空 —— 但牛顿用它来书写了一部完整的"科学圣经"。他曾说道："绝对空间就其自身来说，保持着静止状态。"他的话在当时可是有着无上权威的。空间是静止的，宇宙中的任何其他东西都相对于它运动。空间就像是牛顿的一个空的容器，你要么相对于它静止，要么相对于它运动。位置、距离、速度都是相对于这个固定不动的空间来说的。只有建立了这种框架、这种不变的宇宙图景，他的理论才能成立。

　　在绝对空间里测量速度，还需要一座能为这个宇宙里所有居民计时的普适时钟。所有的事件，无论发生在哪儿，无论发生的速度有多快，都可以用这个普适时钟来计时。一座放置在宇宙边缘的钟、一座在宇宙中高速穿梭的钟，都可以和地球上的钟一样，用分、秒来计时。这就意味着，位于宇宙两侧的两个观察者在相向而行时，可以同时校正他们的时钟。牛顿在《自然哲学的数学原理》里还说："绝对时间的流逝不依赖于任何事物"，他的时钟从不受周围事物的影响。就像高耸在伦敦上空的大本钟一样，时间突兀于宇宙之上；而在它下面的我们这个广袤的宇宙里，星系不断碰撞，太阳系业已形成，卫星们也在忙碌地围着行星旋转。

　　牛顿的引力理论在预测行星运行轨道上大展身手的同时，却又有着一个致命的弱点：它并没有给出引力产生的机制。到底是什么东西在把行星们和其他天体拉扯到一起，绕彼此旋转的呢？牛顿的引力一旦产生，就立刻玩魔术般地传到了很远的距离之外。这就有了点超自然的意味。正如当时一位尖酸的批评者所说："万事万物牛顿都能计算出来，就是无法给出解释。"对于一些人来说，没有给出事件产生原因的理论，不是什么好理论。牛顿也意识到了这一点，悲哀地解释说："两物体之间的力是通过真空传递的，不通过任何媒介而把作用力施加到另外一个物体上，这太荒谬了！我相信任何一个有着正常哲学思维的人都不会这么认为的。"但他还是从实际出发，决定坚持自己的理论，选择了一条能够给出正确预测的道路。在与牛顿的一次假想对话中，爱因斯坦曾说："你发现了唯一的一条出路。在你那个时代，只有具有高超思维和创造力的人才能做到这一步。"的确，牛顿引入的绝对空间和绝对时间是他理论中的瑕疵，但这两个概念却深深扎根于物理学中了，毕竟牛顿的理论能给出正确的结果嘛。

　　牛顿的绝对空间和绝对时间的概念，影响了整个物理学长达200多年，但这并不意味着所有的人都接受它们，也曾有人发表过自己的批评意见。其中，最著名的要数英国哲学家乔治·伯克利和德国外交官兼数学家戈特弗里德·威廉·莱布尼茨了。在角逐微积分最先发明权时，莱布尼茨还曾经是牛顿的主要对手呢。对于伯克利和莱布尼茨来说，时间和空间根本就不是固定的实体。莱布尼茨曾宣称："时间和空间只是物质的次序，但它们自身并不是物质。"时间和空间只有在与物质发生关联时才有定义。对于持相似观点的穆斯林哲人们来说，这样就避开了"创世纪之前上帝在哪儿"的问题。答案很简单：那时候不存在空间，没有"哪儿"之说。空间是在物质出现之后才存在的。行至暮年的牛顿，为自己对绝对时空的担忧找到了一个宗教上的解释："（上帝）是永恒的，且无处不在；借此，他创造了时间和空间。"牛顿之所以坚持这种理解，原因很简单：他的方程处处成立。对于古希腊哲学家来说，数学很大程度上只是一种审美体验。这种看法被牛顿通过自己强大的引力理论给否定了，他向公众表明了数学还能开辟一条通向发明创造的道路。他将数学公式转化成了物理定律；借助这些定律，大自然的各种运动 —— 行星的运行、光的传播、机械的运转等 —— 都可以预测。人们对牛顿定律的可靠性深信不疑，以至于在牛顿定律失效时，比如在不能解释天王星的运行轨道时，人们首先假定的不是牛顿定律出错了，而是在天王星之外还潜伏着一颗不为人知的行星，从而导致了天王星运行轨道的偏差。在此特例中，对牛顿的深信不疑获得了优厚的回报。1846 年，科学家们发现了海王星。对于那些持批评态度的人来说，对手的这个胜利实在是难以招架。

在数学上，牛顿假定空间是"欧氏空间"，有着古希腊著名几何学家欧几里得定义的所有特征。尽管几何学起源于尼罗河畔的古埃及 —— 由法老的测量员、拉绳定界先师所发明 —— 但这些规则传到古希腊时就演变成了数学定律。古希腊哲学家们在几何学中看到了一种纯粹的真理，一种仅仅通过逻辑推理就可以得到的真理。几何学证明了物理世界可以只通过纯粹的推理来探究。古希腊人十分尊崇几何学，据说柏拉图就曾在自己创建的"学园"大门上标明："不懂几何者禁止入内。"欧几里得是几何学的泰斗。公元前300年，他写下了《几何原本》一书，书中将当时所知的几何知识全部以简练的公理和公设表述了出来。在之后的2000年里，此书一直都是所有数学思想的基础。

在这本绝世名著中，欧几里得定义了一个平坦的空间。局限在地面时，我们感受着的、测量到的正是这样的空间。他还列出了几条我们认为理所当然的几何观点，比如，"给定两点之间，存在一条线段"，"所有直角彼此相等"。这些都是不证自明的事实。书中第五公设考虑的是一条直线和直线外一点。按这位古希腊几何学家的说法，过该点有且只有一条直线与原直线平行。这两条直线，就像铁路的两道铁轨[18]一样，永远不会相交。我们想象不到除此之外，还能有别的什么情况。尽管平行线永无交点看起来是理所当然的，后来还是有数学家更加深入地研究了这个特殊的第五公设。他们并不预先假定这条公设是不证自明的，而是考虑能否从其他四条公设推理得到。他们想给它一个明明白白的证明，而不是直接声明它是正确的。

检验公设的一个可靠的数学技巧就是首先假设公设是错的，再看看会有什么结果。1773年，一位名叫吉洛拉莫·萨谢利的天主教耶稣会牧师就是这样做的。他先假设平行公设是错误的，然后证明这样只会导致荒谬的结论。因此，这种方法就被称作"归谬法"。萨谢利发现，这样一来，通过直线外一点就有不止一条直线与此直线平行了。这显然是荒谬可笑的。于是他达到了目的——证明了欧几里得表述优雅的第五公设显然是正确的。萨谢利没有料到的是，他无意间闯进了一个全新的几何领域。

　　直到 1816 年，在经过多年的苦思冥想之后，另一位数学家也来到了这片世外桃源。他同样也退却了，但这次是因为害怕受到嘲笑。他就是博学的德国数学家卡尔·弗里德里希·高斯，他和萨谢利一样发现了这个谬论。然而，他并没有立刻反驳，因为他知道挑战伟大的欧几里得无疑将会被视为异端。结果，高斯在有生之年从没有公开发表过他的发现（尽管私底下他曾和同事们探讨过自己的新几何）。就像一名隐居者不希望引起一场会搅乱自己内心平静的争论一样，高斯小心翼翼地守护着他的秘密，诚如他自己所说的那样，担心"傻瓜们的吵闹和喊叫"会盖过对数学圣经质疑。欧几里得的框架，数世纪以来一直端坐在数学最根本的基础这个宝座上，纹丝不动。高斯还是一位完美主义者，他的很多作品都只有自己这么一个读者。在把一个问题证明得天衣无缝之前，他决不会发表任何见解。难怪在他的印章上，刻着这样的图案：一棵果树稀稀拉拉地挂着几个果子，旁边是一句箴言 ——"宁缺毋滥"[1]。

　　在意识到（至少在理论上来说）可能存在非欧几何之后，高斯就开始考虑能否用非欧几何来描述真实的物理空间了。说不定空间真就不像牛顿所假定的那样是平坦的，而是有点儿弯曲的呢？实践更加深了他这种疑惑。19 世纪 20 年代，他受政府委派，去测量哥廷根市和汉诺威市周围的地形。测量结果表明，他关于弯曲空间的思考不无道理。他认识到，弯曲并不一定像行星的圆表面一样，仅仅局限在二维空间里。在 1824 年写给一位名叫菲迪南·卡尔·施韦卡特的法学教授兼几何学家的信中，高斯勇敢地提到，空间本身，在其三维空间里可

---

1. 原文为"虽然少些，但都熟透了"，指的是树上的果子虽然很少，但个个都熟透了，香甜可口。这里译作"宁缺毋滥"。——译者注

能是弯曲的，或者像他自己所说的那样，是"反欧几里得的"。他还写道："确实，我曾 …… 一次又一次开玩笑似的提到过，欧氏几何可能是错的。"甚至他还可能在测地工作中检验过这个假设。通过利用灯光在哈尔茨山的山峰间来回传递，高斯测量过霍恩哈根、布罗肯和因塞尔斯堡这三座山峰构成的一个三角形纯空间。根据他的测量结果，三角形的三条边分别是69千米、85千米和107千米。然而，他并没有发现什么不平坦之处。

但还有其他人对开辟几何学新领域持有开放态度。1829年到1832年间，当高斯还在哥廷根大学保持沉默时，另有两位数学家各自独立地发表了宣称可能存在非欧几何的论文。其中一个证明是由俄国数学家尼克莱·罗巴切夫斯基完成的，另一个由匈牙利数学家贾诺斯·波尔约完成。据说波尔约当时还是奥地利皇家军队里最优秀的击剑手，舞也跳得最好。罗巴切夫斯基和波尔约也问了1个世纪前萨谢利问过的问题：如果第五公设是错的，将会有什么样的结果呢？又将会有什么类型的数学出现呢？假如过直线外一点存在无数直线与该直线平行，又将会怎样呢？就这样，这两位数学家得到了一个具有负曲率的空间。

波尔约在写给父亲的一封信中写道："我已经从零开始，创造出了另一个完整的世界。"波尔约的父亲从与高斯为友的学生时代起，[20]就开始苦苦探索第五公设的奥秘了。为了形象化波尔约的新世界，你可以想象一下画在马鞍上的三角形。这个三条边都弯曲的三角形，看起来会给人一种缩小了一点儿的感觉。所以3个角的角度之和就不会像中学课本里欧几里得给出的答案那样，等于180°。事实上，要小于这个数值。凹陷的马鞍面还允许通过直线外一点，引出许多与此直线永不相交的直线。罗巴切夫斯基称这个全新的体系为"虚构几何"。

和高斯一样，罗巴切夫斯基也曾想到过三维空间可能是弯曲的，并指出若要检验这个疯狂的论点，阿尔卑斯山脉的跨度是远远不够的。他建议在遥远的恒星之间进行视差测量。然而，当测量完成后，仍没有发现空间有什么不平坦之处。所以，人们仍然认为欧几里得的准则是整个宇宙至高无上的支配者。

与此同时，高斯对新几何的痴迷感染了他在哥廷根大学的一位天才学生本哈·黎曼，后者独自一人创立了另一套非欧几何。黎曼是在一次答辩上提出这个新体系的，目的是为了谋求一个讲师职位，当时他还只是一个27岁的羞怯学生。在这次只准备了7周，却又被称为数学发展过程中的一个制高点的答辩中，黎曼引入了一个过直线外一点不存在平行线的几何体系。他所研究的是一个正曲率空间，可以由球面来形象地说明。在这个空间里，两点之间最短的距离不再是直线段，而是一个弧线段，即直径为球直径的圆上的一部分。就像穿越赤道而向南北延伸的线簇，从局部看，它们都彼此平行，但继续绕地球延伸，这些线最终会相交的。所以，在这种特殊的几何体上，不存在平行线。

21 这种曲面上的三角形看起来会有点儿膨胀，3个角的角度之和也会超过180°。正像先驱高斯、罗巴切夫斯基和波尔约一样，黎曼发现数学家可以想象出许多不同的几何世界。毕竟，欧几里得并没有垄断几何市场。

以苛刻和挑剔著称的高斯，在黎曼这次答辩快结束时却表现出了

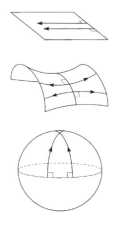

三种不同的几何体：平坦空间（上）、负曲率空间（中）、正曲率空间（下）

罕见的热心。他大概是所有听众中唯一一位意识到了黎曼已经把非
欧几何向前推进了一大步、已经超越了前人的人。黎曼把弯曲空间的
几何推广到了高维空间，包括四维、五维，甚至更高维度的空间。在
那个年代里，人们认为这些推广工作不过是一种数学游戏而已。不过，
等到后来爱因斯坦构想出一个全然不同的时空图景时，这些数学游戏
的价值就变得不可估量了。黎曼成了爱因斯坦革命的先锋。首先，他   22
敢于提出这个观点：真实的自然空间并不一定非得从古希腊人的手稿
中得到不可，而应该从日常体验中获得。他甚至设想宇宙可能是自我
封闭的，呈某种四维球体状。这种弯曲只能在很遥远的距离上才能觉
察到，所以我们平常感受到的宇宙是平坦的。有趣的是，黎曼还继续
考虑了空间的构型，怀疑它是不是由现存的物质铸造而成的，从而形
成了一种类似于电磁场的东西，他称之为"度量场"。这是一个很有
先见之明的预想，但是提出得太早了。物理学还没有做好准备，去放

弃它舒适的牛顿世界 —— 一个由绝对、固定、永不变化的空间构成的世界呢。这种认为空间可能具有截然不同的几何特性的观点，触怒了当时的许多哲学家。在他们看来，空间仍是一个空无一物且不具有任何物理特性的容器。

　　黎曼的生命之花，过早地凋谢了。因肺结核而在意大利疗养时，他在马然雷湖畔的塞拉斯卡小村与世长辞了，享年39岁。黎曼最大的愿望之一就是把电学、磁学、光学和引力理论统一起来。这个设想还为时过早，但他的数学成就仍然是后来新物理诞生的必备要素。数学家赫尔曼·威尔曾说过这样的话："黎曼把他思想的真正发展工作，都留给后人去做了。只有物理方面的才智足以与数学方面的才智相媲美的科学家，才能胜任这个工作。"49年的光阴一晃而过，这个重任终于由爱因斯坦完成了。假若黎曼活到了耄耋之年，爱因斯坦应该早已亲自登门，去感谢他老人家了。

第 2 章
大师登场

　　这则故事几经流传，都蒙上几分传奇色彩了 —— 爱因斯坦在一 23
些自传式记录中曾回忆到少年时的奇思妙想：与光同步而行的话，将
会看到什么样的情景呢？会不会看到冻结成冰状的电磁能呢？他曾
回忆16岁时的想法："看来不会发生这样的事。"这些想法就像一粒种
子一样，在爱因斯坦的思维中生根发芽，最终把牛顿的绝对时空观念
挤了出去。相对论并不是从对牛顿力学缺陷的思考中产生的，而是从
电磁力和光学方面的考虑中得来的。

　　有史以来的大部分时间里，人们一直认为光是一种能够即时传播
的东西。从某种意义上说，它总是"无处不在"。在这个前提下，一颗
距离我们很远的恒星发出的光，一经产生就立刻传到我们的眼睛里
了。然而，到了17世纪，开始有人怀疑光的传播速度是不是一个有限 24
值 —— 就像声音一样 —— 只不过这个值要远大于声速而已。伽利略
是直接验证这个假设的第一人。他与两名助手一起进行了这个实验。
第一个人站在一座小山上，罩住一盏灯，给1000米远外另一座小山
上的伙伴打信号。第二个人一看到闪光就发回一个灯光信号。伽利略
不断增加实验小山之间的距离，希望能检测到的两道闪光之间一个不
断增长的延迟，进而测定光速。当然，由于实验精度太低，伽利略没

有检测到什么延迟。毕竟，人类的反应太慢了。我们的太阳系跨度很大，倒可以提供一个好得多的实验台。

　　在17世纪70年代 —— 即牛顿生活的年代 —— 丹麦数学家兼天文学家奥尔·罗默仔细研究了木星的四颗最大卫星的运行，特别是最里面的一颗 —— 伊奥。而且，他还仔细记录了每次伊奥运行到木星后面而产生食的时间。通过这些记录，他注意到两次接连发生的食（大约每42小时发生一次）之间的时间间隔并不是一样的，而是随地球与木星间距离的变化而有规律地变化着的。当地球绕太阳运转到逐渐远离木星的阶段时，伊奥之食出现得越来越晚。这是因为给人类眼睛带来食的信息的光线，要走过一个更远的路程。当地球运行到距木星最远的那一点时，罗默记下的时间延迟已经达到22分钟了（更精确的数字为16.5分钟）。其实以前已经有人注意到这个现象了，但只有罗默聪明地认识到，延迟时间正是从伊奥反射回来的光线走过额外路段所需要的时间，而这个额外路段就等于地球绕日轨道的直径。用地球绕日轨道直径（3亿千米）除以延迟时间，罗默就给出了一个不太精确的光速值：22.5万千米每秒。这个值确实很大，但罗默总算证实了光速是一个有限值。而现在我们已知的光速值为30万千米每秒。

　　到了19世纪，物理学家们对光的本质已经有了一个很深入的理解。就在这个世纪，科学家们证实了光具有波的特性。而且在这个世纪初期，物理学家们就已经认识到光必须通过一定的介质来传播了。

　　那些著名的物理学家，没有谁认可光线在不存在输运介质的情况下，就可以从一物体传至另一物体这个观点。声波通过空气传播，

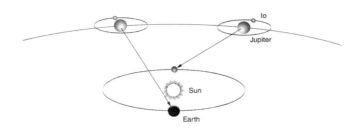

地球离木星最远时，我们看到伊奥食的时间要比预期的晚一些，因为伊奥反射
的光线必须多走一个地球绕日轨道直径的距离才能到达地球。17世纪，奥尔·罗默
就是利用这个效应第一次计算出了一个较为精确的光速值

水波通过水传播；如果有波存在，就一定有物质在振动。充满整个宇宙的这种传播媒介被称作"光以太"。这种神圣的以太是由古希腊人提出的，它遍布整个宇宙。想象中的以太有着十分奇特的性质：一方面要具有足够的硬度，这样光才能以极高的速度在其中穿行；另一方面还要允许地球、行星和恒星等天体毫无阻碍地运行于其中。这个矛盾困惑了理论物理学家们整整1个世纪，科技文献里也满是试图揭示以太何以同时具有坚硬性和非物质性的论文。弥漫于整个宇宙中的以太还提供了一个静止的参考系。可以说，以太就像一片汪洋大海。每当一串波动经过时，海水就做上下运动。这串波只传递能量，却并不能将海水向前推动半步。当时人们认为以太就是这样的。以太就是牛顿的绝对静止参考系的实物形态。

与此同时，对电和磁的本质的探索也在进行。人们最先意识到这两种自然现象之间的联系是1820年的事。起因是一位丹麦物理学家汉斯·克利斯汀·奥斯特发现了电流可以使罗盘针发生偏转的现象；也就是说，一根通电导线有着磁铁一样的功能。切断电流后，磁力消

失。等后来英国人迈克尔·法拉第注意到了相反的效应，即运动的磁
26 体可以产生电流时，才最终完善了两者之间的联系。法拉第出生于一
个贫苦家庭，没受过正规的数学教育，是一位自学成才的科学家。或
许，他的数学缺陷反而成了他的长处。这样，他就能凭借高度的直觉，
想象出这样一幅画面：磁体被力场包围着，看不见的力线影响着场中
物体的运动。当你把铁屑撒在磁铁周围，铁屑的自动排列图案就形象
地说明了这种场。同样，法拉第觉得电场也是用这种玩魔术般的手来
操纵电荷的。

　　当时有很多人，无论是专职科学家还是业余科学家，都被法拉第
的实验给吸引住了。苏格兰科学家詹姆斯·克拉克·麦克斯韦就是其
中一位。相貌英俊但体质欠佳的麦克斯韦，24 岁就当上了自然哲学
教授。10 年后，他完成了著名的《电磁通论》一书，这是 19 世纪物理
学的一大成就。在这部书中，他运用数学语言来说明了法拉第的力场。
其中最根本的 4 个偏微分方程十分简洁优美，有些物理专业的学生甚
至把它们印在 T 恤衫上，来告诉世人电和磁这两种看似毫不相关的力，
其实不过是同一枚硬币的两个面而已，不能单独存在。正是麦克斯韦，
把两者统一成了电磁力。

　　除此之外，麦克斯韦方程还告诉我们振荡电流 —— 电荷的高速
振动 —— 将会产生携带有电磁能量的波，向四周传播开去。他甚至
还计算出了这种波的传播速度，这个速度与一定的电性质与磁性质的
比率相关，且刚好与光速相等。这是否像部分人们认为的那样，纯粹
是一种巧合呢？麦克斯韦大胆地回答说："不！"他断定光自身也是一
种携带着电磁能量的波，一种从光源向四面八方传播的波动。

这种波可能有很多种类。波长（一波峰到相邻波峰间的距离）约为1厘米的1/20000的可见光，不过是其中的一小部分。这种携带着电磁能量的波，其波长长于或短于可见光波长都是有可能的。德国物 27 理学家海因里希·赫兹于1888年证明了这个事实。在一个充满着火花发生器和振荡器的嗡嗡声的实验室里，赫兹第一次人工产生了电磁波。它们的波长都是76厘米，并以光速穿越实验室，飞驰而去。这个实验第一次证实了麦克斯韦关于电磁波存在的预言。

1879年，年仅48岁的麦克斯韦就因腹腔癌去世了。倘若再多活9年，他就能看到赫兹的实验了。临终时麦克斯韦还在思索着困扰了当时的物理学家们将近1个世纪的问题：地球在以太中的运动。假设地球是在静止的以太中运动的，在这个前提下，麦克斯韦设想了一个光学实验来检测"以太风"，毕竟地球绕太阳运转的速度高达10万千米每小时呢。就像空气吹过高速行驶的敞篷车里的乘客一样，以太风也将吹过地球表面。受麦克斯韦的启发，一位名为艾尔伯特·A.迈克尔逊的美国海军军官在德国读物理博士后期间，于1881年建立了一套特制的实验装置来检测以太风。这套他自己发明的装置，有着很多错综复杂的反射镜和棱镜，它允许一束铅笔粗细的光线在其中穿插往来，从而测定光速。这就是大名鼎鼎的迈克尔逊干涉仪。然而，他并没有找到以太风的任何蛛丝马迹。实验室外柏林的交通有时候会干扰到该装置，影响实验精度。于是，他于1887年又重新做了一遍这个实验。此时，他已经是位于俄亥俄州克利夫兰市的凯斯应用科学学院的一名教授了。这个实验是与附近凯斯西储大学的一名化学家埃德华·莫雷一起完成的。这次，他们利用一套大大改进了的干涉仪，让一束光沿着地球运转的方向"迎着以太风"传播，另一束光垂直于这个方向传播。迈克尔逊曾经向女儿桃乐茜解释过这个实验的原理，我们也来听听："两束光就像两名游泳运动员一样，彼此比赛。一个逆流而上并再顺流而下，而另一个却在静止的水中游一个来回，但两人游过的总距离是相等的。"按照预先设想，沿以太风方向传播的那束光将会运动得稍慢一些。

28 迈克尔逊和莫雷的实验装置位于一个地下实验室内，安装在一块大石板上。石板漂浮在水银池里来减弱震动干扰。但是，即使采用了这些防干扰措施，两人仍没有测得这两束光线的速度有什么不同，无论光束方向如何。这套装置精度很高，哪怕以太风的速度只有一两千米每秒，也能检测出来。而地球的运转速度是这个值的 10 多倍，迈克尔逊觉得应该轻易就能检测出来。然而，令他倍感沮丧的是，事实并非如此。1907 年，迈克尔逊荣获诺贝尔奖，成了科学界第一个获诺贝尔奖的美国人。这枚奖章是为了表彰他在推动精密光学仪器的发展上所做出的贡献，而这些贡献很多都是在对以太徒劳的苦苦追寻中做出的。

除迈克尔逊外，还有不少人在寻找以太，但无一例外都失败了。（就连爱因斯坦在学生时代也曾试图自己建造一套装置来检测地球相对于以太的运动，但被一位持怀疑态度的老师给制止了。）这种结果迫使物理学家们提出新的理论，来解释为何探测不倒预想中的"以太风"。爱尔兰物理学家乔治·菲茨杰拉德和丹麦物理学家亨德里克·洛仑兹先后提出，在以太中运动的物体会沿运动方向收缩，即物体自身会被压缩。在运动的过程中，物质的维数也会发生某种变化。这样一来，迈克尔逊没有观测到光速变化这件事就可以得到解释了 —— 光速变化被这种压缩效应给抵消了。最后，著名的法国数学家亨利·庞家莱站了出来，抱怨说这种理论过于繁琐。他曾于1904年预言说需要一个"相对性理论"。之后不久，这种理论就应运而生了。

历史学家们关于爱因斯坦是否曾经受过迈克尔逊−莫雷实验的影响的争论还在继续着。尽管相对论可以很好地解释为什么迈克尔逊和雷莫没有检测到以太，但在发表于1905年的那篇著名的相对论论文中，爱因斯坦只约略提了一下他们的实验，而且还是间接提到的。他着重强调的是自己在电磁方面的一些困惑。考虑这样两个情景：一根磁棒穿越一个固定的金属线圈运动，和一个金属线圈套住一根静止的磁棒运动。这是两种截然不同的情况。麦克斯韦方程应该对每种情况都分别成立，不同之处在于线圈静止磁棒运动，还是磁棒静止线圈运动。但这两种情况有着一个共同的结果：有电流产生。"为什么会这样呢？"爱因斯坦问道。从不同的角度看这件事，描述也就不同，然而观察到的结果 —— 线圈中出现电流 —— 却是相同的。实验中不能分辨哪个物体 —— 线圈还是磁棒 —— 是真正在绝对静止空间中运动的。这就是永恒静止参考系的缺陷之所在。[29]

牛顿力学和麦克斯韦方程都是他们的时代里程碑式的理论，都有过十分精准的预言。然而，困扰爱因斯坦的问题是，这两套物理理论定义时间和空间的规则并不相同。爱因斯坦的妙招就是去寻找一个最简单的假设，来让这两套理论协调起来。或许您会感到惊讶，他的解决办法并不需要物理学上的巨大进步。爱因斯坦于1905年发表的那篇历史性论文，其优雅之处在于简洁。他所有的猜想都有着19世纪物理学的基础，其中一个最具创造性的假设就是一个全新的时空观念。

随着这一转变，所有的问题都迎刃而解了。

　　爱因斯坦的经典形象，长期以来都是一个令人尊敬的、貌似卓别林的长者，穿着松松垮垮的毛线衫，还戴有一头骇人的假发头饰。但是，在相对论发展期间，即个人科学事业的高峰期，年轻的爱因斯坦也曾是一位风度翩翩的青年，棕色的眼睛清澈见底，一头卷发波浪起伏，嘴唇也透露出一种美感，还有在小提琴上的造诣，都很引人注目，特别是备受女性的青睐。曾有一位旧识把风度翩翩的爱因斯坦比作年轻时的贝多芬，充满了活力与欢乐。然而，也正像那位伟大的作曲家一样，20 世纪最著名的科学家也有他灰暗的一面。他性格孤僻（尽管有过两次婚姻），有时候言辞尖酸刻薄，还以自我为中心；他在能够帮助身边的人时却仍对他们的问题漠不关心。爱因斯坦出生于 1879 年，也就是麦克斯韦去世的那一年。他的家庭是一个信奉犹太教的家庭，2 个世纪来已经很好地融入了德国南部的文化。他的父亲经营着一家在当时属高科技产业的电气公司，有盈有亏。爱因斯坦很早就表现出一种自学的强烈愿望了。直到 3 岁能说出完整的句子时，他才肯开口说话。在伴随着妹妹玛雅的成长过程中，小阿尔伯特喜欢猜谜、造玩具建筑物、摆弄磁铁，更重要的是喜欢做几何题目，这对日后的工作来说十分重要。他很讨厌德国那套只注重机械式学习的教育模式，而且不肯俯就。他最终在高中被开除了，原因是与一位老师发生了冲撞，这还不过是诸多原因中的一个。幸运的是，他还可以进入瑞士苏黎世的一所大学 —— 联邦技术大学学习，尽管他从没有受到过任何一位教授的器重，甚至还有一位教授骂他是"懒狗"。结果他在毕业后没有获得任何学术职位，只能依靠临时教学或辅导学生来维持生计。直到 1902 年，他才找到一份固定的工作，供职于地处伯尔尼的瑞士专利局。但是，自始至终他都不忘拜读物理大师们的著作。他更喜欢自学，从小时候起就有着这方面的天赋和热情。

20世纪初，物理学走到了一个十字路口，X射线、原子、放射性以及电子都刚刚被发现。这个时代让一个叛逆者在物理学的全新领域里大放异彩。这个家伙大学时成绩平平，看起来在学术上没有任何前途，却又对自己的能力深信不疑 —— 他就是爱因斯坦。甚至在学生时代，爱因斯坦就对挑战当时的权威们毫不畏惧。他确信当时把牛顿力学和电磁学联系起来的主流理论 —— 电动力学，并不"与事实相符 …… 可以将它用更简单的形式表述出来"。事实证明，他那份专利审查员的工作帮了他不少忙。他常常欣然地提到这份政府部门工作："我大部分的奇思妙想都是在这座暗无天日的修道院里想出的。"在那里，不受学校的任务和压力的干扰，爱因斯坦可以自由自在地思考。到了1905年，26岁的爱因斯坦在著名的德国期刊《物理年鉴》上发表了一系列论文，就像一株休眠的植物突然间鲜花怒放一样。这些论文中的任何一篇都足以赢得诺贝尔奖。首先，受刚刚出现的量子力学的启发，爱因斯坦提出了光是由粒子组成的，这就是后来人们所熟知的光子（他因此而获得了诺贝尔物理学奖）。其次，他还解释了微小颗粒们的奇妙舞蹈 —— 布朗运动，是受周围原子的碰撞所致。这个 [31] 解释还推动了当时的科学界相信原子确实存在。再者，他还投了一篇题为《论动体的电动力学》的论文，阐述了他的狭义相对论（事实上，这篇论文作为博士论文却没有通过，原因是猜测的成分过多）。

爱因斯坦得出的数学公式，大多都与已经在用的洛仑兹和庞家莱的公式相同，但两者却有着本质上的区别。与前人不同的是，爱因斯坦重新定义了时间。多年后他回忆说这个理论"在整整7年里一直都是他生命的全部"。狭义相对论主张任何（无论力学的还是电磁学的）物理规律，在静止参照系和以恒定速度运动的参照系里都是相同的。爱因斯坦这是在说，一个在速度为100千米每小时的火车上抛出的小球，与一个在操场上抛出的小球的运动方式是一样的。可是，如果这是正确的，那就意味着光速在不同的参照系里也是相同的，无论是在火车上还是操场上。因为如果物理规律是相同的，在各个参照系里测到的光速也应该是一样的。爱因斯坦在他1905年的论文里写道："（我们将）引进另外一条假设，即光在真空中总是以一个恒定的速度c运动，这个速度与光源的运动状态无关。"

　　因为相对论效应在低速时很微弱，难以察觉，现在我们就拿高速情况做一下比较吧。假设有一艘宇宙飞船以29.8万千米每秒的恒定速度离地球而去 —— 这个速度仅仅稍低于光速。常识会告诉你宇航员差不多都能追上经过他身边的光束了，正像爱因斯坦年轻时想象的那样。但事实根本就不是这个样子的。飞船上的宇航员测量擦身而过的光束的速度时，仍会得到30万千米每秒这个值，和地球上的测量值别无二致。这种情形看似古怪，事实上却不。光速保持不变，但其他的测量却都要进行调整。这看起来有点自相矛盾，其出路在于：时间不是绝对的，而是相对的。"速度"的含义（千米每小时，或米每秒）里已经暗含着保持时间不变了，但是宇航员和地球上的我们所用的时间标准不同。这就是爱因斯坦的高明之处，他认识到了牛顿的普适时钟只不过是一个赝品而已。

　　既然没有任何东西能比光跑得还快，那么两个分别位于不同参照系里的观察者并不能真正校准时间。有限的光速让他们无法把时钟调整到同步。爱因斯坦还注意到，两个相距一定距离且在做相对运动的观察者，不能就宇宙中某件事发生的时间达成一致。因此，仅仅通过观察，地球上的我们和宇航员并不能就测量结果达成一致。质量、长度以及时间都是可变的，取决于所在的参照系。从地球上看飞驰而去的飞船上的时钟，你会发现飞船上时间的流逝要远比地球上的慢。你还会发现，飞船在它运动的方向上变短了。而飞船上的人们并不会感觉到他们自己有什么变化，也不会觉得时钟变慢了。不过回望地球家园，他们也会看到变扁了的地球和变慢了的时钟，跟我们看他们时的感觉一样。彼此的测量都有着同样的偏差。当两位观察者以恒定的速度相向或相对运动时，空间都会收缩，时间也都会减慢[1]。不过，洛仑兹和菲茨杰拉德认为绝对空间有一个真正的收缩，而爱因斯坦却告诉我们这不过是测量上的一种偏差。时间和空间在不同的参考系里会有所不同，地球人和宇航员唯一能统一起来的是光在真空中的速度[2]，这是一个普适常数。

绝对时间退出了历史舞台，绝对空间也没有存在的必要了。我们直觉里的太阳系安然沉睡，飞船在静止空间里飞驰的图像已被证明是错误的。也有可能是宇航员处于静止状态，而地球却在飞奔。"引入'光以太'将被证明是多余的，"爱因斯坦在他的论文中继续写道，"因为本文论述的观点并不需要一个特殊的'绝对静止空间'……"现在，物理学家们不再理会那套包含神秘以太的复杂理论了。宇宙中根本不 33~34

存在贴有"绝对静止空间"标签的参考系。否则，这种参考系中的任何物体的运动速度都有可能达到光速。这就解释了为什么迈克尔逊和莫雷没有探测到以太风了，静止的以太一直以来都是一个虚构的角色。

其实，没必要引进一个高速飞船来解释相对论效应。这种效应在我们的地球上就能够探测到。外层空间飞驰而来的宇宙射线在穿越大气层时会产生 μ 子[1]，即重电子。它们会以接近于光速的速度射向地面。但是 μ 子的寿命很短，只有百万分之一秒左右，不足以让它们到达地面。但实验证明，地面上确实能捕捉到这种 μ 子。根据相对论，在我们看来，μ 子自身参照系的时间流逝速度会变慢；这样一来，它们的寿命就得到了延长，也就能够到达地球表面了。而在 μ 子自己看来，它们的寿命还是那么短，只不过从大气层顶部到地球表面的距离变短了，使得它们能够顺利地到达地球表面。

万物都是相对的，包括质量。当物体以接近于光速的速度相对于我们运动时，我们测得的它的质量将会有明显的增加。这就是任何物体的速度都无法超过光速的原因。以光速运动的物体质量会趋于无穷大，将没有任何力能够加速它，因为阻力也会变得无穷大。爱因斯坦后来也注意到光自身也有质量了。由于光还具有能量，爱因斯坦就用一个普适公式把两者联系了起来。他的计算结果是：$E=mc^2$，其中的 c 如前所述，表示光速。

---

1. 基本粒子的一种，带有 -1 的基本电荷和 1/2 的自旋，卡尔·安德森于 1935 年发现了这种粒子。因所带电荷与电子相同，而质量位于电子和质子之间，初时也称"重电子"。又名" μ 介子"，但并不属于介子类。——译者注

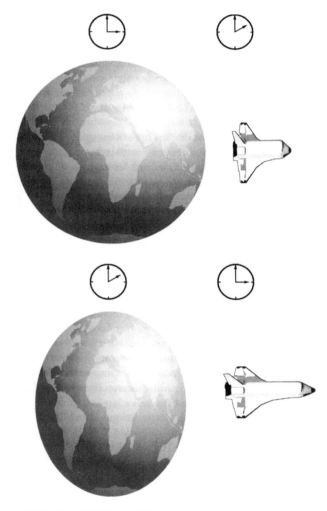

从地球上看，一艘以接近于光速的恒定速度远离地球而去的飞船，将会变得更短一些，它所载的时钟也会走得更慢。而飞船上的人们看地球也一样，形状会变扁，时间会变慢

那位曾经骂爱因斯坦是"懒狗"的教授，数学家赫尔曼·闵可

夫斯基，看清了物理学的发展势头，进一步深化了爱因斯坦的理论。（他曾这样向一位同事评论过爱因斯坦的成就："真没有想到他能做到这一步。"）精通数学的闵可夫斯基，相信自己能给狭义相对论建立起一个几何模型来。他告诉我们爱因斯坦本质上是把时间当作了第四维度，这样时间和空间就结合成了一个被称为时空的实体。有了时间这一新加的维度，我们就可以跟踪一个事件的整个历史了。你可以把时空看成一系列连在一起的快照，这些快照追踪的是空间里每秒、每分、每小时的变化。只是现在这些快照都彼此衔接着，成了一个牢不可破的整体。但就维度这个性质来说，时间和空间毫无差别。在1908年的一次著名演讲中，闵可夫斯基这样说道："从今往后，单个的时间和单个的空间，都注定要退出物理学舞台了；只有两者的联合体，才能作为一个独立的实体而继续存在。"

35～36

　　6年前，闵可夫斯基从苏黎世来到哥廷根做了一名教授。尽管他在数论等纯数学领域做出过突出贡献，但他之所以闻名于世，主要还是因为重新解释了狭义相对论。对他来说，数学家们已经建好了狭义相对论的数学框架这个事实，一眼就能看出。他曾说："从某种意义上来说，物理学家们必须独自努力穿越这片阴暗的丛林，重塑这些概念。而附近就是数学家们早就开辟出来的阳光大道，直通向前。"以他的数学眼光来看，狭义相对论并不复杂，不过是把物理世界看成一个四维黎曼流形而已。说得更明白些，闵可夫斯基聪明地认识到，尽管在不同参照系的观察者看来同一事件发生的时间或地点可能不同，但他们观测到的时间和空间的联合体是相同的。从某一点看，观察者会测量到两事件之间的一个空间距离和一个时间差；换一个参照系，另一个观察者可能会测量到一个更远的空间距离和一个更短的时间差，但

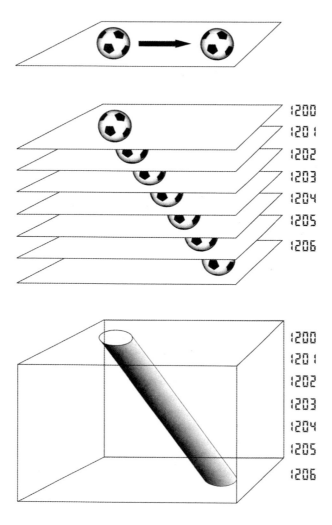

把一只足球穿越球场的简单运动轨迹转换为时空坐标后的图像。时钟每嘀嗒一声，就拍照一次。合并到一起后，这些图像就形成了一个表示时空中全部运动的圆桶

他们测量到的时空间距是相同的。测量的基本量不再是空间自己或时

间自己了，而是四个维度——高度、长度、宽度和时间——的联合体。爱因斯坦不吃这一套。第一次接触到闵可夫斯基的理论时，他就声称这些抽象的数学公式是"老一套""一种多余的知识"。

人们常常这样描绘爱因斯坦首次提出相对论时的情景：外行们厉声反对，而科学家们却热烈欢迎。但对于当时的科学家们，特别是沉浸在19世纪经典物理中的科学家们来说，这无疑是心理上的一次震撼。当然，最初验证相对论效应的机会十分稀少。只有等到数十年过去了，科技有了很大的发展之后，观察相对论效应才成为常事。但是，仍然有人在审美上无法接受狭义相对论。普林斯顿大学的一位物理学教授，威廉·麦基，于1911年在美国物理学会的一次致辞中就曾说道："现在放弃以太，是物理学发展过程中的一次巨大而严重的倒退。……用四维空间来描述这个世界，我并不满意，因为我要想接受这个第四维度空间，还得费上一定脑筋。……一种切实可行的解决方案，必须让所有人，包括普通大众和专业人士都能理解。以前的物理理论都这么简明易懂。但是我们能贸然相信，相对论引进的新时空观有这么简明易懂，或者以后会这样吗？一种理论，只有用最基本的力、空间和时间等概念来表述，才可能是简明易懂的，才能为整个人类所理解。"

一些批评者要求以直接的亲身体验作为真理的评判标准，而不仅仅是数学公式。但是，他们坚信我们的地球家园是唯一的体验舞台，这是一种目光短浅的表现。正如英国天文学家亚瑟·爱丁顿在一次演讲中所说："由于我们人类的活动一直都局限于地面上，所以我们的自然观都带有地面偏见的枷锁，但哥白尼已经发动了解放这种观念的革命。而推进这次革命的重任，就落在了爱因斯坦的肩膀上。"在哥白尼之前，中世纪的学者们庄重地指出，我们的地球不可能在运动或旋转。否则，地球上所有的东西都会在运动中被撕碎 —— 云朵会被抛向九霄云外；而抛向旋转的地面的物体也不可能击中目标，因为在物体下落的过程中，高速旋转的地球已经把目标转到一边去了。中世纪思想家们的思维中不存在惯性 —— 物体倾向于保持原运动状态的特性 —— 的概念。（一个下落的物体，会随地球的旋转而旋转，所以下落时会与地面上的目标在水平方向保持同步。）而后来哥白尼把太阳放在了宇宙的中心，并让地球运动了起来。他教会了我们如何在新证据的基础上，反思我们的直觉。爱因斯坦也正在做同样的事。38

　　狭义相对论在科学发展史上画了一道分界线。一边是我们过去的科学史，那时候的物理理论都可以从本质上向外行解释得清清楚楚。只需要伸手比划两下，或者借助于一个机械模型，就可以把一个物理概念向大众解释清楚了。更重要的是，这样的解释并不会与人们的常识发生冲突。但是，1905 年之后，一切都改变了。根据狭义相对论，世界并不是我们看到的这个普通而单调的样子。简单的机械模型再也不能解释我们的宇宙了。

　　我们一直被蒙蔽着是有其原因的：我们生活在一个十分特殊的世界里。温度很低（例如，与恒星相比）；速度太低，远不能进行曲速推进[1]；而且万有引力也很弱 —— 这是一个相对论效应十分微弱的世界。难怪相对论对我们来说十分奇怪。但是，正如一些物理学家所说，我们并不能自由地调节时空的本质，来适应我们的偏见。我们已经完

---

1. 曲速推进（warp drive），系科幻名词，意指用特定的方式让时空弯曲，从而使物体实现超光速飞行。——译者注

全习惯于雷声 —— 一种声波 —— 要比闪电来得晚了。这是常识。难以接受的是，光速是一个有限而恒定的值。光跑得太快了，它能在 1 秒钟之内绕地球 8 圈。所以地球上的事件看起来都是同时发生的。我们难以直接体验到这样的事实：两个相距一定距离的观察者，不能就同一事件发生的准确时间达成一致。而常识，如爱因斯坦所说的那样，"不过是储存在我们记忆和感觉中的一层层先入为主的观念而已，而且大部分是在 18 岁以前形成的"。

　　狭义相对论的确是狭义的。它只考虑了一种类型的运动，即匀速直线运动。后来爱因斯坦决定将他的理论推广到各种类型的运动中去：加速、减速、转向等。但是，如他自己所说，狭义相对论与广义相对论的发展相比，不过是"小孩子的玩意"而已。广义相对论涵盖了所有其他动力学情况，特别是引力场中的运动。在 1907 年的一篇评论文章中，他尝试着将引力直接加入到狭义相对论中去，但事实告诉他这并不是一件轻而易举的事。

　　在之后的几年里，爱因斯坦声名鹊起。当于 1909 年收到苏黎世大学发来的第一份邀请函时，他终于得以离开瑞士专利局了。2 年后，他去了位于布拉格的德国大学。1 年后重又回到了位于苏黎士的母校 —— 联邦技术大学做教授。在那儿，学生时代的他曾经是那么的平凡。1914 年，他又前往柏林大学做全职教授，并被聘为普鲁士科学院院士，世人对他的推崇达到了顶峰。接下来几年的教学生涯中，他发起了一场学术争论，历经了一次失败的婚姻和第一次世界大战。他在为相对论取代牛顿的引力理论而努力拼搏着。

他首先意识到的是，被加速时所感受到的力和处于引力场中所感受到的力是相同的。用物理术语来说就是，引力和加速度是"等效的"。被地球引力向下拉和在加速的汽车里被向后拉，没有什么区别。为了得到这个结论，爱因斯坦考虑了外空间里一间没有窗户的房间被突然向上加速的情形。这时候，房间里的任何人都会感觉到双脚对地板施加了一个压力。事实上，由于没有窗户来提供验证，你不能确定自己是不是在太空中。从体重你会感觉到，自己只不过是在地面上的一个房间里安安静静地待着的。地球可以用它的引力场把你固定在房间里，而那间神奇的太空电梯也是一个与之等效的系统。从物理定律出发，能预测出加速电梯里和地球引力场中的物体具有完全相同的运动特性。爱因斯坦认为，这个事实充分说明了在某些行为上，引力和加速度是同一事物。

爱因斯坦为了解释他的问题而做的这些想象实验，会引出许多有趣的知识来。在那部向上加速的太空电梯里抛出一个小球，你会发现小球的运动轨迹会向下偏转。一束光也会有这样的轨迹。但是，由于加速度和引力有着同样的效果，爱因斯坦认识到光线也会受到引力的 40~41 影响，在经过太阳这样的大质量天体时，会因受到吸引力作用而弯曲。

1911年，还在布拉格的爱因斯坦受他强烈的物理直觉的驱使，开始认真地钻研这个问题。就是在这时候，他才开始确认时钟在引力场中会变慢（这种效应还从没有物理学家想到过）。他也开始意识到自己最终的问题可能是"非欧几里得的"了，并慢慢开始意识到引力可能会造成时空的弯曲了。最终他接受了闵可夫斯基对狭义相对论的数学处理以及由此产生的时空这个"老一套"的四维黎曼流形。如果没

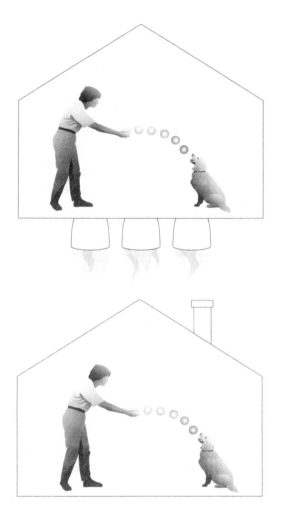

爱因斯坦的想象实验：在向上加速的太空舱里抛出一个小球，小球会像在地球
上受到引力作用时一样向下偏转。引力和加速度是等效的。由此爱因斯坦认识到，一
束光也一样会在引力的作用下向下弯曲

有闵可夫斯基早期的贡献将会怎么样呢？爱因斯坦曾懊悔地说："广

义相对论可能还在摇篮里待着呢。"闵可夫斯基没能听到这句话，他已经于1909年因阑尾炎去世了，年仅44岁。

　　1912年8月回到苏黎世后，爱因斯坦迫不及待要把自己新的设想表达成合适的数学形式。由于缺乏非欧几何知识，爱因斯坦约上大学时的密友，数学家马塞尔·格罗斯曼，来帮他处理这套复杂的新数学。格罗斯曼告诉他说，他的理论最好用黎曼几何表示出来。当时，黎曼几何已经由其他的几何学家们给深化和拓展了。1913年春天，他俩合作发表了一篇论文，文中囊括了广义相对论的所有基本要素。科学史专家约翰·诺顿这样写道："爱因斯坦和格罗斯曼距…… 终极理论只有一步之遥了。"但是他们却在自己的创造面前退缩了，确信自己理论的基础是错误的，以至于方程在最简单的情况下也无法回归到牛顿的引力方程。牛顿定律也许是不完备的，但并不是错误的。在引力很弱或速度很低的情况下，它们还是成立的。由于他们的理论在这些简单情况下无法简化成牛顿定律，爱因斯坦和格罗斯曼怀疑自己做出了错误的选择，于是从前线撤退了。有了这样的误解，加之又觉得自己的理论还不是完全普适的，他们最终与成功失之交臂。为了让方程成 42
立，他们仍然需要一个特殊参考系，这就意味着他们还没有得到一个"普适"[1]的理论。到了1914年4月，爱因斯坦从苏黎世来到柏林，与格罗斯曼的合作结束了。爱因斯坦决定自己干，继续检验和修正他的结论，只不过现在多了从格罗斯曼那儿学来的数学知识的帮助。

　　到了1915年秋天，爱因斯坦越来越失落了。他当前的理论，居然

---

1. 即"广义"的意思。"广义相对论"里的"广义"，即general，就是"普适"的意思。——译者注

不能与水星的一个运动细节[1]精确符合。爱因斯坦当时的预测结果是，水星绕太阳的运转与原来的理论计算相比，每世纪会有18秒弧度的偏移量。而实际观测值为45秒弧度（现在的观测值为43秒弧度）。从最早开始考虑广义相对论的那一天起，爱因斯坦就深知一个关于引力的全新理论，必须能够解释这些异常现象才行。

　　距离太阳仅仅5800万千米的水星，在太阳系平面上缓缓地绕太阳旋转着。我们可以把水星的运行轨道想象成一个被拉长了的圆环，圆环上距离太阳最近的点——即我们常说的行星近日点——是不断前进着的。对于水星来说，近日点每个世纪约前进574秒弧度[2]。这种进动主要归因于水星与其他行星间的相互作用，是它们引力的合力改变了水星的轨道。但它们只能导致531秒的进动，还剩下43秒无法解释，这成了一个困扰天文学家数十年的难题。在已知的太阳系组成成分下，牛顿定律无法解释这种差异。这就促使一些人怀疑金星是否比原想的要重一些，或者水星有着一个小卫星什么的。最盛行的说法是，还存在一个以古罗马火神"伍尔坎"的名字命名的行星，它比水星更靠近太阳，产生了额外的引力。甚至还有一些报道说发现了伍尔坎，但都不可靠。

　　后来，爱因斯坦注意到与格罗斯曼联手进行的推导中，有一步存在着错误。这个发现促使他回过头来，重新考虑原先的方法。他开始修正原来的方程了，并在这个过程中意识到了早期的误解所在。有

43

---

1. 即水星的近日点的进动。——译者注
2. 圆1周为360度，1度＝60分，1分＝60秒。所以，574秒弧度约等于1/2500圆周。水星的轨道轴每25万年绕太阳旋转1圈。——原文注

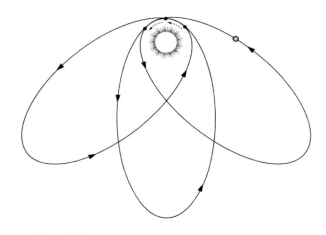

随着时间的流逝，水星轨道离太阳最近的点 —— 近日点 —— 在不断前进着。每
25万年近日点才会绕太阳旋转1周（为了说明问题，图中夸大了水星轨道的离心率）

了这些进展，他开始觉得在弱引力场的情况下，自己的方程可以回归
到牛顿方程了。1915年11月，他取得了重大成果。这个月的每一个星
期四，他都就自己最新的进展在普鲁士科学院做一次报告。在第二次
报告后不久，他就取得了重大突破。就在那一周，他终于能够正确地
计算出水星的轨道了。后来他常常提到，自己在看到结果时心脏狂跳
不已，"一连几天，我都狂喜不已"。这是广义相对论第一次与实际
相符合。赢得了这场战役，广义相对论就在现实世界有了一块根据地。
另外，爱因斯坦的新公式还预言星光在经过太阳时，偏折的幅度是他
早先计算结果的2倍（也是用牛顿理论计算出来的结果的2倍）。重 44
大胜利是在当月25号到来的，那天他呈交了题为《引力的场方程》的
结论性论文。在这场他一生中最为重要的一次演讲中，他对自己的理
论做了最后一次修改。他的理论再也不需要一个特殊的参考系了，终
于成了真正的广义相对论。爱因斯坦在给自己的同伴，物理学家阿诺

德·索莫菲的一封信中提到，自己刚刚经历了"一生中最兴奋最紧张的一段时间，也是最有价值的一段时间"。

爱因斯坦从他最新的宇宙框架中发现了引力的本源。用简单的张量算符来代替一堆复杂的方程后，广义相对论就向我们展示了它的数学美：

$$R_{\mu\nu} - \frac{1}{2}\,g_{\mu\nu}\,R = T_{\mu\nu}$$

方程的左边是描述引力场的时空几何量，右边表示的是质能[1]及其分布。等号在这两种实体之间建立了一种等价关系，两者密不可分；物质成了时空的发生器。结果，引力再也不是我们平时感觉到的那种力了。它不过是物质对时空弯曲的一种响应。表面上看起来受力的物体，不过是在沿着弯曲的时空路径行进而已。光的弯曲，也是它在弯曲的时空高速公路上奔驰的一种表现。水星由于距离太阳太近，它在时空的道路上前进时，会遇到一个更陡的"斜坡"，这就部分解释了它的进动现象。

时空和质能是宇宙的阴阳两面，相互依存，不可分割。引力最根本的成因可以这样解释：它是时空图形的外在表现。爱因斯坦让黎曼的猜测变为了现实，但他根本就不曾受到过黎曼那含糊不清而又有先见之明的度量场的影响（黎曼从没有想到过名为"时空"的这一不可或缺的要素）。不过他从黎曼的数学成就中受益颇多倒是真的。爱因

---

1. 即质量和能量。在广义相对论中，质量和能量是等价的。—— 译者注

斯坦告诉我们，空间不应该被看作一片巨大的空洞，而应该是某种无限大的弹簧垫。

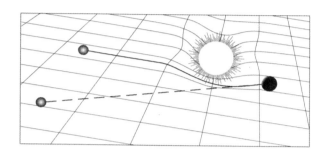

根据广义相对论，时空就像一块巨大的弹簧垫。像太阳这样有质量的物体陷在软垫里，使时空弯曲。一束星光（实线所示）沿着弯曲了的时空路径在宇宙中穿行。沿直线追本溯源（如虚线所示），那颗星星看起来就偏离了原来在天空中的位置

　　这样的弹簧垫可以有多种变形：可以被拉伸，也可以被压缩；可以伸直，也可以弯曲；甚至有时候还会呈锯齿状。我们时常把时空想象成二维弹簧垫，只不过是为了便于把时空概念形象化而已。但是，真正的弯曲，理所当然是发生在四维时空里的。所以，像太阳这样的大质量天体，实际上正端坐在四维时空的弹簧垫上，并压出了一个很深的凹陷来。而行星们之所以围绕着太阳旋转，并不像牛顿和我们想象的那样是因为它们被什么无形的力线牵扯着，而是因为它们完全陷在太阳压出的凹陷里了。物体的质量越大，凹陷就越深。比如说地球，并不是在用什么无形的拖链来牵着卫星绕自己旋转的，而是卫星自己在沿着直线 —— 在它的当地参考系看来 —— 前进。

　　假如在古时候有两个探险家，他们都认为大地是平坦的，并分别从赤道上不同的地点不偏不倚地向北走。但是他们将会听到彼此相距

46　越来越近。于是他们可能觉得有什么神秘的力量在把他们推到一起去。而一位高空中的旅行者却明白事实的真相：很显然，地球的表面是弯曲的，他们不过是在沿着圆形轮廓线前进。同样，卫星也是在四维时空中被地球压出的凹陷面上，沿着最直的路径前进。只要天体继续存在，那么它在时空中压出的凹陷，将是我们宇宙永远的风景。我们所想象的引力 —— 两物体被彼此拉近的趋向 —— 只不过是这种凹陷的结果。牛顿的空箱子突然消失得无影无踪，空间不再只是空旷的竞技场了。爱因斯坦告诉我们，他带给物理学的新物理量 —— 时空，才是我们宇宙每时每刻都无处不在的玩家。多年之后，回忆起这些成就时，爱因斯坦应该会写下这句话："请原谅我，牛顿。"

第3章
恒星的华尔兹

正是爱因斯坦理论出众的优雅才使他坚信自己的理论是正确的。曾一度与爱因斯坦合作的班纳什·霍夫曼说过："它（广义相对论）的[47] 艺术性在于它的必然性、结构的简洁、复杂中闪耀着的基本的简单，还有它像所有美好事物一样，暗含着的一股不容置疑的内在美。"爱因斯坦曾于1930年写道，"他并不认为广义相对论的重要性在于预见一些可见的细微效应，而是在于它基础的简单性和它的一致性"。然而，正是那些"可见的细微效应"之一才让爱因斯坦名声大噪。

当然，水星的反常运动是已知的，广义相对论也能够解释它。但爱因斯坦还预言了另外一种牛顿仅仅思考过而没有深究过的效应。当物理学家们把光看作一种波时，通常假定它与物质不同，即不受引力效应的影响。[1] 而广义相对论宣称，光线一定会弯曲 —— 也就是说，[48] 会像物质一样，受到像太阳这样大质量天体的引力作用。而且，引力引起的弯曲效应是牛顿万有引力理论计算结果的2倍。额外的效应来自于时空的弯曲，特别是在大质量天体周围更为明显；这是一个牛顿

---

1. 在爱因斯坦之前，零零星星也有一些人考虑过引力对光的影响。1804年，一个名为 J. 索德纳的德国人就发表过一小篇论文，根据牛顿定律预见了星光在途经太阳附近时会有一个偏折量。这个值仅有广义相对论的预测值的一半大。—— 原文注

定律从来就不曾涉及的效应。因此，观测星光在途经太阳附近时有多大的偏折量，是测定爱因斯坦理论预见的时空弯曲——倾斜的时空山谷——的方法之一。当然，这并不意味着光线真是弯曲的，尽管我们常常这么说。说得更确切一些就是，光线所经过的时空路径是弯曲的。

　　在太阳这个相对来说量级较轻的恒星附近，这种效应很小很小。爱因斯坦计算出，一束刚好掠太阳表面而过的星光，仅仅只有1.7秒弧度（约1度的1/2000）的偏折。这相当于从足球场这头往那头看，铅笔笔尖的宽度。光线距太阳越远，距离太阳系时空山谷的谷底就越远，偏转的角度也就越小。1919年春，第一次世界大战刚刚结束，以研究恒星著称的英国天文学家亚瑟·爱丁顿率领一支政府组织的科考队前往西非海岸的普林西比小岛，趁一次日食的机会来观察这种微弱的偏折效应。日食是观察恒星的大好时机，因为这时月亮把太阳耀眼的光芒全给挡住了。幸运的是，这次日食发生的天空，正好有一片异常明亮的恒星。为了避免因坏天气而导致探测不理想，另一支科考队前去巴西北部一个名叫索布拉尔的村庄执行了相同的任务。

　　在这至关重要的一天，5月29号，爱丁顿与队员们一共拍了16幅照片，其中的大部分由于云层的干扰最终没有派上用场。爱丁顿在日志里写道："我们连看一眼（太阳）的时间都没有，一心扑在宇宙图景中神秘的暗光上了，这幅图景的安静还被队员们给打破了。计时器的节拍告诉我们历时共302秒。"最终只有两张照片拍得比较好，关键恒星的图像挺清楚的。接下来的几天里，为了避免回程中出现什么差错，他们当场查看了其中一张底片。爱丁顿和同伴们把它和数月前在伦敦拍的同一片天空的另一张照片进行了对比。拍摄后面那张的时候，太阳并不在恒星光线的传播路径上。爱丁顿曾坦言自己在学术上并不支持爱因斯坦，但他这次看到太阳附近[1]恒星们的视位置确实偏移了，且偏移量与爱因斯坦的预言值仅有20%~30%的出入之后，却十分高兴。对爱丁顿来说，这已经足够接近了。这个偏移量确实大于用牛顿定律计算出的结果。这至少证明了牛顿长期以来作为引力王国国王的地位已经被推翻了。爱丁顿后来评论说，那是他作为天文学家的一生中最兴奋的一段时光。

索布拉尔的观测结果巩固了这个结论。这次观测逢上了一个好天气，所以拍到了更多的照片。尽管爱因斯坦一直很自信，从没怀疑过光偏折会被证实，但他从小道得知这个消息时仍然很高兴。他立刻寄了一张明信片给母亲，向她老人家报告这个好消息。德国皇家天文学会和牛顿曾亲自主持过的伦敦皇家学会，举办了一场联席会议，并在会上正式宣布这个结果是科学无国界的典范。尽管德英两国之间的大战才刚刚结束，英国科学界却在为在敌国取得的理论成就颁奖了。

在头版头条报道了日食实验之后，大西洋两岸的媒体把爱因斯坦的大名捧成了天才的代名词。爱因斯坦在公众场合的生活再也不是以前那个样子了。在之后的日子里，各行各业的名流们，从总统到影星，纷纷要求与他共进晚餐。常常有崇拜者请他签名，不胜其烦。摄影师和画家每隔一段时间就会登门造访，为他拍摄肖像或画像。科尔·波特还把这位备受欢迎的物理学家的鼎鼎大名，写进了他1943年的一

1.指照片上看来在太阳附近。——译者注

首名为《它正是你的》的歌曲中："你的魅力赶不上牵着猪的瑟茜[1]／你的脑瓜不及伟大的爱因斯坦聪明。"时至今日，他那茂密的胡须、狼狈的头发和厌世的双眼，仍然一眼就能辨认出来，并被制作成了卡通肖像或广告头像。爱因斯坦曾就他的超级明星形象说道："我已经成了迈达斯王[2]，只不过不能点石成金，而是点石成马戏团罢了。"对于像他这样一位渴望安静地沉思的思想者来说，这种生活真如他所说的那样，是"一种眼花缭乱的痛苦"。

　　爱因斯坦于1955年去世，未能在20世纪后半期看到自己的理论在更多的实验中大获全胜。有了新的天文观测手段，光偏折实验的精度已经远远超出了爱因斯坦的想象。1922年至1973年间，日食实验共进行了不下9次，然而精度上的提高却很小。自从使用了全球联网的射电望远镜群之后，观测条件就大为改观了。这样，一台地球一样大的特大号射电望远镜就建成了。那些质疑日食实验有效性的人们现在总算满意了。通过利用这个遍布全球的射电网来观察遥远的类星体——极其密集强烈的射电源——射电天文学家们已经能够观测到，当其无线电信号经过太阳附近时，相距很近的两个类星体视觉距离的改变。这种测量的精确度已经比爱丁顿的初次尝试高了1000倍。

　　最近一次光偏折检测可以看作是1919年那次在太空时代的新版本，只是少了日食这个角色。由欧洲空间局于1989年发射升空的希

1.瑟茜系古希腊神话中太阳神赫利俄斯和海中仙女珀耳塞的女儿。她能用药物和咒语把人变成狼、狮子和猪。古希腊英雄奥德修斯等途经埃厄岛时，她曾把奥德修斯的同伴变成了猪。但奥德修斯受到神奇的摩利草的保护，迫使她恢复了他们的原形。——译者注
2.系古希腊神话中的佛里几亚国王，酒神狄俄尼索斯赐给他一种力量，使他能够把他用手触摸的任何东西变成金子。——译者注

巴古斯卫星，花上4年时间绘制了迄今为止最精确的恒星星图。这次绘制最低到十星等恒星（亮度约为北斗七星的1/1500）。结果表明：爱因斯坦的预言继续成立而且近乎完美。事实上，希巴古斯卫星的数据精确得都能探测到半个天顶外的星光在途经太阳附近时产生的偏折了。天球上距离太阳很远的恒星的视位置偏移都能观测得到，只是偏移量远小于距太阳更近的恒星罢了。

　　1964年，哈佛大学－史密松天体物理中心的天文学家欧文·夏皮 51
罗，与MIT的林肯实验室合作，提出了测量广义相对论光偏折效应一个有趣的全新方案。夏皮罗提议发射一束雷达脉冲到另一行星去，然后被反射回来。这种技术在近邻行星的测距上已有应用。不过，夏皮罗指出，如果经过太阳附近，脉冲到行星的这一个来回用时将比不经过太阳附近时长一点。这是因为太阳造成的时空弯曲，会给旅途平添上一小段距离；雷达波束将会"掉进"这个凹陷中去。经过两年的时间，实验完成了。在金星和水星将要运行到太阳背后时，他们从地球上向这两颗行星上发射了雷达信号。到金星的这个来回用了约30分钟。他们从马萨诸塞州东北部的海斯泰克天文台发射了300千瓦的雷达信号，而被反射回来的却只有10^{-21}瓦。但这已经够了，天文学家们由此得知，信号经过太阳附近时多用了1/5000秒才到达地球，总路程增加了60千米。后来人们注意到，1976年登陆火星的"海盗"号登陆车发回地球的信号在途经太阳附近时也略有延迟，而且延迟量与广义相对论的预测值只有0.1%的差别。

　　宇宙中最漂亮的光偏折例子要数引力透镜了。以阿贝尔2218为例，这是10亿光年开外的一个星系团，内有大量恒星，且分布密集，外形十分惊人：几个球根状的椭圆星系稳居在阿贝尔2218的中心，像是一尊尊心宽体胖的大佛。许多明亮的圆盘状天体——很可能是螺旋星系——围在四周。还不止这些呢。另外还有共120个小的圆弧状天体，围绕着整个星系团的中心，其条纹就像箭靶上的圆环。这是宇宙中最奇妙的幻景之一，是爱因斯坦的光偏折效应达到极端时产生的。

　　当星光途经太阳附近而弯曲，或者说折射时，太阳确实就像是一个透镜。试想一下，当透过光学透镜看物体时，物体就会被放大、变亮。这只是一个简单的放大镜。引力透镜具有同样的功效，只是这里是引力而不是一块曲面镜片在起作用。爱丁顿成功地进行了日食实验后不久，爱因斯坦及其他科学家就开始探讨远太空的光折射——透镜化——的可能性了，比如光线经过遥远的恒星附近时的折射效应。确定了"透镜"的方向后，其后面的物体就可能被简单地放大，也可能被分为多重图像了，就像大游乐场里的哈哈镜的效果一样。但是，1936年爱因斯坦得出了这样的结论：除太阳之外，"观测到这种现象的可能性不大"，因为两颗恒星刚好排列在一条直线上[1]的概率太小了。而加州理工学院的天文学家弗里茨·兹威基看得更远。1937年他宣称星系"比恒星更有可能观测到引力透镜效应"。他是对的，尽管过了40年他预言的幻象才最终被确认下来。第一面这种宇宙透镜是于1979年被发现的（完全出于偶然）。自那之后，天文学家们已经陆续发现了很多这样的透镜。有的是单个的星系，另外的是像阿贝尔2218这样的星系团。比太阳重万亿倍的星系团，整个就像一架巨型望远镜一样，大大提高了身后天体的亮度。阿贝尔2218周围昏蓝的圆弧，实

---

1. 这里指两颗恒星与地球成三点一线。——译者注

际上就是其身后5～10倍远的星系扭曲变形了的像。这就使得引力透镜的意义，远远超出了宇宙奇迹本身。阿贝尔2218还向我们表明，引力透镜可以起到一面巨型变焦透镜的作用。它们把过于遥远而看不到的星系拉到了我们眼前。就这样，天文学家们才得以一窥宇宙很年轻时的模样。难怪引力透镜被称为"爱因斯坦送给天文学的礼物"。事实上，对天文学家来说，引力透镜效应正变得至关重要。除了有益的一面，这种效应还会给天文学带来挫折。例如，FSC 10214＋4724星系于1991年被发现时，有人说它是宇宙中最亮的星系。事实上，尽管亮度很高，但它还不是最亮的一个。后来，位于夏威夷的凯克望远镜发现，此星系是经过引力透镜放大变亮了的。这个引力透镜就是它面前一个距离我们更近的星系。天哪，我们居然被引力幻象给欺骗了！

　　当1915年首次提出广义相对论时，爱因斯坦还给出了另一个预言：短期内不可能发现光偏折效应。那时候科学家们既没有仪器也没有技术来测量这种极其细微的效应。爱因斯坦还声称时间在引力场中会流逝得更慢。换句话说，太空中的时钟会比被地球引力"压抑 53 住"的时钟走得更快一些。此情景最好这样想象：把引力 —— 像爱因斯坦最初所做的那样 —— 看成是在外太空一架正在加速的电梯里所感受到的力。把一座时钟平放在电梯地板上，而你在电梯顶部观察它。但是整个电梯是向上加速运动的。时钟走针的图像（由一束光脉冲来表示）传到位于电梯顶部的你的眼中时，你和电梯顶已经向上移动了一个距离。为了模拟重力，电梯运动的速度越来越快，光波的波峰到达电梯顶部的速率就慢下来了（也就是说，频率降低了）。所以，在你看来，时钟就变慢了。

　　但是，正如爱因斯坦告诉我们的那样，加速电梯里感受到的力与在地球上感受到的引力是等效的。所以，地球上的时钟要比自由漂浮在太空中的时钟走得慢。这是其他物理学家的理论所不曾预见过的，对物理学来说是全新的。我们自己不曾注意到过这个效应，是因为我们身体里的原子们也跟着慢了下来。我们只能通过比较才能知道。例如，如果有人能侥幸在引力场比地球上强万亿倍的中子星上生存下来的话，他们年龄增长的速度将明显慢于地球上的人们。地球上 10 年过去了，中子星居民却只过了 8 年左右。黑洞，这个宇宙中最强大的引力水池，将引力的效应推向了极端。黑洞边缘只过了一瞬间，宇宙其他地方却过了好多年代。在这里，相对论才不负虚名。在与爱因斯坦的一次对话中，作家阿希礼·蒙塔古讲了一个关于这个佯谬的笑话，把物理学家们都逗乐了。这段对话发生在布朗克斯[1]：

　　"什么是相对论？"第一个人问道。

　　"试想一下，如果一位老太太坐在你腿上，你会觉得一分钟长似一小时；而一个漂亮的姑娘在你腿上坐了一小时，你却觉得短过一分钟。"第二个人回答说。

54　　"这就是相对论？"第一个人反问道。

　　"是的，这正是相对论。"同伴回答说。

　　"爱因斯坦就是靠这个吃饭的？"

---

1. 系美国纽约市的行政区，位于曼哈顿北部大陆，纽约东南部。曾为荷兰西印度公司工作的一个丹麦人琼纳斯·布朗克（卒于 1643 年）最早定居在这里，故有此名。该区于 1898 年成了大纽约的一部分。——译者注

还可以从另一个角度来看待这种效应。你可以把光波看成弹簧——在试图爬出大质量天体在时空中挖掘的"引力井"时被拉伸的线圈。像蓝光或黄光这样的短波，会在向上攀爬的过程中变长，向电磁频谱的另一端靠拢，变得更红。所以，这种效应就叫作引力红移。地球和月球附近的引力红移效应太小了，直到1959年科学家们才测量到这种效应。罗伯特·庞德与学生格伦·雷布卡一起，利用建在哈佛大学校园里的实验设备探测到了这种效应。他们在杰斐逊物理实验室测量了伽马射线从地面射向一个23米高的塔顶，和从塔顶射向地面这两种情况之间频率的细微差别。伽马射线来自于一块铁放射源。为了降低伽马射线被空气吸收的概率，他们在塔中竖起了一个充满轻氮的迈拉袋[1]。伽马射线频率的改变量与爱因斯坦预言的出入小于10%。5年后，庞德和同事约瑟夫·斯奈德将两者的出入降低到了1%。

到了20世纪70年代，引力红移测量的精确度已经达到了惊人的地步。哈佛大学–史密松天体物理中心为天体物理学制造原子钟的罗伯特·维索特，将自己一座十分精准的氢迈射时钟送入了太空，用来比较它与地面上一座同样的时钟频率之间的差别。这座41千克重的特制时钟十分精准，每天只有十亿分之一秒的误差（大致相当于每300万年只有1秒的误差）。这座时钟于1976年6月18号被装在一枚侦察兵D型运载火箭上，从弗吉尼亚西海岸的瓦罗普斯岛发射升空。这次发射是在破晓时分进行的。118分钟后，火箭落入了百慕大以西1600千米远的大西洋中部区域。此时维索特和同事与太空舱失去了联系，十分紧张。不过1分钟后，他们又收到了信号。一个环形断路器

1."迈拉"系一种聚酯类高分子物的商品名。——译者注

55 发生了意外，切断了输送给上行线路传送器的电流。这次实验的最基本原理很简单——测量原子钟在几乎被垂直送上10000千米的高空时以及下落过程中的振动情况。最终他们发现，在10000千米的高空，地球引力已经松开了它的双手，原子钟确实跑得更快了一点，比地面上快了约4.5×10^{-10}。如果它在那儿的轨道上待上73年的话，就会比地球上的原子钟快上1秒了。这次实验的精确度在万分之一以内，比在哈佛校园里进行的引力红移实验精确了100倍。

在1976年，这样一个实验并没有什么太大的实用意义，但现在不一样了。全球定位系统（GPS）卫星所载的高稳定性计时器，高高遨游在地球外层，一直受到引力红移有规律的影响。24颗在轨卫星必须在五百亿分之一秒的误差内同步，才能让地面上的使用者把自己所在的位置锁定在15米的范围内。但是，如果没有相对论修正，计时器每天都要快上四十万分之一秒，这主要是因为引力红移效应的影响。计时器载有周期性调整的程序，不然，一分半钟之内它们就会失去同步了。当克利福德·威尔要就此理论为一位空军将军做一个简报时，他明白，广义相对论终于要派上用场了。因为GPS要尽可能的精确，这已关乎国家安全。好莱坞也意识到此中蕴藏着的商机了。在007系列电影的《明日帝国》中，就有一个罪恶的天才试图破坏GPS，以达到把英国船只引向歧途的目的。

引力红移并不是广义相对论预言的唯一新颖奇怪的效应。爱因斯坦在1913年写给奥地利物理学家兼哲学家恩斯特·马赫的一封信中提到，伴随着广义相对论效应，还会出现另外一种新的力。他称其为"拖曳力"。这时距离他发表完整的理论还有两年时间。在许多方面，拖曳力之于引力，就像磁力相对于电力一样。事实上，还有人把它称为"磁引力"。一个带电粒子自旋时会在自身周围产生磁场；同样，像地球这样自转着的质量，会带动周围介质——也就是时空自身——旋转。1918年，两位奥地利科学家，约瑟夫·兰斯和汉斯·塞林，计 56 算出了这种自转带来的效应。故有时也称其为兰斯塞林效应。

兰斯和塞林看到，一个旋转的物体会带动周围时空的结构，就像电动搅拌器带动周围的蛋糕面糊旋转一样。离搅拌器越近，旋转就越快；越远，旋转就越慢。1959年刊登在《今日物理》上的一个新型陀螺仪的广告启发了一些物理学家（那时他们有的人正在斯坦福大学的游泳池里游泳，另一些人正在锻炼中沉思）。他们开始设想一个完美的陀螺仪，并考虑如何用它来测量广义相对论的这种微妙特征。到了

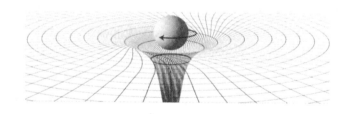

结构拖曳：黑洞自转时会扭曲周围的时空

1963年，他们获得了美国宇航局（NASA）的支持。接下来的30多年里，这个项目走走停停折腾了好几回，就像涅槃七次的凤凰一样，但最终还是坚持了下来。此项目共花费5亿美元，成了一个颇具争议的项目。这个被称作"引力探测器B"（维索特的实验是"引力探测器A"）的项目，是NASA投资的最昂贵（准备期也最长）的纯科学项目之一。

　　这个计划预计将使用 4 个陀螺仪，并把它们送到 640 千米高的极轨道上去。陀螺仪本质上就是一个转轮。引力探测器 B 所用的陀螺仪是 4 个直径为 4 厘米的石英球。这些石英球外面都包裹着一层铌，看起来银光闪闪的，可以作为世界上最圆、最光滑的东西而被载入吉尼斯纪录了。它们的表面被打磨得极为光滑，凸凹不超过 50 个原子核，可谓完美球体。这种光滑度对于测量细微的变化十分必要；因为凸起或凹陷可能会导致机械振动，而被误认为是空间拖曳的结果。一旦转动起来而且没有外界干扰的话，这些小球的旋转轴会一直指向同一个方向。由于角动量是守恒的，它们会对任何运动状态的改变产生抵制作用。所以它们是测量时空拖曳作用的完美工具。太空中旋转着的陀螺仪可以靠遥远的星星来校准。但是，随着时光的流逝，自转的地球会拖动周围的时空，这种校准会逐渐失效。每个陀螺仪的旋转轴，根据当地的时空调整方向后，就不能再用星光来校准了。这种方向的调整并不大。旋转的面糊只是一个形象的比喻。地球这个轻量级天体的拖曳效应要比搅拌器小得多；根据广义相对论，它每年只能让这些飘浮在太空中的陀螺仪偏转 0.0007 度。这相当于从 400 米远处看一根头发丝的宽度。

　　事实上这种效应对地球的宇宙生活没有什么意义。然而，在其他环境中，比如对于类星体来说，这种"结构拖曳"的影响就大多了。在可探测的宇宙边缘发现的一个年轻而强大的星系，即类星体，它发出的光是正常星系的几十倍。天文学家们认为，其中的大部分能量是由中心处一个特大质量黑洞辐射出来的。这样的黑洞的质量相当于上亿个太阳。这么大的质量旋转，引起的结构拖曳效应十分可观。事实上，有人推测这种效应会导致任何附近的物体都被卷向黑洞的轴心，之后又被从一些巨大的喷口中向外喷出几十万光年远的距离。在这种情况下，结构拖曳的作用就十分显著了。

　　首次提出原子内部结构的丹麦著名物理学家尼尔斯·玻尔于1939年1月来到美国，在新泽西州的普林斯顿高等学术研究所与爱因斯坦一起工作了几个月。但就在他所乘坐的邮轮"皇后岛"号即将离开欧洲之前，他得到消息说发现了核裂变。德国科学家们已经证实了 [58] 他们的铀原子核正在裂变。带着这份兴奋来到普林斯顿后，玻尔立刻就这个问题与27岁的约翰·阿齐博尔德·惠勒展开了讨论。后者是普林斯顿物理学院的最新成员，而且还是原子物理与核物理方面的专家。他们一起推导出了核裂变的一般性理论[1]，并据此新理论推测出像铀-235这样的放射性物质可以维持链式反应。之后惠勒一直是物理学历史性发展过程中的中心人物，连第二次世界大战时的曼哈顿工程及后来的氢弹工程也不例外。惠勒在这些战争任务结束后，于20世纪50年代回到了普林斯顿，转向了一个全新的理论。他说："我觉得自己受到了感染。学生时代我曾读过物理大师洛仑兹写的一本书，书名叫作《现代物理的问题》。现代物理的问题是什么呢？答案是量子物理和相对论。"在第一个问题上进行了多年研究的惠勒决定转向第二个问题。这个决定风险很大。相对论已经成为物理学的一潭死水了，只有少数专家仍在此领域进行着研究。惠勒回忆说："这些跟着爱因斯坦工作的人，对物理之外的其他领域都知之甚少。"

　　几十年了，广义相对论一直都是物理学中最受敬仰而又没有得到

---

1. 即用液滴模型来解释核裂变的机制。——译者注

证实的理论。这个世界上有着行星轨道的细微扭曲，有着光线的小小偏折，就连20世纪20年代埃德温·哈勃发现的膨胀宇宙也可以归因于广义相对论效应。即便如此，实验证据还是很稀缺。直到20世纪中期，局面才开始有所改变，主要是因为有了新开发的技术，科学家们能够更好地测量相对论预言的细微变化了。到了20世纪60年代，广义相对论方面的专家们进入了实验的黄金时代。庞德和雷布卡最终实现了引力红移的测量，而夏皮罗也开发出了测量时空弯曲的一个全新方法。但这个百花怒放的局面还离不开另外一个至关重要的因素：物理学家们齐心协力，更加深入地研究了相对论。处在这个运动最前沿的正是惠勒，他把相对论拉回了物理学的主流，并把它与整个宇宙学联系到了一起。他几乎单枪匹马地改变了广义相对论的垂死面貌。他是通过教学来深入到这个课题中去的。他曾经说过："最好的教学来自于研究，而最好的研究来自于教学。""如果一个老师到了下课时间还没有从这节课中学到什么的话，他就不懂得如何教学。"正是在课堂上，他把广义相对论概括成了一句话："物质告诉时空怎样弯曲，而时空告诉物质怎样运动。"

爱因斯坦把平生最后一次研讨会放在了惠勒班里举行，也就是在物理学院的前身 —— 帕默物理实验室举行。这是一座令人难以忘怀的哥特式建筑物，红砖筑成，上面是厚石板屋顶。这座建于1907年的楼房现在被用作亚洲研究中心的办公室了，所以飘出窗外的阵阵物理旋律及楼内矗立着的物理大师们的雕像明显不合时宜。惠勒作为一名拜访者，缓缓走过了自己早年的物理殿堂。他穿过进口处厚重的木制门，从宽大的中央楼梯走了上去。到了二楼，转过一道弯后，左边第一扇门上"309"这3个数字就会映入眼帘。这就是爱因斯坦做最后一次课堂报告的地方。深色木质椅子都有着加宽了的右扶手，留着做笔记时使用。真正的黑板，老式的那种，在前墙和房间右边各排成一排。座位共有8排8列。屋子里充满了旧木板和粉笔灰的味道以及怀旧的气息，气氛有点沉闷。人们一眼就能找出已至暮年的爱因斯坦，他坐在前排，衣着随便，正在一个个地审视着眼前的学生。惠勒回忆说爱因斯坦讲了三个问题：第一，他是怎么想出相对论的；第二，相对论对他来说意味着什么；第三，他为什么不喜欢与自己的科学理念相对的量子论。对于量子理论来说，观察者是处于中心地位的；在测量结果出来之前，观察者什么都不知道。惠勒记得爱因斯坦高声质疑道："如果一只老鼠抬起头来看一眼天空，宇宙的状态会改变吗？"就是在这样一座破旧的建筑里，惠勒让相对论重获生机了，把它从物理学的次要地位，提升为一个最具活力的领域了。

惠勒是从考虑一个几乎已被遗忘的问题开始的：对一颗质量特别大的恒星来说，会出现什么样的情景呢？它死亡时会发生什么呢？J. 罗伯特·奥本海默（他后来领导了制造第一颗原子弹的曼哈顿工程）与学生哈特兰·施奈德一起，在1939年9月1日出版的那期《物理评论》上发表了一篇这方面的文章。（巧合的是，玻尔和惠勒也在同期《物理评论》上发表了一篇核裂变方面的文章。）他们是从考虑一颗已经耗尽它所有燃料的恒星开始的。由于核燃烧产生的能量已不复存在，恒星的内核再也支持不住全身重力的挤压了，于是就开始坍缩。如果内核超过了一定质量——现在认为是2~3个太阳的质量——的话，据奥本海默和施奈德证实，它将不会转化为一颗白矮星（我们的太阳将会转化为这种星体），也不会转化为一颗小而致密的中子星。根据广义相对论，他们计算出这种恒星将会继续无限制地坍缩。最终，它会变成一个"奇点",一种由德国天文学家卡尔·史瓦西构想出来的零体积而密度无限大的状态。他是于1916年根据爱因斯坦的新理论做出上述构想的。在这种状态下,现行的所有物理定律都将失效。在大门被不可逆转地关闭之前最后逃出的光波,将会被巨大的引力拉伸(从可见光变为红外光,再变为无线电波等),最终变得不可探测,整颗星也将会从我们的视野中消失。那儿剩下的是一个任何事物——信号、光或者物质——都不能从中逃脱的球形空间。这个球的气状边界就是我们所说的"视界"[1]。它不是一个固体表面,而是一个引力极限点。一旦踏入这个无形的边界,就再也没有回头路,只能落入中心处的奇异深渊了。这个坍缩内核周围的时空弯曲得很厉害,以至于该恒星残体简直把自己和周围的宇宙隔绝开来了。"只有它的引力场存在",奥本海默和施奈德在论文中这样写道。对于史瓦西来说,这种情景是爱因斯坦方程一个有趣的数学解;而奥本海默和施奈德却告诉我们这可能是一颗大质量恒星的真实命运。

但是在1939年,奥本海默和施奈德认为不可能存在能避免这种悲惨结局的力。20世纪50年代重新考虑这个问题时,惠勒猜想是否压力,即物质的抵抗力能改变这种结果呢?恒星物质的压力有可能阻止这种终极崩溃。或许在垂死挣扎的过程中,行将就木的恒星会释放出大量的能量和物质,以至于引力坍缩的结果都改变了,最终形成了一颗白矮星或中子星。惠勒曾说:"我正在寻找出路。"基普·桑尼20世纪60年代初曾做过惠勒的研究生,他现在推测惠勒之所以拒绝接受恒星的黑色命运,可能部分是因为受到了奥本海默理念的影响。惠

---

1. 系黑洞周围的一个假想表面,该表面上的逃逸速度等于光速。视界以内,逃逸速度大于光速;视界以外,逃逸速度小于光速。——译者注

勒是一位政治保守派，对因自由主义信仰而备受公众指责的奥本海默
持保留态度。在就是否需要氢弹这个问题而举行的第一次政府辩论会
上，两人的意见就相互对立。惠勒在自传中曾坦言："我对奥本海默个
性的某些方面不感冒。他似乎喜欢把自己的才智摆在明处 —— 坦白
说就是炫耀…… 而我常常觉得自己应该低调从事。"

奥本海默在简单考虑了一下他所谓的"持续的引力收缩"问题之
后，就把它置之脑后，再不考虑了。"他并没有认识到这个问题的重
要性，"桑尼解释说，"但是回忆起来，奥本海默与施奈德的合作成果
十分完善，正是黑洞坍缩的一个精确的数学描述。在那个年代，人们
很难理解论文中的东西，因为那些用数学熏制出来的结果，和我们脑
海中的宇宙图像大相径庭。"惠勒嫉恨心重，事实上，在从事相对论
方面工作的早期，他从没有提到过奥本海默的论文。他的态度直到
1962年才有所改变。这一年，普林斯顿一位名叫大卫·贝克道夫的大
学生在毕业论文中重新考察了奥本海默的理论，并把它表述成了一个
更简单的形式。"这真让我大开眼界"，桑尼说。之后他就开始跟着惠
勒读研究生了。随着其他一些漏洞一个个被排除掉，特别是在引进了
可以解决爆聚恒星物理难题的计算机之后，惠勒终于确信恒星最终将
会坍缩了。他说："即使竭尽全力去抗争，你也阻止不了它坍塌。"他
那时还笨拙地这样表述："恒星的归宿常常是一个'引力导致的完全
坍缩的东西'。"

当1967年第一次发现脉冲星时，人们还不知道它是什么星体。很 62
快，在位于纽约的戈达德太空研究所就举行了一次研讨会来讨论这
个问题。可能是红巨星、白矮星或者中子星吗？惠勒在演讲中提醒天

文学家们，它们可能正是他所说的引力坍缩体（尽管有人怀疑惠勒是在思考多年之后才采用这个名字的）。惠勒现在这样回忆说："在我把那个短语说了四五遍后，听众中有人说：'你为什么不叫它黑洞呢？'于是，我就采用了这个名字。"不管开头怎样，惠勒在数周之后的科学演讲中又使用了这个名字。于是，"黑洞"就成了正式称呼了。黑洞 —— 这个名字再贴切不过了，因为它确实是时空结构中的一个无底洞 —— 从此进入了科学词典。这个易于记取的称呼曾引起了公众的诸多想象（刚开始时，在法国还闹了一场场大红脸，因为法语里的"黑洞"还有其他淫秽的含义）。

在普林斯顿做毕业设计时，桑尼目睹了广义相对论的复兴。就在实验工作者忙着用过去不可能实现的手段来验证他们的宝贝理论时，桑尼开始意识到这些科学家们需要像他这样的理论工作者的帮助了。在广义相对论中确定测量什么并不容易。这是一个难以捉摸的理论。显然，在不同的参考系中，你可以得到不同的答案。曾经，夏皮罗在进行雷达实验时倍感压力，不停地与他人对比来修正自己的计算结果。这就是近1个世纪过去了实验相对论才繁花盛开的原因之一。确定你要测量什么、如何测量，以及如何解释测量结果都不是什么容易的事。许多人在这条道路上都举步维艰。关于什么可以观测、什么不可以观测的争论也已经开始了。为了部分解决这些矛盾，理论学家们意识到他们必须构建一个更易于理解的体系，一个不但包含爱因斯坦的理论，还包含引力的一些替代理论的体系。"尽管爱因斯坦的理论概念上很简单，但计算上却很复杂，"桑尼这样说，"在任何给定的实验里，如果你想验证正在测量的是什么的话，首先就需要一个比相对论自身所能提供的更大的框架。你需要其他一些可能，需要引力的一系列可

的一系列可能的理论，相对论就是其中一个。而其他的理论是用作检 63
验相对论的镜子的。"实验者可以设计一些实验，来测试这些不同理
论间的某些差别，从中看出爱因斯坦的理论是否成立。曾在加州理工
学院桑尼手下学习，而如今在圣路易斯的华盛顿大学的克利福德·威
尔，和蒙大拿州立大学的肯尼思·诺德韦特分析并整理了许多替代理
论，甚至还提出了一些自己的理论。"有点儿像稻草人[1]，"威尔解释
说，"这是启发实验者设计实验并检验结果的一个办法。"有些科学
家之所以提出引力论的修正方程，是因为他们相信由于各方面的理
论原因，广义相对论确实需要修正。威尔说，所有这些理论"迫使相
对论不再像以前那样，而是挺身而出，直面实验"。爱因斯坦理论的
最为著名的替代者 —— 一时也是它实力最强的挑战者 —— 就是布
兰斯－迪克理论。

　　普林斯顿大学是广义相对论复兴的中心舞台，但并不是唯一的理
论舞台。当惠勒还在斟酌他的引力坍缩体理论时，普林斯顿大学的物
理学家罗伯特·迪克却正在为振兴相对论实验而努力。"他们从不同
的角度考虑问题，"桑尼说，"惠勒是一个酷爱哲学的梦想家，他在物
理直觉的驱使下大步地前进着。而迪克喜欢摆弄小玩意，他也有理论
上的想法。但他的想法与惠勒截然不同，有着本质上的区别。惠勒用
几何的眼光来看待这个宇宙，而迪克的工具却是场论。"

　　迪克是一位慷慨的科学家。1965年，他帮了亚诺·彭齐亚斯和罗
伯特·威尔逊一个大忙。那时候他们位于新泽西州贝尔实验室的射电

1.这里是说那些替代理论有点儿像稻草人。—— 译者注

天文望远镜总是有烦人的噪声，迪克帮助他们弄明白了事实上那是宇宙大爆炸留下来的远古时代的低语，是一种在宇宙走廊里回响了150亿年的嗡嗡声。这时候迪克刚刚做好了准备，要自己去寻找宇宙背景辐射。后来彭齐亚斯和威尔逊因其意外发现而获得了诺贝尔物理学奖，但迪克对这事没有感到一点儿不快。他只是淡淡地说自己"被抢了先"。

　　1997年，迪克去世了，整代物理学家们都尊他为实验先师。"迪克的实验发现和他阐明的理论原则，催生了许多其他发明：锁相放大器、充气光电池原子钟、微波辐射计、激光器以及微波激射器，"威尔曾这样写道，"他对这么多获了诺贝尔奖的发现都做出过直接或间接的贡献，许多科学家都认为，他自己[却从没有获得过]诺贝尔奖是件很奇怪的事（甚至是诺贝尔奖的耻辱）。"1960年左右，迪克断定此前的引力测试都不够精确。之后，学过核物理的他就开始考虑引力问题了。他在此领域最早的冒险之一就是重做了匈牙利科学家罗兰·冯·艾厄特沃什男爵的实验，后者曾于1889年和1908年两度测试惯性质量（物体抵抗加速度的能力）和引力质量（物体受引力作用的量度）的一致性，且精确度极高。这两种质量的一致性是牛顿物理和广义相对论最根本的基础。这也是不同质量的物体，无论轻重，从高处（比如，从比萨斜塔上）扔下时都以相同的速度下落的原因。较重的物体受到地球的吸引要多于较轻的。然而，同时它对加速度又有着更大的抵抗能力——大到正好能减缓它的加速过程，使之在整个下落过程中与质量较轻的同伴保持同步。艾厄特沃什发现这种匹配能精确到十亿分之几。迪克与合作者一起把这个精确度提高了100倍，达到千亿分之几，后来由弗拉迪米尔·布拉金斯基牵头的一个莫斯科小组在这方面又取得了一些进展。20世纪90年代中期，华盛顿大学西雅图分校的一个以埃里克·艾德伯格为首的小组又把这个精确度提高到了万亿分之一的水平。他们把自己的实验称作"奥特－沃什"，是那位男爵的名字"乌特－弗什"的拟声词。[1]

在转向这些问题的过程中，迪克开始深入思考引力理论的基础本身了。他开始相信"马赫原理"了，这是几十年前马赫首次提出的一个概念，故有此名。这个理论本质上说的是引力的大小取决于整个宇宙里的物质分布。如果这是正确的话，那么在宇宙逐渐膨胀、物质密度逐渐降低的过程中，引力也将逐渐减小。那时候迪克估计引力每年约有两百亿分之一的变化量。可爱因斯坦的广义相对论并不允许有这样的变化。迪克与他的研究生卡尔·布兰斯一起，给爱因斯坦的方程额外加入了一项，从而把马赫原理合成为引力的一个替代理论。结果布兰斯－迪克理论在某些引力测量上的数据，与爱因斯坦稍有不同，比如在水星近日点的测量上。爱因斯坦的数据看来是正确的，但他假设了太阳是完全球形的。但如果太阳由于内核的高速旋转，外形比人们想象的更扁呢？如果是这样的话，爱因斯坦将是错的，而布兰斯－迪克理论则更为适用。为了弄明白真相，迪克开始着手测量太阳的偏心率，以求得到一个比以往更为精确的结果。当时一位普林斯顿的博士后莱·怀斯回忆说，迪克想到这个之后，消失了几个星期。后来，他在一个星期一的早上回到了办公室，并带回了一大捆图纸，足足有五六十张。他已经把整个实验都在脑海中过了一遍，并设计了望

65

---

1. 那位匈牙利男爵的名字，在当地语言里发音为"乌特－弗什"（ut-vush）；埃里克·艾德伯格小组用了它的拟声词"奥特－沃什"（Eot-Wash）作为他们实验的称谓；这里依例把男爵的名字译作"艾厄特沃什"。——译者注

远镜、电子设备及所有的光学仪器，还有支撑结构。两个负责制作仪器的助手最后认识到，迪克已经预先做好了所有的修正，而这些修正在仪器制作之前往往很难发现。迪克全凭个人想象完成了这些。

"我们把它称为一个真正的迪氏实验，"迪克的一位前研究生肯尼思·利布里切特说，"因为研究生同学们把那些精细巧妙的、所有的东西都不停地来回改变的实验，都叫作迪氏实验。"迪克的实验包含这么一项：在很短的时间内连续测量两种不同的信号。这正是锁相放大器的任务，它能自己在很短的时间内来回改变探测内容。它会首先采集一个信号和其背景信号，然后再采集背景信号。可以设定程序让它不停地这么循环着。最后，再把背景信号从总信号中扣除，就能得到一个微弱的噪声信号了。迪克发明了锁相放大器，并成立了一个名叫"普林斯顿应用研究"的公司来生产出售这种设备。"我们那些研究生们常常坐在一块，讨论迪克到底身价几何，"利布里切特回忆说，"有传言说他有约 1000 万美元的资产。"他唯一的奢侈是每年夏天都要去位于缅因州的一座小木屋住上一段时间。"除此之外，他从来不摆阔。他常常和大家一样，穿着一双上不了台面的破网球鞋工作。"

66　　　1966 年，迪克和 H. 马克·戈登博格一道，把一个圆形挡板放在了望远镜里太阳的像前面，来测量太阳的偏心率。这样剩下的就是太阳的边缘部分了。他们再用光电探测器来扫描这个纤细的圆环，看通过圆心的各条直径中有没有过长的。尽管太阳由于自转确实有一点扁，但迪克和戈登博格报告中的偏心率远远大于原预期值，足以推翻广义相对论而把布兰斯－迪克理论扶上正位了。看起来爱因斯坦就要被颠覆了。这就刺激了很多人继续进行广义相对论的经典实验——光

折射、时间延迟、引力红移，而且精度越来越高，以求能更为严格地
评判两种理论的不同预测结果。过了一段时间后，精度更高的测量结
果出来了，它们仍与爱因斯坦广义相对论的预测符合得很好，大大超
过了与布兰斯－迪克理论以及其他替代理论预测结果的符合度。然而，
迪克的太阳偏心率测量结果看起来仍然成立（至少还没有被驳倒），
仍然独自一人在负隅顽抗。为了终结这场论战，利布里切特重新测量
了太阳的偏心率。迪克的测量是在普林斯顿完成的，那儿天空中常有
云朵飘浮。而利布里切特的小观测台却建在了阳光明媚的加州，是于
1983年夏天建成的，具体位置就在帕萨迪纳正北方的威尔逊山头上。
利布里切特回忆说："那时我还是个研究生，心想'我不但会推翻广义
相对论，同时还将给太阳物理学带来一场革命'。后来，整个幻想像
纸牌房子一样轰然倒塌了。"迪克这么多年来一直在分析着的效应不
见了，好像是普林斯顿多云的天空带来了误差。实际上太阳的偏心率
很小。"那是鲍勃[1]上演的最后一出戏，"利布里切特还说，"这正是他
的难能可贵之处。数据显示他的理论错了，他认了。不久他就退休了，
事情就这么简单。"

---

1. 系迪克的昵称。——译者注

第 4 章
双人舞

67　　通过像约翰·惠勒和罗伯特·迪克这样的理论家和实验者的努力，时空终于进入宇宙剧场不断扩充着的职员表中了。这个新成员执行特定的任务，有着特殊的作用。它是宇宙柔软的舞台，恒星、行星和星系都可以压扁它或陷进其凹坑，形式多种多样。这个新见解有着戏剧性的结果。它意味着，一个置身于时空舞台上的物体，无论运动还是碰撞，都可以在柔软的时空缎面上漾起层层波纹来。来回晃动一物体，它就会发出携带引力能量的波动，和弹簧床上的小球跳动时会在床的布面上产生振动并传播出去一样。这些引力波会像光波一样向外传播。但是，电磁波是在空间中传播的，而引力波是时空自身的波动。这些波动交替着拉伸和挤压空间 —— 就像手风琴演奏时的风箱一样地拉

68　伸和挤压。当这些波遇到行星、恒星或其他物体时，它们不会驻足不前，而是直接穿其身而过，继续赶路，并在此过程中继续使周围的空间不断地膨胀收缩着。

　　宇宙中任何有质量的物体都能发射出引力波 —— 只要它运动，但引力波的强度取决于质量的大小和运动的特征。像恒星这样的庞然大物有着强大的引力，但由于它（除随整个星系的运动以外）基本不动，所以只有很少的引力辐射。地球在围绕太阳旋转时，也持续不断

地辐射出微弱的引力能量，尽管直到宇宙走到生命尽头时这种辐射的效应仍然无法引起我们的注意。月球在围绕地球旋转时辐射出更微弱的引力波。即使玩跳绳的小孩子们，一蹦一跳之间也有很小的可能性会发出一两个引力子来。最强的引力波来自于宇宙中最剧烈的运动：恒星之间的碰撞、超新星爆发以及黑洞的诞生等。这些事件中，有一部分不能通过电磁辐射直接观察到；于是，引力辐射就为探索宇宙提供了一条新途径。引力波不仅仅扩展了我们的视野，还带给我们一种全新的感知方式。瑞纳·怀斯和LIGO主任巴里·巴里希曾这样写道："可以证明，引力波是自然界中最为敏锐的一种波。这部分是它们的魅力所在，也是最受诟病的地方 —— 就因为这个，很难探测到它们。"

　　1916年，在发表广义相对论之后不久，爱因斯坦就首次提出了引力辐射的概念。[1]那篇文章发表在《普鲁士皇家科学院学报》上，紧挨着一篇植物的光感方面的文章，很不引人注意，而且还是用土耳其文法写的。在最初的这篇论文里，爱因斯坦犯了一个代数上的错误，导致了在引力波起源上的误解。但他很快就在1918年发表的那篇论文里纠正过来了。他认识到就像无线电波之类的电磁波是电荷在天线里上下运动时产生的一样，引力波是在物质运动时产生的。而且，它们也是以光速传播的。为了描述引力波的产生，爱因斯坦假想有一根圆柱棒在不停地旋转，就像玩游戏时旋转酒瓶一样。在这种情况下，辐射出的引力波的频率是旋转频率的2倍。这种波会平稳地从波源发出；但是由于引力能量会像星光一样，在向外传播时会分散开来，越来越弱，爱因斯坦就怀疑即使从最强的辐射源发出的引力波，我们也不会

1. 早在1908年，亨利·庞家莱就曾提到过引力的相对性理论。如果他不仅仅提到，而是建立了这套理论的话，很可能就会推导出引力波的辐射。—— 原文注

探测得到。比如，当时刚好有一颗爆发的恒星产生的引力波到达地球，但它们的振幅比原子还要小。如果银河系中心有一颗超新星的话，它辐射出的引力波传播到这页纸上时已经变得十分微弱了，挤压或拉伸这页纸的幅度只有10^{-17}厘米的量级 —— 比原子核还要小1万倍。

　　由于这种信号太微弱了，爱因斯坦首次提出它时，很少有科学家对它感兴趣。干吗要为一个小得无法探测的效应费神呢？此外，引力波是否存在这个问题，还引发了一场持续了约40年的激烈争论。许多人真的很怀疑它们是不是凭空捏造出来的东西 —— 相对论方程的一种虚无缥缈的产物。这种可能性让亚瑟·爱丁顿恶作剧式地猜想，引力波是不是真的在"以思想的速度传播"。就连爱因斯坦在普林斯顿高等学术研究所时也曾怀疑过这一点。这种怀疑一直持续到20世纪60年代，其最初产生的原因是广义相对论存在一个缺陷：其方程的表达形式不依赖于任何坐标系。所以，若有理论学家较起真来，采用一个特殊的坐标系来测量的话，结果就很难解释了。比如，如果你把测量系统的坐标系建立在物质上的话，途经的一束引力波不会把物质从坐标系上搬下来的（在计算中确实是这样的），这给我们留下的印象就是，引力波无论如何对时空都没有影响。引力波方面的物理学家彼得·索尔森回忆说："几年前，在锡拉丘兹大学这儿，学院收到了一份看来是在证明引力波会被星际介质吸收的论文。但在当时，这儿的物理学家们花了几个月的时间才指出作者错在了哪儿。他选用了一个他们都不熟悉的坐标系。看来每一代物理学家都得这么做哪。"

　　今天这场论战基本上已经偃旗息鼓了，大家已经有了满意的答案。没人再怀疑引力波是否真的存在了。在所有的证据都支持爱因斯坦引力论的情况下，物理学家们都确信引力辐射是这套理论理所当然的结果。然而，这种信心的基础并不仅仅是信仰而已。到了20世纪70年代，科学家们找到了引力波虽不直接但很可靠的证据。当时，微波天文学家们发现了宇宙中最可靠的一个引力波辐射源。这次发现靠的是一分的智慧、一分的运气，外加两分的执着。

1967年，在哈佛大学射电天文实验室刚刚读完博士1个月，约瑟夫·泰勒就听说了新发现了一种奇异天体这件事。泰勒回忆说："那是一个所有的期刊都在发表新东西的年代；而在我印象中，这个是当时最出人意料的一件事。"这一发现动用了一台巨大的射电望远镜，它坐落在英国剑桥大学附近，由2000多玉米一样林立的天线组成。当时还是剑桥一名研究生的乔丝琳·贝尔（现姓伯内耳），是那儿的实验员之一。她开玩笑说："我喜欢把自己的论文说成是用锤子砸出来的。"这台望远镜是剑桥射电天文学家安东尼·休伊什设计的，目的是寻找类星体，贝尔的任务是分析多如牛毛的数据。1983年在一次射电天文学大会上，贝尔·伯内耳还回忆起当时发现有一些数据不对劲的情景：

> 我们每天都有30米长记录纸的数据，一周7天都这样，而我一连6个月都在处理它们，也就是说，我自己要处理足足几千米长记录纸的数据。
>
> 每扫描一遍天空，回到初始扫描点，就会产生120米长记录纸的数据，我想——把所有这些超乎寻常的数据当作跟科学方法开的一个玩笑——就是做科学研究的理想方式吧。看到这么多的数据，没有人会记得120米前的

71

记录纸上记载了些什么。你眼中的每一片天空都是全新
的，还得不偏不倚地记载它们。但实际上，我小看了人类
的大脑。这 120 米中有 6 毫米长的一段看起来并不像（人
为的）差错，也不像（类星体的）闪光，我把它们称为"渣
滓"……过了一会儿我开始想起来以前曾见过这种无法归
类的数据渣滓，更重要的是，这是在同一片天空所对应的
记录纸上看到的。

这些 81.5 兆赫的无线电信号是从牵牛星和织女星中间的一点发
出的。一个更高速度的记录告诉我们，这批信号是一组每 1.3 秒一次
的脉冲。这些空前准时的哔哔声引起了休伊什和整个小组的注意，他
们把信号源称为 LGM，是"小绿人"[1] 的简称。开玩笑地说，长征才刚
刚走完了一半。随即就有人考虑这些有规律的脉冲有无可能是地外文
明建起的灯塔发过来的。一个月还没有过去，贝尔又从望远镜吐出的
一沓沓记录纸中找出了另外一组奇怪数据，这意味着还有第二个可疑
脉冲源存在。它的周期是 1.19 秒。到了 1968 年初，又发现了两个。这
种现象向社会公布后，一位英国记者就给这种奇奇怪怪的脉冲源取了
个名字叫"脉冲星"。

留在哈佛大学做博士后的泰勒，迅速组织了一个小组来观测这 4
颗脉冲星。他们的观测工具是一架直径为 90 米的射电望远镜，位于
西弗吉尼亚州绿岸镇的美国国家射电天文台。在通过在记录纸上直接寻
找特殊峰值 —— 脉冲 —— 的方法发现了最初的脉冲星后，泰勒提出

---

1. 英语中的"小绿人"为 little green man，简称 LGM。—— 译者注

了用另一种方法来寻找更多的脉冲星。一颗脉冲星，当然一直发射着一定频率的脉冲，但它还会留下某种痕迹。在星际空间薄薄的介质中传播时，不同频率的脉冲信号传播速度不同：高频的要比低频的传播得更快（光速在非真空区域并不是一个常数）。结果呢，就像不同赛道上的马匹一样，不同频率的无线电波渐行渐远，最终分散开来。当抵达地球时，高频脉冲先到一步，很快低频的脉冲就追上来了。总的[72]结果就是，脉冲迅速向低频扩展，看起来就变宽了。泰勒和同事们还编了一个特殊的程序，让计算机自动从射电数据流中检索出这种特殊的波形。他说："还不曾有人想过用计算机来做这个工作呢。"哈佛小组用这个办法发现了第5颗脉冲星。而在接下来的一年里，他们又发现了将近半打脉冲星，这是数量上的一个重大突破。就在这时，理论家们终于弄明白脉冲星到底是怎么回事了。

大家一致认为，脉冲星是20世纪30年代首次构想出的中子星的一种。当时，苏联理论家列夫·朗道首次提出，大质量恒星的内核可能是由一种"中性"物质构成的。作为一个重要组成部分与质子和电子一起构成原子的中子，由于刚刚被发现，在当时还是一个很热门的话题。加州理工学院的天文学家瓦尔特·巴德和弗里茨·兹威基接受了朗道的观点，并进一步提出在某些极端情况下——确切地说在恒星爆发期间——普通的恒星有可能转变为由中子构成的裸球。但是大家认为他们的观点臆想成分太多，只有屈指可数的几位物理学家认真考虑了这种结构。这种星体的个头会很小，以至于大家都认为无论如何都探测不到它们。然而，乔丝琳·贝尔却证明他们错了。

一颗中子星能把质量跟太阳一样大的物质压进一个直径只有十

几千米的球体。这种情况发生在特大质量恒星内核燃料烧尽的时候。由于再也支撑不住自身的引力了，内核就开始坍缩。原来的内核，其大小与地球相当，但在1秒钟之内，它突然变成了曼哈顿岛大小的一个巨型原子核。所有带正电荷的质子和带负电荷的电子都被挤压到一起，形成一个由中子构成的固体球。但是，就像一个被挤压的线圈一样，这个新核还会反弹，产生一股强大的冲击波，最终把恒星外层包裹的物质都吹了出去，形成一颗耀眼的超新星。

73　　　残留下来的中子星自转速度很快。好像溜冰者抱紧双臂来使自己旋转得更快一样，一个坍缩中的恒星核由于角动量守恒，会在不断缩小时旋转得越来越快。它的磁场强度也会逐渐增大，达到1万亿高斯左右（作为对比，我们地球的磁场强度只有1/2高斯，跟一块玩具磁铁差不多）。这么一个高速旋转且高度磁化的物体，无疑就是一台发电机。结果就是，从中子星的南北磁极会发射出一束束狭窄而高强度的电磁波。和地球一样，中子星的磁极并不一定与旋转轴重合。所以，中子星旋转时，这些电磁束会按时扫过地球上的射电望远镜，就像灯塔的灯光按时扫过海岸线一样。射电望远镜接收到的就是一系列周期性脉冲。1969年秋，泰勒来到马萨诸塞大学阿默斯特分校，帮助建立坐落于西马萨诸塞森林里的五大学射电天文台，并继续他的脉冲星研究，这可是研究星体演化最后阶段的一个好机会。

　　　当时天文学家们已经发现了几十颗脉冲星，但要想真正了解它
74　们还需要找到一颗更大的脉冲星。研究人员们想弄明白它们在整个银河系里的分布，但仅仅研究射电脉冲看似不够。泰勒曾说："我的一位印度朋友告诉我说，通过射电脉冲来了解一颗脉冲星，就好比

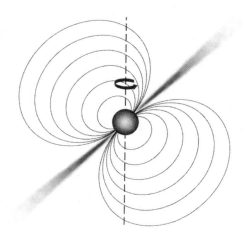

中子星高速旋转时，会从磁极向外辐射出电磁波。这些电磁波就像灯塔的
灯光一样一圈圈向外扫射，在地球上测量起来就是一系列准时的脉冲（"脉冲
星"的名字由此而得[1]）

站在停车区单靠听机器的噪声来了解一个复杂车间的内部构造一样。
有的时候，脉冲星的能量只有10％是以电磁波的形式发射出来的。"
为了找到答案，泰勒希望能通过计算机处理来找到更多的脉冲星，使
已知的脉冲星数目翻上一番，甚至两番。似乎从幼时起，他对这种工
作就十分向往。

　　20世纪40年代，泰勒在新泽西州特拉华河畔一家农场里度过了
他的童年。他家南边不远就是费城。可能是农场机械化的原因吧，他
和哥哥都很热衷于机器，常常摆弄各种各样的发动机，包括汽油机和
电动机。他们甚至还在自家三层维多利亚式农房顶上架起了一台自制

1.脉冲星的英文名字为pulsar，系"脉冲射电源（pulsating radio source）"的简写。——译者注

无线电天线。他对电子器件的兴趣直到在海佛福德学院读大学时还保留着。在大学里，为了写毕业论文，他自制了一台射电望远镜。这样，他就能探测太阳和其他约莫 5 个射电星系了，而后者还是当时所知距我们最远的天体。而在马萨诸塞，脉冲星却是泰勒的热情所在。他认识到，如果能找到一个大脉冲源的话，天文学家们就可以通过它来了解星际空间，弄明白无线电信号在穿越恒星之间弥漫的气体时，是如何减速、散射和偏振化的。或许，还有尚未发现的脉冲星种类。在提交给美国国家科学基金会（NSF）的资金申请报告中，泰勒确实提到了 —— 几乎就是在放马后炮 —— "哪怕一个双星系统（一对绕着彼此旋转的恒星）中的脉冲星例子…… 就可以告诉我们脉冲星质量，这是一个极其重要的参数"。这个希望十分渺茫；他觉得可能会事与愿违。那时候，所有已探明的脉冲星都是单星。由于中子星是恒星爆发后其内核的产物，那么，假设爆发会破坏掉任何伴星轨道看似就是合理的了。最终，NSF 被泰勒说服了，相信一个大型的计算机化脉冲星探测工程会带来诸多好处，并为此拨款 2 万美元，这在当时可是一个相当大的数目。

　　由于需要帮手，泰勒就找来了罗素·胡尔斯，后者当时还只是一个正在寻找课题的研究生。泰勒为他提供了一个理想的论文主题，一个囊括了他最感兴趣的 3 个方向的测量，这 3 个方向分别是：射电天文学、物理学和计算机科学。胡尔斯立刻就接受了，并把他的工程命名为"高灵敏度探索脉冲星工程"。像泰勒一样，胡尔斯从小就是一个善于思考的人。9 岁时他就帮助父亲在北纽约州建造暑期度假别墅，砌墙、架椽子以及安装壁板等。"我常常建造一些东西，"他说，"幸运的是，从没有伤过手。"他是一个出众的孩子，首先通过解剖青蛙和混合化合物弄明白了生物和化学是怎么一回事。到了13岁，他开始痴迷于电子器件；就在那时候，他被具有传奇色彩的布朗克斯科学高中录取了，这是一所因众多毕业生获诺贝尔奖而著名的高中。在图书馆里一本业余射电天文学方面的书的启发下，他用旧电视机的零件和别墅后面堆放的废料自制了一台射电望远镜。"那时候的电子元件要比现在更容易弄到手，"他回忆说，"拆开一台收音机或者电视机，就有这些电子元件：电阻、电容、电子管、导线以及线圈等。你可以用这些元件制作成一台能探测到银河系的电磁波的天线。"探测天外传来的信号，对他来说真是太神奇了。"直到今天我都没装有线电视，"他说，"我固守老方法，一直都是把天线架到空中来收取信号的。"他自制的望远镜包括垂直连接着的两个平板，每个尺寸都是1.2米 × 2.4米，上面都蒙着一层铁丝网，中间部分的下面串着两个偶极子天线。他把频率调到了180兆赫，也就是电视按键上的8频道，但望远镜不工作，不过他从不曾灰心丧气。通过这些经历，他磨炼出了一种顺其自然的、自力更生的态度，这种态度一直陪伴他完成学业。后来他在上研究生时，又在曼哈顿下游的库柏联合学院用一台IBM早期出产的计算机自学编程。他最早编出的程序之一就是轨道模拟程序。

胡尔斯选择了马萨诸塞大学阿默斯特分校做毕业设计，是为了便于把自己在电子学方面的兴趣与天文学结合起来。他曾说："射电天文学还很年轻，前进的道路还很曲折漫长。"而在当时，这所常被简称为UMass[1]的大学，正要新建一台由四面直径为36米的圆盘组成的

1. 系马萨诸塞大学（University of Massachusetts）的英文简称。——译者注

射电望远镜。胡尔斯是 1970 年来到该校的。3 年后他做好准备正要进入课题时，探寻脉冲星的技术还只是一锅大杂烩。他和泰勒的计划是用一种被称为 "微机"—— 尽管仍有几个微波炉那么大 —— 的最新科技产品进行一次系统的探索，深入星系内部来寻找亮度更低和频率更高的脉冲星。这就要用到位于波多黎各的阿雷西博天文台了，它是全球最大的单镜面射电望远镜。尽管投入使用已经 30 年了，但它仍以观测范围之广而著称。它第一次精确测量了水星的旋转，发现了太阳系外的行星系统，并曾通过监听来探索地外生命。这台坐落于波多黎各中部一个天然碗状山谷里的望远镜，最初是用来探测大气上层的 "电离层" 的。这需要一个直径为 300 米的天线，占地十多个足球场大小的面积。阿雷西博镇附近一个山谷里的一个石灰岩沉积凹坑，为这架巨型天线提供了天然安装台。这么大的采集面积，即使采集微弱的脉冲信号也完全能够胜任。

胡尔斯和泰勒给那台 Modcomp Ⅱ/25 型微机写入了程序，让它在射电望远镜扫描波多黎各的天空时，以流水线的作业方式来扫描脉冲周期和脉冲持续时间。可能的脉冲周期和脉冲持续时间范围很宽，扫描的目的是挑出频率在 0.3～30 赫兹的脉冲。他们还检查了脉冲色散，即一个脉冲的高频和低频之间的宽度，总共有 50 万种可能的组合。"望远镜扫描天上每一个点，" 胡尔斯说，"计算机都会检查这 50 万个色散、周期和脉冲持续时间的组合。" 这样一来，此次探测的灵敏度就比以往的高出了 10 倍。

这台计算机被装在胡尔斯用胶合板制成的两个粗糙木箱子里，木箱兼有包装箱和器材柜的功能。计算机的核心内存有 32000 字节，这

在当时已是非常先进的了，但比起今天的台式电脑动辄几百兆的内存 [77]
来说，小了上千倍。它还配有一部电传打印机负责输出结果，一个可
换磁盘组用来储存数据。为了使计算速度达到最快，胡尔斯编程用的
是汇编语言——计算机的内置语言，共用了4000张穿孔卡。没过多
久他又做了一遍同样的事。

胡尔斯的电脑往波多黎各运得很是时候。当时那台望远镜正在升
级，许多观测都不能进行了，但仍可以继续探测脉冲星。这给了他比
平时更多的探测时间。在正常情况下，他需要与其他观测项目配合使
用这套设备。他在阿雷西博待了约14个月——从1973年12月到1975
年1月——期间偶尔会回马萨诸塞休息一小段时间。

阿雷西博这架巨大的碟形天线不能移动。它只能静静地端坐着，
注视着不断旋转的天空。为了在望远镜被动扫描天空时找到可能的脉
冲信号，胡尔斯连续136.5秒都在检查天上某一个特殊点。之后，他
才开始检查第二个点。胡尔斯观测的黄金时段，是银河系平面靠内的
部分从我们头上掠过的那3个小时。

在这关键时刻到来之前，胡尔斯一如往常地工作着。他首先驱动
一张磁盘，把程序载入到内存中。"就像一位黑客高手一样——不过
我把黑客技术用在了正道上——我必须让程序运行得足够快，以便
电脑在24小时内能处理完望远镜在3小时的观察窗口[1]里采集到的所
有数据，不然下一次的观察数据就无法及时处理了，"他说，"我可以

1.译者注：望远镜最佳工作时段叫做"观察窗口"；作为类比，火箭发射的最佳时段叫做"发射窗口"。

流利地说出十六进制数字。"在观测过程中，计算机会进行色散分析，并把数据流写进一张大磁盘。然后，在当天余下的约21个小时的时间里，计算机会重新检查数据，寻找脉冲星的痕迹。一旦发现可疑数据，计算机就会通过打印机把它打印出来。打印出来的是一串费解的数据，但胡尔斯能轻松地把它翻译出来。"你立刻就会明白，"胡尔斯说，"打印机开始吱吱响了。如果发现了疑点，它会打出一长串数据来。如果碰到干扰这样的麻烦的话，你就会得到各式各样的垃圾，打印纸也会超额打印。"附近的雷暴[1]会带来错误，而这在波多黎各的夏季又十分常见。当时还发现了一个很讨厌的信号，后经证实是望远镜的一座支撑塔上的飞机告警灯发出的。而当时正是美国海军训练的日子。胡尔斯回忆说："我就坐在控制室里，看着电磁信号从海军雷达发出……在天文台的频谱分析仪上跳动。"但是胡尔斯很快就能从打印结果中把错误信号区别出来了。

在波多黎各的14个月里，胡尔斯一共找到了40颗新脉冲星，全部集中在望远镜所能观测到的140度立体角[2]的银河系里。每发现一颗，他就在忠实的Modcomp Ⅱ/25微机侧面画一斜杠。经他努力，那片特殊的扇形天空中已知脉冲星数目提高了4倍。单单这个就够胡尔斯写一篇优秀论文的了。但是，他却指出"这40颗脉冲星中最突出的一颗PSR 1913＋16的发现，让脉冲星数量大幅增加的光芒都显得黯然失色"。

PSR是天文学中脉冲星的代号，而1913是脉冲星的赤径[1]在天球上的坐标，代表着19个小时又13分钟。天文学家们根据太阳在天上的运动而把天球划分为24小时，每小时代表1/24的区域。而16代表脉冲星所处位置在天球上的纬度。这样标志出来的脉冲星位于天鹰座和人马座之间，在阿雷西博上空的银河系平面附近。胡尔斯是从1974年夏天开始细查这片天空的。

发现PSR 1913+16之前，一切都在按部就班地进行着。胡尔斯已经发现了大约28颗脉冲星，甚至还制好表格，要把它们的相关信息都填进去了。要不是仪器发出了特别的吱吱响，6月2号这天也会重归于平凡了。这些响声正好达到胡尔斯所设的最小值，稍有偏差就不可能有此发现了。是自动报告任何有趣发现的电传打印机最先通知胡尔斯的。这是一个不同寻常的选手，信号特别快，周期仅仅58.98毫秒（每秒钟"哔哔"响17次）。胡尔斯说："它是那时候所知道的第二快的脉冲信号，这是最吸引我们的地方。"［更快的那颗脉冲星位于蟹状星云，周期为33毫秒（每秒钟发出30次脉冲），是人们于1054年观测到其爆发的一颗超新星的遗留物。］然而，由于信号太弱，胡尔斯仍然不能确定。他说："我把它加入到我的选手名单里。等到名单足够长了，我再全身心地去考察它们。"几个星期后，他终于能确定脉冲源了。他在发现记录单上写下了信号的特征，并最后在单子底部加了一句"妙极了"。他与泰勒的联系不固定，因为岛上电话常常坏掉，而电子邮件还是十多年后的事。最终，通过定期的通信，胡尔斯向导师报告了发现了一颗快脉冲星的消息。

79

---

1. 系一天体或一点在天球上的角距离。从春分点沿天赤道向东测量，直到该天体或该点的时圈，大小用角度或小时来表示。——译者注

　　8月25号，胡尔斯开始重新检查PSR 1913＋16和其他可能的脉冲信号。这是更精确地测量它们的周期 —— 无线电脉冲的速率[1] —— 的一个大好机会。总的来说，这个部分比较容易，它有一个标准的程序：只需把筛选出来的脉冲测量一遍，大约1个小时之后再测量一遍，得出更精确的结果就可以了。但是PSR 1913＋16的周期在1小时之后却变了，两次测量出来的周期之间居然有27微秒的差别。"这是个很大的量，"胡尔斯说，"至少对脉冲星来说是这样的。我的反应……不是'我找到了！[2] —— 这是一个重大发现！'而是很烦恼的'唉 —— 哪儿出错了呢？'"刚开始他怀疑是仪器带来的误差，于是几天后他又重新测量了一遍。他发现记录单上记下的是一个接一个的新的周期。到了第四个，他实在受不了这种挫折感了，就把所有的数据都擦除了。他的论文并不需要精确的脉冲周期，但他坚持到底的本性不允许自己就此罢手。胡尔斯想，可能是仪器采样的速度不够快，所以不能准确地捕捉到脉冲的周期吧。于是，他就花了1个星期的时间重新写了一个特别的程序，以便电脑主机能够处理更快的数据流。他把所有其他的研究工作都置之度外，两天里单单观测这个棘手的脉冲。但情况变得更糟了："现在不只是少数的数据点不能用，其他许多数据点也都毫无意义了。"不过，他也注意到了一些规律性。头一天脉冲频率降低了，第二天还在继续下降。"如果不做这些测量，我的论文仍能通过。但是这已经变成了一个纯粹的挑战，"胡尔斯说，"不弄明白到底是怎么回事的话，我会问心有愧的。"

1. 此处，"无线电脉冲的速率"就是频率，而不是周期。可能作者的意思是，知道了周期，也就知道了频率（频率=1/周期）。—— 译者注
2. 原文为"Eureka"，系阿基米得在浴缸里想起测出国王皇冠真假的办法时，兴奋得高声叫喊的话。—— 译者注

他改变想法了，开始相信脉冲的周期确实是改变的，而不是仪器的问题。他盯住一个旋转的脉冲星观察了几个小时，想象着它为什么会变慢。最终，他想到了一个脉冲双星的图像。或许，大学时模拟恒星轨道的经验这时起了作用。此刻他还不知道泰勒在给NSF的资金申请书上，已经提到过找到这种系统的可能性了。在这样的双星结构中，脉冲星围绕着另一星体旋转。这就是脉冲星周期变化的原因。脉冲周期会由于轨道运动而有规律地改变 —— 增大减小，再增大再减小，如此反复。当脉冲星朝向地球运动时，它的脉冲被挤压，频率看起来就增大了一点儿；而当它背离我们运动时，脉冲被拉开，频率就会降低。光学天文学家们几十年前就观察到了可见恒星双星系统，已经很熟悉这种效应了。而在我们地球上，声音也具有这种效应 —— 大家所熟知的火车汽笛声调的升高和降低，就是火车迎着我们或背离我们运动的结果。

胡尔斯内心里坚信自己是对的，但他必须等待"转折点"的出现，即脉冲星在轨道上转而朝向地球运动的那一刻的到来。如果确实是一个双星系统的话，脉冲频率总会在某一时刻开始增加的。终于，9月16号，他观测到了这种变化，笔记本上记录有他的证据。每隔5分钟计算机就处理一次数据，而在每个5分钟的扫描期，他都会趁机把数据填到表格里。"我清楚地记得是怎样追踪它的周期的。打印机打出的每个圆点都是一个小小的胜利。真正吊人胃口的地方是看着打印针落到打印纸上又跳开的情景。毫无疑问，这是一个双星系统。当晚，我从实验室出发，沿着蜿蜒曲折的道路驱车回家，心想：'哇，真是不可思议！'"他终于能放松下来了。这段时间的工作很累，他还因此把自己的论文给耽误了。

很快，胡尔斯就搞清楚脉冲星围绕另一个星体大约每 8 小时旋
81 转一周了。他赶紧给泰勒去了一封信——事实上，一封满纸牢骚的
信——抱怨脉冲星给他带来的额外工作量。胡尔斯回忆说，当时孤
独感和睡眠不足围绕着他。虽然信还在路上，胡尔斯已经等不及了。
在阿雷西博电话通信十分困难的情况下，胡尔斯用天文台的短波通信
设备与康奈尔大学取得了联系，然后康奈尔大学通过电话把呼叫转到
了马萨诸塞大学阿默斯特分校。泰勒立刻就意识到胡尔斯发现的重
要性了。几天后，他找了人代课，然后就带着更先进的脉冲计时设备，
飞往波多黎各。

没过多久，泰勒和胡尔斯就证实了这两个天体围绕彼此每 7 小
时 45 分钟旋转一周。这就意味着它们的旋转速度特别快，高达每小
时 320 千米，光速的千分之一。其中一颗确定是中子星，因为它发射
脉冲；另外一颗也像是中子星，因为它个头很小，没有能遮住同伴。
（没有探测到后者发出的脉冲，很可能是因为它的脉冲辐射并不朝向
地球。）

双星的轨道比太阳半径大不了多少，只有 70 万千米，相比较来
说还是很小的。光波 2 秒钟就能走完这个距离了。泰勒和胡尔斯立刻
就意识到，性质如此奇妙的这对双星，是相对论的绝佳实验室。胡尔
斯还记得，自己在发现双星结构后不久就回到了阿雷西博的实验室，
查阅迈斯纳、桑尼和惠勒合著的《引力论》。在宣布发现了双星结构
的那篇论文里，泰勒和胡尔斯还提到了"双星结构提供了一个近乎理
想的相对论实验室，包括一个高速偏心轨道提供的精确计时器和一个
强引力场"。仅仅几个月过后，他们就可以真正测量双星系统的进动，

即整个轨道慢慢偏转的过程了。泰勒说:"这和水星轨道的进动相似,只不过这个系统的进动效应要大得多。"

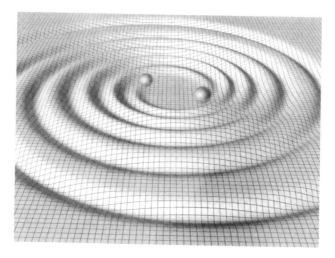

两个绕彼此旋转的中子星,会在时空中产生引力波。这些波就像池塘里的水波一样向外传播

　　在发现脉冲双星之前,广义相对论实验主要是在太阳系里进行的。但是,随着PSR 1913+13的到来,整个银河系都张开双臂,欢迎科学家们前去验证时空的规律了。当爱因斯坦首次推导出表明绕彼此旋转的两物体会辐射出引力波的公式时,他也意识到了由于引力波带走能量,这两个物体间的距离将会越来越近。有了PSR 1913+16,这些就可以得到完美的验证了。因为它有两个都是那么致密的测试物体不停地围绕着彼此旋转。这是探测引力波的理想设备(至少对于间接测量是这样的)。试想一根指挥棒在水池中不停搅拌,将会产生一圈圈的水波并向外扩散开去;类似地,两颗中子星的运动也会产生携带着引力能量的波并向外辐射。随着能量不断离开双星系统,两颗中子星

会逐渐靠近。同时，它们的轨道周期也将变得更短。"当向外飞去时，引力波会向里推（中子星），好比开火时子弹给枪的反冲作用一样。"桑尼曾这样解释说，"引力波的推动让（中子星们）靠得更近，运动的速度也变得更快；也就是说，这会让它们慢慢地向内盘旋，彼此互相靠近。"但是不花上几年时间是不可能观测到这种效应的。

83

　　当胡尔斯忙于其他任务时，泰勒和几位同事，特别是现在明尼苏达卡勒顿学院的约耳·威斯伯格，继续前往阿雷西博监视PSR 1913＋16的演化。每年他们都要花上2周或更多的时间，去尽可能精确地测量这个系统。他们的主要目标是测出真正的脉冲周期[1]。测量结果表明，脉冲十分精准，每0.059秒一次。它的精确度足以和地球上最精确的原子钟相媲美了。但要想通过这精确的脉冲来测量双星轨道运动的任何变化，还需要进行一些特殊测量。这个双星系统距离我们有16000光年，脉冲信号十分微弱。泰勒小组只好建造了一台能更好地捕捉这种信号的专用接收器。他们监视了4年时间，最终在分析了500万个脉冲后，终于探测到了双星轨道的少许变化。轨道确实是在收缩的，而且这两颗星围绕彼此旋转的速度也更快了一点。这意味着双星系统确实在损失能量，两颗中子星也正在靠近。此外，如果能量只是以引力波的形式损失的话，总损失量与预测值严格相符。而预测损失的引力波能量是相对论的一个难题。确实，那时候还没有哪位广义相对论专家曾计算出精确的结果来。泰勒只好采用一本广义相对论经典教材里一道作业题所给出的近似结果。但在计算之前，他和小组其他成员还不得不对数据进行了一些修正，因为还必须考虑地球在

1.这里指扣除轨道运动影响后的周期，下同。——译者注

太阳系里的运动以及其他行星带来的干扰。地球的自转对脉冲周期也有影响。星际物质也会导致脉冲信号有一点点延迟。泰勒是这样描述的："我们不断地测量、修正，测量、修正……"他们甚至还要考虑太阳系绕银河系中心的运动。

引力波的消息是于1978年9月，在德国慕尼黑召开的第九届得克 [84] 萨斯相对论天体物理学讨论会（此系列会议起源于得克萨斯，故有此名）上发布的。PSR 1913＋16的引力辐射是此次会议的热点。两个月后，《自然》期刊发表了一篇相关报道。但是，最初还是有不少怀疑者。有人怀疑该双星系统中是否还存在第三个天体；如存在，则将颠覆以往的计算。或者有灰尘或气体包围着这对脉冲星，这样也可以解释能量的损失。但是，之后几年使用越来越先进的接收器进行的测量，仅仅提高了测量精度[1]。而泰勒制作的、显示轨道周期不断下降的图表，则成了科学界的一件展览品。测得的数据正好落在了广义相对论给出的曲线上。测得的引力辐射带来的能量损失，与理论值也只有0.3%的出入。这样的精确度被形容为"科学界最佳教科书式范例"。PSR 1913＋16的轨道周期每年都会减小75微秒。它的两颗中子星在持续不断的芭蕾双人舞中，围绕彼此每旋转一圈，就会靠近1毫米。一年下来就靠近了1米多。它们会在2.4亿年后碰撞。这个系统十分稳定精准，泰勒曾这样形容它："就好像我们仅仅为了做这些测量而自己制作了这么一个系统，并把它放在那里似的。"

1981年泰勒去了普林斯顿大学，但他仍继续从这些简单的脉冲

---

1. 这句话的潜台词是："……仅仅提高了测量精度，而没有发现PSR 1913＋16有第三个天体或周围有灰尘气体什么的。"——译者注

中搜集 PSR 1913＋16 的信息。经过 20 年的测量，一些相对论性的变化基本清楚了。例如，双星轨道的进动。泰勒和他的小组现在测得的结果是每年有 4.2 度的进动，这是水星进动效应的 35000 倍。原因很明显：两颗相距这么近的中子星引起时空弯曲的程度，要远远大于密度小得多的太阳的同类效应。紧密束缚在一起的它俩，储存着大量能量。自被发现以来，脉冲双星的轨道已经转过了 90 度。把这些信息和其他轨道参数综合在一起，泰勒和同事就能把这两颗中子星的质量计算出来了，并精确到小数点后四位。其中一个是太阳质量的 1.4411 倍，另一个是 1.3873 倍。对于距我们 16000 光年的两个直径 15 千米的超致密星体来说，这个测量结果确实很了不起。瑞纳·怀斯曾说："能从
85 这么有限的信号中得到这么多信息，人们一定会颇感惊奇。"

　　我们现在所称的"胡尔斯－泰勒双星"不再是同类中唯一的一对了。现在已知的脉冲双星共 50 对，而其中大多数是中子星与白矮星的配对，而不是一对中子星。这些特殊的脉冲星旋转非常快，所以老式设备没能发现它们。脉冲星由于不断地从白矮星窃取物质，自转速度越来越快，每秒要转上几百圈，像是一个超速旋转的滑冰者。胡尔斯把发现这些新双星的任务留给了他人。事实上，他在那次重大发现后没几年，就离开了射电天文学领域。他不想再漂泊在博士后和其他不能给人安全感的学术职位上了。由于想跟女友在一起，他于 1977 年去了普林斯顿等离子体实验室，继续在计算机建模方面做一名首席研究员。离开研究所后他变化不大，依旧是黑头发黑胡须，处处都滔滔不绝，像小孩子不停地述说着自己的爱好一样。而泰勒却一直在普林斯顿大学的院长新职务内外，进行着他的脉冲星研究。他那间别致的办公室位于具有历史意义的拿骚楼里，装饰有一座古旧的落地大座

钟。尽管大座钟远不如中子星的脉冲精确，但他每天早晨都不忘给它上紧发条。他们小组的那台老式微机已经不见了，很早就被拆成了散件，但胡尔斯还保留着最初的打印结果，即一叠很像报纸的绿色纸张。"这些电脑高手才能看懂的资料，我现在读起来也眼花缭乱，"他边笑边说，"我很高兴自己曾干过这行！"

1973年12月8日，胡尔斯找到了长期探索过程中的第一颗脉冲星。20年后的同一天，他正在瑞士一个讲台上演讲，内容是使他获得博士学位的那些工作。他和泰勒刚刚获得了1993年度的诺贝尔物理学奖。这是在20世纪奖励给天文学家少有的几次之一，目的是为了表彰他们杰出的测量工作。在演讲中胡尔斯把他的工作形容为"一个由精心准备、长时间工作和运气构成的故事，外加某种程度的强迫性行为，强迫自己从观测到的所有资料中得到些什么"。他没有放弃每一 [86] 次棘手的观测，而是满怀热情地去攻克它，最终为泰勒和天体物理学界找到了一个完美的相对论实验室。

在脉冲星的发现过程中做出过一定贡献的乔丝琳·贝尔·伯内耳，却没能分享1974年的诺贝尔物理学奖。这还引起了一场争论。这枚奖章颁给了他的导师休伊什。这种对学生的不公随着脉冲双星的发现而改变了。"这确实是合作努力的结果，"在天文学界以慷慨和绅士精神著称的泰勒如是说，"是的，我们两人中胡尔斯是学生，但毫无疑问，他的工作是最重要的部分。"作为贝尔·伯内耳的故交，泰勒邀请了乔丝琳陪伴他和夫人一起去瑞典参加了颁奖典礼。

第 5 章
共振棒探测器及探测

整个20世纪60年代，人们常常听到这样一个声音飘荡在广义相对论会议的走廊里："乔·韦伯[1]发现什么了吗？"

在约瑟夫·泰勒开始寻找引力波间接证据的几年前，约瑟夫·韦伯就毅然决定去寻找一个直接证据了。这是一条乌托邦式的征途，他自己心里也很清楚。他在马里兰大学刚刚踏上征途那会儿，同事们就预料需要整整一个世纪的实验工作才能达到他的目的。就连韦伯自己也承认："在这种情况下，成功的机会微乎其微。"不过，同事们还是很赞赏他的胆识的。

在韦伯之前还不曾有人想到过要做这么一个实验，理由很充分："这会让任何一个正常的人望而却步。"彼得·索尔森如是说。因为在我们生活的这个环境里，引力波的效应实在是太微弱了。曾经有人计算过，如果"泰坦尼克"号巨型邮轮每秒钟旋转一周的话，它辐射出的引力能量还不到10^{-24}瓦特。在离一颗爆炸的原子弹10米远的地方放上一个探测器，测到的引力波信号，要比探测银河系里一颗爆发的

1.乔·韦伯是约瑟夫·韦伯的昵称。——译者注

超新星而得到的信号弱10^{21}倍。这足以说明要想产生实验中能探测到的引力波是多么困难了。只有宇宙尺度上发生的事件才能产生实验中能探测到的引力波。

　　依照惯例，引力波的大小常常表示成"应变"的形式，这是从工程学借来的一个名词。它表示引力波在两质量之间，或者一块物质内部引起长度变化的比例，即形变的程度。我们银河系中心两个黑洞的合并肯定会辐射出大量的引力波。事实上，如果你碰巧在那儿的话，那你就死定了。这些波会交替挤压和拉伸附近的物体，幅度能达到物体自身的尺寸。1.8米高的一个人，会在1毫秒内被拉伸到3.6米高，然后又挤压为0.9米高，之后又会被拉伸。黑洞碰撞时，即使忽略其他在场的力，单单引力波的压力就能把周围的行星和卫星撕得粉碎。这是个十分可怕的场面。幸运的是，等到这些波长途跋涉好几万光年而到达地球时，（在科学上通用的米制单位中）它们的应变仅仅有10^{-18}米每米。换句话说就是，1米长的木棒将会有10^{-18}米的长度改变量，比质子的直径还要小几千倍。[1] 宇宙的怒涛已经减弱为一个量子振动了。这是一个累积效应。测量的距离越远，总的效应就越大，就是说总效应会在距离上累积。举例来说，这样的应变对地球到太阳这1.5亿千米的距离会有多大的影响呢？答案就是，应变为10^{-18}的引力波，拉伸和压缩日地距离的幅度只有细菌的个头那么大。

　　测量这么小的变化看似不可能，但韦伯偏偏不信邪。这在一定

---

1. 可能有的读者对这些科学计数符号不太熟悉。这里1018 = 1 000 000 000 000 000 000，即1后面跟18个0，这是一个很大的数。相反，10-18读作"十的负十八次方"，意为1/1 000 000 000 000 000 000，这是一个很小的数。10-19要比10-18小10倍，10-20要比10-18小100倍，以此类推。—— 原文注

89　　引力波能交替拉伸和挤压它所经过的时空。而在艾萨克·牛顿的脑海里，却从没有闪现过引力波这个概念

程度上是因为他受到了在马里兰大学教授"电机工程"的启发。"对我来说，问题看来是这样的：既然能建造一台电磁天线来接受电磁波，那么，就可能建造一台引力波天线来接受引力波。"他在回忆当时的设想时说，"我并不清楚它们可能会从何而来。我只是想，我要开始寻找了。"从某种程度上说，他想成为引力领域的海因里希·赫兹。赫兹曾受麦克斯韦电磁方程组的启发，证实了麦氏关于电磁波存在的预言。与此类似，韦伯也决定逮住一道爱因斯坦所预言的时空波纹。自第二次世界大战以来，天文学已经经历了一次重大革命，像射电天文学和X射线天文学这样的新学科纷纷生根发芽；人们更想一试身手，去探索以往不可能找到的事物了。在逐渐揭去平静的面纱，露出暴力真面目的宇宙中，确实有可能产生我们能探测得到的引力波。更何况，成为验证广义相对论最后一个预言的那个人，本身就有着强大的吸引力。

1955 — 1956学年度，正在休假的韦伯开始认真考虑相对论方面的研究了。他的度假胜地是约翰·惠勒有时也会去住上一段时间的荷兰莱顿大学，和新泽西州的普林斯顿高等学术研究所 —— 爱因斯坦

以前工作过的地方。那时候还是研究所主任的 J. 罗伯特·奥本海默 [90]
和惠勒都鼓励韦伯进行这个全新研究。后来，研究所的物理学家弗里曼·戴森计算出了超新星中心处正在坍缩的恒星内核辐射出的引力波，这给韦伯心中已经燃起的希望又添了一把燎原之火。当时，戴森的结果告诉人们引力波信号要比以前认为的强很多。1960 年，韦伯在《物理通信》上发表了探测引力辐射的大胆设想。在那篇及接下来的几篇论文中，他把为诱捕一个引力子而设计的巧妙陷阱约略叙述了一下。按他的猜想，穿过一个固体圆筒的一束引力能量，会对圆筒有一个微弱的交替挤压和扩张作用，跟手风琴的运动模式类似。但前面已经提到过，这种作用小得不可思议，它所能给圆柱带来的形变量，要远小于核粒子的尺寸。但在引力子穿过之后的很长一段时间里，圆柱的振动都不会消失。这跟经声波诱发而产生共振的音叉有点类似。同样，频率与圆柱自身振动频率一致的引力波，也会诱发共振，跟被敲之后继续鸣响的锣很像。韦伯设想，可以在圆柱边上安装电子感应设备，把引力波诱发的细微振动转化为电信号，并记录下来，仔细分析。这已不是韦伯第一次闯荡科学领域的处女地了。他天生就富于这种创新精神。

韦伯于 1919 年出生于新泽西的帕特森，家人给他取名乔纳斯·韦伯。他父亲是立陶宛人，母亲是拉脱维亚人。他们家最初姓杰伯，但他父亲因急于移民美国，顶替了一个最后时刻决定留在立陶宛的人，用了他的签证，从此就改了姓。刚上学第一次登记时，母亲又把"乔纳斯"误写成了"约瑟夫"。正像他那一代许多人一样，少年的韦伯就对无线电产生了浓厚的兴趣。年仅 11 岁时，他就获得了业余无线电操作员资格证。在大萧条[1]的年代里，他通过做高尔夫球童，一天赚取一美元，积攒下来买了一本电子学方面的书，开始在课余时间维修起无线电设备来。他很庆幸自己是家里四个孩子中的老小。当哥哥姐姐都早早出去工作以补贴家用时，他却能全神贯注于学业上。为了摆脱移民身份，他决定去美国海军学院读书，并向新泽西的一位参议员提出了申请。不过这要视成绩而定。韦伯的成绩很突出，终于如愿以偿，进入了海军学院。毕业后不久，怀揣着一纸工科学位证书的韦伯就于1940年投身到第二次世界大战中去了。他被派到"列克星敦"号航空母舰上做了一名雷达兵。1941年12月5日，就在日军发动偷袭的前两天，韦伯乘船离开了珍珠港。次年，"列克星敦"号在珊瑚岛海战中被击沉，他侥幸逃过了一劫。最终离开战场时，他已是出没在地中海的一艘猎潜舰的指挥官了。他还与高中时代的女友安妮塔·施特劳斯结了婚，并生育了四个儿子。

第二次世界大战后，作为海军船务局电子对抗方面的头，韦伯在新雷达技术方面的知识得到了扩充。他的专业知识如此深厚，以至于1948年就被聘为马里兰大学的电机工程教授，年仅29岁；根据协议，他同时还可以攻读博士学位。他是在附近的天主教大学读的博士，并于1951年获得了微波光谱学方向的博士学位。即将完成博士学业的时候，他还提出了一个后来被称为微波激射器的概念，这就是激光器的前身。微波激射器发射出的是一束纯微波能量 —— 波长介于红外线和雷达波之间的电磁波，而不是可见光。韦伯说自己是受到一堂原子物理学课的启发才提出这个概念的。他于1952年在渥太华的电子管

---

1. 指1929 — 1933年的全球经济危机。—— 译者注

研究大会上首次提出了微波激射器原理；这次大会的目的是要就过去一年里电子边缘科学的进展做一个总结。然而，韦伯从未将他的原理付诸实践。其中一个原因就是，他的理论计算表明这种仪器的性能将会很差。更何况他也没有科研经费来制作这么一个模型。诺贝尔奖颁给了制造出这种仪器的人 —— 美国物理学家查尔斯·汤斯，和两位苏联科学家 —— 尼克莱·巴索夫和亚历山大·普洛霍罗夫。他们是基于另外的机理制造出微波激射器的。"某种程度上，我还只是个学生。"韦伯说，"我并不清楚这个世界是怎样运作的。"

听了莱顿大学的访问学者们关于广义相对论的报告之后，韦伯决定利用他1955年的休假时间，来更深入地研究这个问题。之所以要这样做，用他自己的话说就是因为他"兴趣广泛，但又没有钱来研究量子电子学"。在这段时间里，他是与惠勒一起从事引力辐射理论的研究的。那时候，人们仍在喋喋不休地争吵着引力波是否真的存在，抑或只是一种数学推导的产物。韦伯说："我的信念，就是要像伽利略一样：先造个东西出来，使其运转，看看能否发现点什么。"他花了将近两年的时间，想出了捕捉引力波的一个又一个方案。光可能的探测器设计图，他就画满了整整4本300页的笔记本。在他于1960年发表在《物理通信》上的论文中，有自己最可能成功的引力波接收器设计方案：假设引力子撞上一物体 —— 确切地说，一块压电晶体 —— 其振动将会转化为电信号，并被记录下来。压电晶体十分有趣，它们在受到挤压时会产生一定的电压。石英就是这种晶体。1880年，皮埃尔·居里首先发现了这种效应（并给这种效应取了名字）。得知一根足够大的压电材料棒过于昂贵后，韦伯和实验室的同事们开始认识到可以把压电晶体嵌入一个大得多的铝棒。这样一来，一根廉价、易于操作，而又有着很好振动特性的实验棒就制成了。曾经有那么一阵子，韦伯还考虑了是否可以把整个地球当作一台探测器。如果"采集"的话，你就会发现地球有着多种振动模式，周期最长的为54分钟。韦伯用了一个测量地表运动的重差计，希望能"跟上"地球自身的振动频率，并检验它是否受到路过的引力子的影响。但是，像地震、洋流运动和大气事件[1]这样的背景噪声轻易就把可能的信号给淹没了。（韦伯还说服了NASA让"阿波罗"17号的宇航员把一个重差计放置在月球上。有人认为在那儿探测到一个引力子的机会更大一些，因为月球没有大气、地震和洋流的干扰。）但是，最终韦伯觉得，最好的办法还是在自己的实验室里建造一台探测器。

1958年，加利福尼亚休斯飞行器研究实验室的一位雇员罗伯特·L.福沃德，来到了马里兰大学攻读博士学位。他本来打算做微波激射器方面的研究，但在听说韦伯做的先驱工作之后就下定了决心做引力波探测方面的研究。他通过与大卫·吉波伊合作建造了第一台引力波天线而获得了博士学位。按照福沃德的说法，他们不假思索就选择了天线的尺寸："原因很简单。我张开双臂比划着说：'好吧，既然我得手动操纵它，那就做这么大吧。'于是我们就决定把它做成1.5米长。"它的直径是0.6米，总质量约1.2吨。这是一个幸运的选择。在中子星和黑洞刚刚从科幻小说走向现实的20世纪60年代，一些粗糙的计算（大部分仍适用）表明，这些新天体辐射出来的引力波的频率为几千赫兹（即每秒有几千次波动通过），这个频率刚好可以用一两米长的铝质圆柱共振棒检测出来。（在这之前，马里兰大学的科研小

---

1. 指雷暴之类的发生在大气层内的事件。—— 译者注

组曾预测将来必须用一根几百米长的共振棒，才能捕捉到普通双星系统发射的长引力波。）为了排除地震干扰，必须用优质钢丝把共振棒悬挂在一个真空容器里面，再把真空容器安放在声波过滤装置上，以屏蔽掉周围的干扰。他们要在共振棒的"腰部"嵌入一圈压电晶体，就像珠宝腰带一样。根据韦伯的设想，一旦天线被引力子——引力能脉冲——击中而产生形变，那么它将会持续振动并将振动能转化为电信号。这套装置也被称作天线的原因就在于此。对途经的引力波做出反应后，共振棒就会像铃铛一样振动。

造好整台天线后，福沃德就于1962年回到了休斯。此后，这台天线在马里兰大学从1963年就开始运作，直到1966年。脉冲都记录在图纸上，用肉眼来观察。（后来引进了计算机，不用人工就可以得到更好的分析结果了。）但是只用一台天线很难解释探测结果。共振棒中原子自身的运动（原子在量子尺度上是不停振动着的）可以淹没任何引力诱发的信号。韦伯深知他可以通过同时运作两台天线来解决这个问题。因为两根共振棒里的原子同时以相同模式振动的概率很小。若两根共振棒同时振动的话，那就应该归因于外界干扰了。

追加的天线相继制造出来了，并安装在距现天线约1.5千米远的一个车库一样的实验室里，韦伯称之为引力波天文台。但他发现的符 94 合脉冲并不多。结果是于1968年公布的，但解释起来并不容易。一次，有辆汽车无意中闯到了实验室附近，诱发了一个巨型脉冲，韦伯开始意识到他的探测器应该相距更远，这样才能把四周的扰动从可能的干涉源中排除掉。韦伯曾说过："设想你在一台探测器上发现了一个大幅值脉冲，可是你却不能确定这个脉冲是不是垃圾车与大楼的碰撞、雷电或是学生骚乱诱发的。"在乱糟糟的20世纪60年代，曾有学生抗议者给他天文台的墙壁画上了淫秽图案。

　　于是韦伯又制作了两根完全一样的共振棒，每根直径0.6米，长1.5米，重约1.4吨。其中一根安装在马里兰大学里，另一根位于向西1100千米芝加哥附近的阿贡国家实验室，两者通过电话线连接。如果其中一个探测器超过了特定阈值——用来测定热背景噪声的阈值——根据设定的程序，系统将会发出一个脉冲。如果另一个在0.44秒内也超过了这个阈值，将会触发一次符合记录。在大部分的时间里，打印针在图表纸上打出来的都是乱糟糟的图案。但是，1968年12月的某一时刻，两个探测器的指针同时跳动了。在接下来的81天里，韦伯小组一共观测到了17次这样的重要事件。经过一阵仔细检查，他们最终确认了信号是真的。他们把时间延迟加入到电子器件里，来排除随机符合的可能性。如果确实是随机符合的话，在一个天线回路里加入时间延迟将不会影响到这种符合。但是总的符合数下降了，说明这些符合并不只是出于偶然。他们还确认了它们并不是像太阳耀斑或闪电之类的电磁干扰所导致的。而且，他们还测量了每台天线处的宇宙射线强度和地震扰动。根据他们的判断，除了引力波的经过，没有别的什么可以解释这些符合了。而圆柱棒的尺寸给出了引力波的频率：1660赫兹，位于预计恒星爆发所辐射的引力波频率范围内。

95　　从最初提出探测方案，到最终制造出探测仪器，韦伯总共花了10年的时间。对他来说，想隐藏自己的发现是很难的。1969年，在美国中西部辛辛那提举办了一次相对论会议，美国顶尖级的相对论专家都参加了这次大会。韦伯就是在这次大会上透露自己的发现的。基普·桑尼也在场，并就新诞生的中子星辐射引力波的可能性做了一场报告。这位加州理工学院的物理学家回忆道："接下来韦伯就走上讲台，宣布他已经探测到引力波了。大家都很吃惊。"人们都热烈鼓掌，并纷纷向他道贺。两周后，韦伯的正式报告在《物理评论快报》——一份为在物理界快速通报重大发现而创建的期刊 —— 上刊发了。韦伯一时间上了各大报纸的头版头条。他的照片给人们留下了深刻的印象：双目炯炯有神；嘴巴流露出坚决刚毅；精心修剪的平头，头发像保持立正姿势的十万大军一样根根竖立。主流媒体都在大声吵嚷着韦伯的发现是不是过去半个世纪里最重要的事件。接下来的几个月里，韦伯的实验理所当然地成了吸引着众多物理学家的一块磁铁，并成了他们的灵感源泉。1970年在实验室留言簿上签名的有斯坦福大学的威廉·费尔班克和格拉斯哥大学的罗纳德·德莱弗，他们后来建立了自己的引力波探测装置。

韦伯对于把自己的发现应用于天文学特别感兴趣。在脉冲星被发现仅仅两年后，他就宣布探测到引力波，而且他还留意到脉冲星可能就是那些引力波的辐射源了。在注意到引力波最密集的时期后，韦伯得出了它们来自银河系中心的结论。韦伯的发现使人不自觉地想起了卡尔·央斯基于1932年宣布探测到的无线电波来自于银河中心，这件事成了射电天文学诞生的标志。而在当时，没人曾想到这种无线电能量是从银河系中心传来的。根据韦伯小组的说法，从两个探测器的位置可以大致推出这些所谓的引力波信号辐射源的方位。他们的两台天线圆柱棒的轴都是东西指向的。在这种安放方式下，应该是辐射源在正上方（或者在地球正下方，因为地球对引力波的传播没有影响）时才能探测到最强信号。这么一来，据他们推论，太阳就不可能是辐射源了；因为信号在正午或午夜的时候并没有明显增强，而这两个时段太阳正好在头顶正上方和地球正下方。根据他们最初的统计，当人马座方向的银河系中心处于上述两个方位时，引力波信号确实最多。没人知道到底是什么事件导致了韦伯的移动图表上"信号点"的出现，但存在着诸多猜测：银河系里的超新星爆发、中子星碰撞，或者是物质跌入了"黑洞"——接下来将要用到这个术语。

　　媒体最初对韦伯发现的报道，甚至专门的物理报道，都热情高涨。看起来好像所有的人都被吸引到这个新领域里来了。这给广义相对论注入了一点新的活力。这是以一种全新的方式来探索宇宙奥秘的全新技术。一夜之间，所有相对论方面的会议（通常都是很安静的）都人声鼎沸；事实上，这样的会场都演变成了人们齐集一堂听取最新消息和交换意见的场所。人们的这种反应，与1989年听到发现了冷聚变的谣言后，纷纷前去证实的情形差不多。在韦伯发现引力波之后的一年内，有不下十个小组正在计划或已经进行了类似的研究，包括苏联、苏格兰、意大利、德国、日本和英国的小组。而在美国，引力波探测小组在新泽西的贝尔实验室、纽约的IBM公司、罗切斯特大学、路易斯安那州立大学和加利福尼亚的斯坦福大学纷纷成立。受尺寸的限制，韦伯的探测器只能探测1660赫兹的引力波。而后来者的目标是让探测器更灵敏，而且能探测其他频率的引力波，以便深化这方面的研究。那时候还有人在热烈地讨论着相对论的一些替代理论，而其中的部分理论，像布兰斯−迪克理论，还预言了引力波穿过共振棒时产生的不同效应。所以就有人希望能用他们新的引力波探测器来检验爱因斯坦的对错。

　　苏联有一位名为弗拉迪米尔·布拉金斯基的科学家，他与迪克在美国的角色类似，是最早组装起探测器来检验韦伯发现的科学家之一。受韦伯早期的发现报告的启发，布拉金斯基也开始写起了可能的引力[97]波源和探测方法方面的论文。他很早就认识到了热噪声——共振棒自身原子的不停碰撞——是最主要的干扰源。到了1968年，他已经忙着试验其他共振棒材料了，比如蓝宝石，来检验是否能够把噪声降下来。有了这些前期工作，他在韦伯宣布找到了引力波之后很短时间内就完成了一台探测器的建造。后来，他在莫斯科大学的小组提出了一个构想：建造一系列尺寸各异的共振棒——就像木琴一样[1]——以便能同时记录下不同频率的引力波。除此之外，苏联还曾经设想过把探测器送到太空去，其中就包括把一台哑铃状的探测器放入高空并使之旋转的计划。根据理论，一个途经的引力子将会改变探测器的旋转状态。

　　而别的小组也都正在酝酿自己的探测计划。在科罗拉多州，天文物理联合研究室的犹大·列文领导的小组的实验是在一个废弃的矿井里进行的。这个矿井位于比尤特县以西数千米的一个名为"四英里峡谷"的山谷内，当地人将其命名为"穷人的安慰"。在矿井里，他们让一束激光在相距30米的两面镜子之间进行反射。这套装置并不太精确。理论上，两面镜子之间可以存在一个驻波，而扰动会改变此驻波。改变量可以通过比较驻波和频率固定的激光来得到。当时在科罗拉多还是一名学生的R.塔克·斯特宾斯做了这个激光实验。他解释说："我们是把地球当作了共振棒，用激光干涉法来测量共振的。"这套设备以前就已经安装在那里了，目的是为了更精确地测量光速，因为这

---

1. 一种打击乐器，由逐级加长的一排排镶嵌着的木棒组成，发出半音音阶，用两个小木槌敲击。作者这里是把不同长度的共振棒比作木琴上的木棒了。——译者注

种精确测量需要一个安静的环境。这个引力波实验进行了一两年，除了探测到一些地震和地下核试验外，却没有任何其他探测结果。地震的干扰太强了。

除了现在被称为韦伯棒的铝质圆柱形共振棒之外，科学家们还设计了新的外形，比如：正方形架、圆环和U形管等。而其他人，像因低温物理工作而闻名于世的费尔班克，开始考虑给圆柱共振棒降温了。他把探测器放在了一个功能类似于保温瓶的杜瓦瓶内，通过降低共振棒的温度来减弱原子震动，这样一来，探测器的灵敏度比韦伯室温下的探测器高了几千倍。同时，新加入这个领域的研究人员们也开始使用新型传感器来提高灵敏度了。他们在共振棒顶端放置了一张振动膜。理论上说，共振棒里的振动能量最终总是会传给顶端小质量膜的。但由于振动能量相同，而膜的质量却较小，振幅势必会被放大，这样就更容易测量了。在别人开发这些新技术时，韦伯也在马不停蹄地改进自己的探测器。

理论学家们也没有对这个新领域的兴奋劲置若罔闻。他们很快就着手研究韦伯探测到的到底是什么了，其中包括英国理论家史蒂芬·霍金。他在早期的一篇论文里曾分析了引力波探测器可能记录的信号类型。他和合著者加里·吉本斯认为，韦伯探测到的信号是由在变成中子星的过程中正在经历引力坍缩的恒星发出的。但是在计算此类恒星数目的过程中，他们碰到了漂浮在韦伯成就头顶上的第一块乌云。他们必须质疑已报告的诸多引力波信号。新生的中子星必须距离我们300光年远，辐射到地球上的引力波能量才会是探测到的值。但当时马里兰小组却说他们每天都能检测到一个引力子；很显然，我们附近不可能有很多中子星的。假如真的像韦伯所说的那样，这些微弱的信号来自约30000光年远的银河系中心的话，将会是个什么样的情景呢？果真这样的话，辐射源辐射的能量必将会很大，这样引力波在到达处于银河系外围的地球时，才可能被我们探测到。这就要求从银河系中心发出的每一次脉冲，都携带着相当于太阳质量的能量。但是，每天都辐射出这样的引力波就意味着银河系正在以极高的速度损失质量，以至于银河系不可能在诞生100亿年之后的今天仍完整无缺；它在走向引力毁灭的漫长道路上，中心应该一直都在爆炸。如果韦伯捕捉到的信号真的来自银河系中心的话，银河系到今天应该已经消耗殆尽了。一位理论家曾评论说："要么是乔·韦伯错了，要么整个宇宙都一片荒唐。"

到了1972年，威廉·普莱斯和基普·桑尼就此领域的进展写了一篇总结性文章，文中指出韦伯可能错了。但他们并没有直接否定韦伯，而是提出了其他一些可能：举例来说，所谓的引力波波源的能量可能比看起来要小；也可能还存在距离我们更近的但尚未被发现的引力波波源；或者波源只朝一个方向发射引力波；或者宇宙中的引力辐射要比原先认为的强很多。它们有没有可能来自河外星系呢？普莱斯和桑尼在文中写道："如果这些刺激是由引力辐射引起的话，那么每一个脉冲就意味着我们银河系中有一颗强脉冲星或者某处有恒星坍缩；但是，观测到的脉冲数目是当前天体物理学预言的脉冲星或恒星坍缩数目的1000倍！韦伯的观测资料会使人们认为引力波天文学不仅可能给已知的天文现象（双星、脉冲星、超新星）增添新的数据，还有可能带来全新的天文现象（黑洞碰撞、宇宙引力波，？？？）。"他们的这串问号打开了未知世界的大门。

　　这时，实验物理学家们也开始严重怀疑韦伯的发现了。布拉金斯基没有探测到任何信号，于是就直接关掉了探测器。他觉得还不如把精力投放到开发灵敏度更高的探测器上。罗切斯特大学的大卫·道格拉斯和贝尔实验室的 J. 安东尼·泰森也两手空空。自从在芝加哥大学读研究生期间读了韦伯的一篇题为《广义相对论和引力波》的小专论之后，泰森专心研究探测到引力波的可能性已经将近十年了。1969年在完成博士后的设计任务之后，他就被贝尔实验室聘去研究自己的专长——低温物理了，但当年韦伯具有历史意义的宣布太具诱惑力了，丝毫不容忽视。为了验证韦伯的发现，泰森在自己实验室里秘密建造了两根小型共振棒——每根长 1 米，直径 0.3 米，这已经大到足以淹没设备噪声的地步了。泰森偷偷运作了他的探测器约一年。"而我却没有看到哪怕一个引力子。"他说。最后，老板同意了他继续这方面的研究，于是他另外建造了一根比韦伯最初的略微大一点的共振棒，长约 3.6 米，直径约 0.6 米，重约 4 吨。据他说，即使比韦伯最初记录下来的微弱得多的引力波脉冲，它都能探测到。但是在 1972 年夏天平稳运行了一个月后，它却没有探测到任何特殊信号。任何振动信号都不出共振棒原子无规则运动的范畴。此外，在实验的同时，他还安排远在智利的托洛洛山泛美天文台用一架光学望远镜来观测银河系的中心。但还是没有观测到任何超乎寻常的东西；在相同时段，没有任何可见的爆发与韦伯报告的天文现象相符合。如今泰森说，基于韦伯宣称探测到的信号，"必定存在其他形式的，比如电磁波之类的能量，大到足以把你击倒在地的地步。你所需要的只是一架双筒望远镜而已"。

　　1972 年，在纽约举行的得克萨斯研讨会上，泰森就自己的发现做了报告后，与韦伯激烈地争吵了一番。泰森手里已经有了韦伯小组早期4个月的探测数据。贝尔实验室小组检测了太阳黑子和韦伯在马里兰大学的实验室附近的温度与气压变化，以及阿贡和马里兰之间中点处的地球应变，这是太阳、月亮导致的潮汐带给地球的一种应变。之后，他们比较了四者之间的相互关系。在这个过程中，泰森和同事们发现，韦伯过去探测到的信号，很可能与赤道处地磁场的变化有关，这种不规则的变化就是常说的受扰爆时因素，被认为与赤道上方电离层中的环绕电流有关。虽然这些并不能证明地球磁场变化就是韦伯的信号来源，但是韦伯探测到的部分信号的根源是否在地球上这个问题，从此就摆上桌面了。

作为对泰森的回应，韦伯强调他的小组确实对天线做了磁性测试，而且所用的磁场远强于地球磁场，但天线没有任何反应。他还反驳说探测一个信号需要至少两台探测仪，因为"外界产生的信号弱于每台探测器自身的噪声，所以需要两台探测器的符合"。他还说，必须有所比较才能看到。在同一次大会上，韦伯加大了他的赌注。他报告说当时自己的小组每天都能观测到两到三个符合。

泰森承认自己还没有第二台探测器来做符合，但强调他唯一的一 ¹⁰¹台探测器却没有什么探测结果，根本就没有超出正常噪声水平的脉冲信号。他对韦伯的仪器缺少校准特别感到不舒服。韦伯还不曾用一个已知能量源来测定共振棒能够检测出的应变有多大。而泰森自己却用了静电校准。他给共振棒加上一个静电压，看它有什么反应。在这场不断升级的争论中，韦伯不断甩出撒手锏：其他小组的设备与他的都不尽相同。他坚信传感器必须放在共振棒的腰部而不是两端。"建立有效的配置并不难，"他说，"[直到] 你已经重做了已知有效的实验，我才相信这一切。"他还认为对手们实验室的温度没有控制好，有效信号都被噪声淹没了。

对韦伯的努力持赞成态度的旁观者们听起来都是一副语调。他们常说，可能只有韦伯的共振棒，才真正与天天都发生的爆发事件是"调谐"的。曾就此领域的发展做了将近30年社会学研究的加的夫大学社会学家哈里·柯林斯，甚至碰到过一些热心过头的支持者，他们直接怀疑是不是有一种以韦伯为中心的意志力在起作用。

马里兰大学的物理学家确实有着更多的技术储备。当时，韦伯在宣布发现第一个信号之前，已经花了12年的时间在设计、建造和测试他的设备上。而他的对手们，有的人只花了不到一年的时间。韦伯的一位同事告诉柯林斯说"只有韦伯赋予自己的探测系统的是奉献 —— 个人的奉献 —— 他就像一名电工一样工作着，而其他人却从没有如此投入过"。

但是，最终有人建造了和韦伯相同的探测天线，而传来的消息对这个领域的开山鼻祖并不怎么有利。由意大利弗拉斯卡蒂镇的一个小组和德国慕尼黑的一个小组联合组建的一个合作小组，建造了一些跟韦伯早期的设计相差无几的探测器，传感器也一样嵌在了共振棒的腰部。其中一台从1973年7月到1974年5月，间歇性地进行了150天的实验。尽管他们期待着像韦伯那样，每天至少观测到一个脉冲信号，但最终还是一无所获。这些负面报道的洪流终于漫过了堤堰，矛盾在一次面对面的冲突中爆发了。而这次对峙已经被作为传奇故事记入这个领域的历史中了。

　　IBM公司的一位独来独往的物理学家理查德·加文，是引力波领域一位以科技改革而著称的新手，他决定建造一台天线来一劳永逸地解决这场纷争。这位早在20多岁时就参与氢弹设计的物理学家十分怀疑韦伯的声明，并对他的数据持谨慎态度。他与IBM公司的一位同事詹姆斯·列文一起，花6个月时间建造了一台120千克重的探测器。1973年，这台探测器运行了1个月，检测到了一个很像噪声的脉冲。加文后来从大卫·道格拉斯那儿了解到，韦伯每天都探测到的信号至少有一部分是电脑错误的结果。道格拉斯已经注意到了韦伯小组所用计算机的一个程序错误，这个错误导致在两台天线都没有收到信号的情况下，探测器还有可能会输出一个符合记录。韦伯几乎每隔5天就报告一次的所有"真正"符合都能追溯到这个错误上来。他探测到的是一个很可能属于纯噪声的信号。韦伯还声称发现了自己的探测器与道格拉斯在罗切斯特大学的探测器之间的一个符合。但这是不可能的。因为人们发现，这两个实验室用的时间标准不一样。一个用的是美国东部标准时间，另一个用的是格林尼治标准时间。韦伯比较的两组数据（看起来是符合的）事实上是有着4个小时的时差的。在加文和其他人看来，韦伯是在有意识地选择数据，使之与自己的结论相符。

　　1974年6月，在MIT举行的第五届相对论剑桥会议上，加文就是用这些出乎对方意料的信息口头迎战韦伯的。继而一场激烈的冲突在演讲厅前台上爆发了。正当他们两个都握紧拳头逼向对方时，因幼时患脊髓灰质炎而落下残疾的调解人菲利普·莫里森把拐杖横在两人中间，才隔开了他们，直到冲突降下温来。但斗争还没有结束，还继续在美国物理协会主办的《今日物理》期刊上，以书信往来的形式上演着。加文坚持韦伯定义符合的方式导致了错误。如果从另外一个角度来分析的话，那些传说中的信号都会消失得无影无踪。加文和同事们一起进行了一次计算机模拟来说明这种效应。尽管他们的数据有点混乱，但还是能从纯粹的噪声中挑出一些貌似信号的东西来的。[1]

103　　这次对峙使很多人都想起了1970年，韦伯首次声称自己的信号来自于银河系中心时发生的一件意外之事。在一次演讲中，他说信号高峰每隔24个小时，在银河系中心处于我们头顶上时都会出现。这时台下有人指出他接受到的信号在银河系中心到达天线正下方时也应该很密集（因为地球阻碍不了引力波的传播）。不久，韦伯就宣称他的信号高峰每12个小时就出现一次了。（鉴于地球上方和下方的扫描彼此匹配，为了加快数据处理速度以便更好地进行统计分析，韦伯曾让他的小组成员们把下12小时的数据和上12小时的数据"叠加起来"进行处理。他说，这些导致了他最初的口误[2]。）

　　尽管从不曾放弃自己的结论，但无论是在受到批评之前或之后，韦伯都在实验室里进行了许多检查和对比。首先，他不再亲自处理数据，以消除任何个人偏见，而是交给研究生、博士后和助手们来处理。原来手绘的图表和人工挑选的信号，现在都交给计算机反复进行自动检验了。人为加入的假脉冲信号，都能由不知情的程序员识别出来。连接马里兰和阿贡的电话线也都检查过噪声了。在韦伯看来，他回答

1. 这段话的意思是说，加文利用计算机模拟，说明了可以从纯粹的噪声中得到所谓的引力波信号；也就是说，原来韦伯所声称的引力波信号，都可以从噪声中得来，即那些信号都是噪声，不存在引力波信号。——译者注
2. 即把每12个小时出现一次信号高峰说成了每24小时出现一次。——译者注

了所有的批评者，并纠正了所有可能的错误，但他也受到了伤害。从这点来看，他的声明和论文越来越得不到同行的信任了。他们怀疑他的实验方法是否正确，而且还对他不时发表的论文中细节处的模糊处理感到失望。

声名狼藉的剑桥会议两周之后，第七届国际广义相对论和引力大会在以色列的特拉维夫召开。引力波探索实验的四位关键人物在大会最后阶段全部与会了，他们是：乔·韦伯、托尼·泰森、格拉斯哥的隆·德莱弗[1]和慕尼黑的彼得·卡夫卡。卡夫卡就慕尼黑－弗拉斯卡蒂小组于韦伯不利的探测结果做了一场报告，而泰森讲的则是他最近的工作进展。他已与来自罗切斯特大学的同事们合作，建造了一台更大的天线并于1973年开始运行了。这台天线走走停停的，一共运行了约8年。其间，道格拉斯在罗切斯特大学建造了一台与之相同的探测器，[104]之后两台探测器携起手来，从1979年到1981年一起运行了约440天，但还是没有发现引力波信号。泰森笑称他最后一台引力波天线为"全球最昂贵的温度计"。

在特拉维夫的小组讨论期间，德莱弗就他在格拉斯哥正在进行的工作做了报告。他的装置与其他在用的装置有着很大区别。他建造了两根独立的共振棒，每一个均重270千克，并用压电换能器连接了起来。他和同伴们一共进行了7个月的实验，仍然没有探测到任何信号。他在会上说："我的目的，并不在于验证韦伯是对是错，而是要在引力波领域进行更深入的探索。"而在同时，韦伯却把时间花在了为自己

---

1. 乔·韦伯、托尼·泰森、隆·德莱弗分别是约瑟夫·韦伯、安东尼·泰森、罗纳德·德莱弗的昵称。——译者注

的实验方法辩护上了，回答了批评者提出的计算机编程、分析数据时所选用的运算法则，以及探测器的校准等方面的问题。

在大会结束时，德莱弗思考了不同实验结果的意义。"你们都已经听说了约瑟夫·韦伯的实验取得了积极结果，也听说了另外三组实验没有什么结果，还有其他一些实验同样没有结果。那么，所有这些意味着什么呢？……[能不能]通过什么途径把所有这些看似矛盾的结果协调起来呢？"存在漏洞的可能性还是有的。德莱弗的实验对长脉冲不敏感，这可能是他错过了信号的原因。但另一方面，德莱弗的设计应该能捕捉到一些与众不同的波形的，因为它能捕捉到的引力波频率范围很宽。他最终总结说："我想只要把这所有不同的实验放在一起，由于它们各不相同，大部分的漏洞都能堵上。"

对于一些人来说，特拉维夫会议标志着他们在引力波物理领域活动的终结。韦伯的发现被人怀疑后，他们的兴趣也随之骤然下降。但是引力波物理并没有走到终点。相反，特拉维夫的气氛充满了激动不安和热切期盼。而这个领域的其他科学家们觉得自己才刚刚起步。许多人兴奋地谈论着提高天线的灵敏度来探测距我们5000万光年远的室女座星系团超新星的可能性。所以，他们将不再眼睁睁地花上30年长短的时间，等待着银河系里一颗超新星的爆发，而是拓宽探测领域，提高探测到信号的概率，希望每年能碰上几个类似事件。然而，要做到这一步，仪器的灵敏度要在1974年的基础上提高100万倍到100亿倍。但这么一个巨大的飞跃并没有吓倒后来人，天文学这个新分支仍不乏新人。现在，他们已经伸出脚趾测试水温了，已经做好准备，迫不及待要扑进这个泳池了。

几乎所有的人都开始相信韦伯错了。"我们还不确定，但有这个可能。"德莱弗在特拉维夫的最后发言中这样说。但他也指出，即使是零结果，这个领域也已经被拓宽了。人们开始源源不断地提出新的想法来提高观测到真正引力波的概率。其中有人走了低温路线，另外一些人则考虑使用共振效应更好的晶体来延长探测器振动的时间。德莱弗还说过："还有一种完全不同于以前的技术就快出炉了，那就是把不同的探测天线放置在相距很远的地方……可以通过激光技术来监控相互之间的距离。"但是他们期望的并不只是增强科技运作能力，他们还时刻都在惦记着新的科学知识。"我想，从最初一个可证实的且可重复的发现开始，这项事业将迅速发展壮大，直到一门真正的天文学出现，而且我们还可以绘制天上的引力波源图。"德莱弗说。而泰森补充说："每次我们使用一种新的探测器、一种新黑箱[1]去看天空的话，我们就会发现一些意料之外的东西。"

　　在之后的几年里，韦伯心中偶尔还是会燃起点点希望之火的。1978年6月，罗马大学用一台超低温天线取得的相当于一周时间的数据，被拿来和马里兰大学同一时间用室温天线探测获得的数据进行了比较。1982年的《物理通信D》发表的一篇文章中说这两台探测器之间存在一些关联。韦伯立刻就宣称这是他和另外一些人探测到引力波的又一证据。然而，罗马大学的研究人员们却更倾向于认为它是一种

---

1. 指内部结构状态不明的系统。在科学研究和实际工作中，会遇到这样一种系统：其内部结构不十分清楚，既无法通过对其功能的分析获得了解，也无法通过其元件特性和元件之间的联系推断其系统特性。在这种情况下，可以对它加上一定的刺激（输入）同时观察其反应（输出）的系统，就叫作黑箱。对一个黑箱来说，如果不打开它，研究其功能的唯一办法就是给予黑箱以各种不同形式的输入，以观察其对应的输出。通过对这种输入输出关系的分析，可以建立起关于它的行为的某些规律，以便预测黑箱在各种输入下的反应，并对其内部的可能结构加上某些限制。在系统科学中，根据输入输出研究系统功能的方法被称为功能模拟法或黑箱方法。——译者注

106 背景波动。论文中，他们很谨慎地给出了结论："探测到一个小的背景激发符合并没有告诉我们关于起源的信息。探测结果是统计出来的。我们无法区别出于偶然产生的和受外界刺激产生的符合，也无法确定地震的或非引力效应引起的外界刺激到底占有多大比例。"

尽管大家都对韦伯的实验方法深表怀疑，但就连他最严厉的批评者都认识到这位马里兰大学的物理学家开动了天文学的一部巨型机器。1972年泰森曾说："很明显，如果没有韦伯的贡献的话，我们就不可能像今天这样，乘着超灵敏、低噪声的天线这部列车，在引力波探测征途上行驶这么远的路程。"韦伯已经启动了一列势不可挡的列车。

特拉维夫会议之后还不到10年，科学家们就已经开发出第二代棒式探测器了，他们用液氦把共振棒都冷却至－271摄氏度，即接近于绝对零度的低温水平。这样就减弱了共振棒内部的热噪声，它们引起振动的振幅要比引力波诱发的位移自身大上数百倍。曾经有那么一阵子，这些工程中最具气势的一个位于斯坦福大学，由已离任的威廉·费尔班克指导。它那5吨重的铝质共振棒被安装在一只大铁箱子中，然后整个儿放在一个大房间里，这个房间曾经是斯坦福大学最初建造的线性加速器的一个终端站。在工况良好时，这个超低温共振棒有时能探测到10^{-18}的应变。这就意味着它可以记录一个只改变共振棒一百亿亿分之一大小的振动。这要比韦伯最初的探测仪器强10000倍，因为除使用了超低温共振棒外，它还使用了超导技术。这样的灵敏度把整个银河系里的超新星都纳入了它的探测范围之内。不幸的是，这台探测器在1989年发生的洛马普列塔大地震中[1]毁于一旦。由于维修费用过高，整台设备就关闭了。

但是探测工作仍在路易斯安那州立大学进行着。这所大学曾和斯坦福大学合作过，并拥有一根和斯坦福大学一样的共振棒，长3米，直径1米。1970年，费尔班克的一位得意门生威廉·汉密尔顿，来到了路易斯安那密西西比河畔NASA的一家研究所，监督附近这两台共振棒的建造工作。他现在正与沃伦·约翰逊一起，在路易斯安那州立大学进行引力方面的研究。1980年左右，他们更换了一根共振性更好的铝合金共振棒。这根共振棒比原来那根轻巧一些，只有2300千克。它有一个悦耳的名字叫"轻快的乐章"，是"路易斯安那州一家低温试验和引力辐射天文台"的意思[2]。这个名字对于监听音调刚好落在听觉范围内的引力波的仪器来说，再贴切不过了。它能探测的引力波频率为907赫兹，能探测的最小振幅小于10^{-18}米。

在路易斯安那州立大学一个繁花簇拥的实验室基地的角落里，放着一只庞大的定时排气真空箱。这个实验室的混乱是数得着的：起重机、梯子以及各种各样的桶乱放一气。就在这个房间里，"轻快的乐章"正等待着时空那轻轻一推。它已经等了很长时间了。一堆堆的电子设备躺在大箱子旁边，监视着共振棒的每一个动作。如果有波动传进来的话，它将会引起共振棒两端的缩进伸出，尽管动作很细微。这

---

1. 指1989年10月17日发生在加利福尼亚中部旧金山湾地区的6.9级大地震。共有62人死于这次地震，财产损失数十亿美元。——译者注
2. "轻快的乐章"对应的英文单词为Allegro，是"路易斯安那州一家低温实验和引力辐射天文台"，即A Louisiana Low-temperature Experiment and Gravitational Radiation Observatory的简称。——译者注

些小动作将会传给装在一端的二级共鸣器,从而大质量的小振动就能转化为小质量的大振动了。经过以上步骤,这个因外形而得名"蘑菇"的共鸣器就把信号给放大了。"轻快的乐章"1991年首次投入使用,之后除了一小段时间用来升级外,一直都在运行 —— 每天24小时,每周7天,这是一个很突出的成绩。整整一代的引力波探测器专家都是在这儿培训出来的,"轻快的乐章"已经起到了孵化器的作用。汉密尔顿说:"虽然没有探测到引力波,但我们确实探测到了一些莫名其妙的噪声。"约翰逊补充道:"每天我们都有几个正常随机噪声之外的信号,但每次都能在当地事件中找到它们的根源。"比如,春日里的一天,几台打桩机在街上作业,探测器不断输出的记录纸上就出现了它们的身影。

"轻快的乐章"并不是唯一的。类似的超低温探测器已经在全世界遍地开花了。它们一起组成了一个引力波探测网,探测频率的范围从700赫兹到1000赫兹不等。路易斯安那州的探测器与意大利罗马附近弗拉斯卡蒂的探测器"鹦鹉螺"号、威尼斯附近的莱格那罗国家实验室的"御夫座"号、瑞士欧洲核子研究中心(CERN)的"探险家",还有位于澳大利亚西部的"尼俄伯[1]"(之所以取此名,是因为这台探测器的共振棒是用比铝共振性更好的金属铌制成的。事实上,一旦受激,铌会连续振动上好几天)都联网了。所有这些探测器都能观测到我们银河系内超新星爆发或两颗中子星的合并,而且还有可能观测到其他事件,尽管更为少见。它们能观测到100万光年外(是到离我们最近的螺旋星系仙女座距离的一半)两个黑洞的碰撞。启动运行

---

1. 尼俄伯系古希腊神话中的人物,她的14个儿子全部因自夸而被杀死,她悲伤不已,后化为石头,英文名字为 Niobe,而金属元素铌的英文名字 niobium 即起源于此。——译者注

后，它们一直都在努力记录下所有的干扰信号并寻找它们的来源，包括电磁干扰、宇宙射线和地震波等。被冷却到只差不足0.1度就达到绝对零度的"鹦鹉螺"号，事实上已经记录了零星高能粒子穿过共振棒时带来的振动和宇宙射线进入大气层时诱发的大量信号。一旦弄明白了这些噪声并把它们排除掉，科学家们就可以把精力集中到那些尚不清楚的信号上去。他们一直都在比较数据。比如，"轻快的乐章"和"探险家"，从1991年一个107天的观测期就开始对比它们的数据了。尽管没有发现一例符合，但两边的科学家都在寻找可能从脉冲星传来的连续波。有着众多脉冲星的球状星团"杜鹃"47号[1]，可能是一个丰富的脉冲源。实际上，所有的探测器都开始协调彼此的探测范围，并检查有无符合的信号了。有一阵子天空中出现了伽马射线爆，科学家们就怀疑是否在远太空有大质量的恒星碰撞或爆发。这段时间里"探险家"和"鹦鹉螺"的数据就进行了比较。尽管至今还没有找到明确的引力波，但探测工作仍在进行着。

　　下一代探测天线的设计是一个颇为前卫的理念：球形探测器。一时好几个项目都在规划中了。在荷兰，荷兰大学和几个研究所（阿姆斯特丹大学、埃因霍温大学、莱顿大学、特温特大学和核物理与高能物理研究所（NIKHEF））一起组建了"圣杯工程"。在这个工程中，他们将把一个直径3米、重110吨的铜合金球悬挂起来，并冷却到绝对零度之上低于0.001度的范围内，作为探测天线。这个大圆球将由一个精于制造舰船推进器的公司负责建造。为了减少宇宙射线的碰撞，它将被放置在地下至少800米深的地方。（由于尺寸和灵敏度的增

1.此星团位于南半球星空的杜鹃座方向，故有此名，距离我们约12000光年。——译者注

109　加，宇宙射线的影响已经远远超出了"麻烦"的范围。) 他们最大的挑战将会是如何在有效制冷的前提下，仍能保持环境足够安静来聆听途经的引力波。振动将由安装在球表面的一组传感器来探测。这样安装传感器的好处是能够捕捉来自任何方向的信号。然而，由于缺少经费，这个项目被取消了。

　　但是意大利实施了另一个类似的计划，名叫"斯费拉工程"。弗拉斯卡蒂的意大利国家核物理研究院（INFN）的物理学家们希望建造一个成分为铜和铝的 100 吨重的圆球。他们想首先建造一个 10 吨重的原型。如果最终这条新路子走通了的话，将会重新点燃人们对共振棒式探测器的热情。球状探测器的灵敏度可能要比使用中的探测器高上10000 倍，它们的探测范围也可能会远远超出脉冲星的范围。

　　如果爆发的超新星距离我们足够近的话，现今正在运行的棒状探测器就很有可能能够探测到它们。1987 年 2 月 23 日，我们银河系的近邻大麦哲伦星云里的一颗脉冲星 —— 1987 A 号脉冲星爆发产生的光芒到达了地球。尽管如此幸运，但当时没有一台第二代探测器是处于运行状态的。而且，一般来说，天文学家们每隔 30～50 年才碰上一次类似的天文事件。共振棒探测器现在还不是一种成熟的科学工具，而更像一个前进中的科技工程。更先进的共振棒探测器暂时还没有取得什么进展。但某些室温探测器却正在运行。尽管韦伯不再定期发表他的探测数据了，但他偶尔还会出场做报告的。在 1987 年的美国物理学会春季会议上，他宣称在 1987 A 号脉冲星的光芒到达地球的几个小时里，自己的一台探测器曾记录下了过强噪声 —— 比背景噪声强的振动。在 CERN，一位罗马大学的物理学家也报告说当时自己负责的一台探测器也探测到了一些信号。在这些所谓的脉冲发生期间，位于意大利勃朗峰、美国俄亥俄州的一个岩盐坑和日本的粒子探测器们，都有特大强度中微子流的记录。韦伯和意大利研究人员们声称，这种巧合发生的概率只有万分之一到千分之一。

　　这么说来，他们探测到的果真是引力波吗？其他这方面的专家几[110]乎异口同声地说："不是！"有物理学家仔细检查了马里兰–罗马的数据，得出的结论就是他们的统计有着严重缺陷。举例来说，勃朗峰的中微子探测结果仍是一个谜。美国和日本的中微子探测器测到的超新星爆发要比勃朗峰测到的晚四个半小时。很难理解一颗超新星的爆发——一件猛烈而突然的事——能像马里兰–罗马探测器所表明的那样，会持续几个小时。而马里兰–罗马的合作者们甚至报告说："可能需要新的物理学"来解释这些关联事件。

　　在宣布自己探测到的是超新星爆发后不久，韦伯就失去了NSF的长期支持。人们认为如果这么多年来，韦伯不走这么一条强硬路线——哪怕只是考虑一下自己的数据有掺水的可能性他都不肯——他将还会是引力波探测领域里一位备受尊敬的人物，而不是被排挤到边缘地带。"这是韦伯的一次失败，而且是毁灭性的一次。"索尔森说，"他只会固执己见，从不管你铁证如山。"今天，韦伯的头发已经变稀变白了许多，但黑框眼镜仍罩在他那蓝灰色的双眼上，好斗的形象丝毫没有改变。会见来访者时他总是身着正装：灰外套，白衬衫，还有纯红领带。他热衷于慢跑和登山，吹嘘说曾爬遍科罗拉多所有4200米以上的高山。现在80多岁的他依然精神矍铄，维持着符合海军军校要求的体重，仍然精力旺盛，能迅速出面来捍卫自己的成果。在得知一个记者要前来访问时，他按年月日摆出了自己的辩论论文，精心组织防御战。现在，教科书对他的工作都采取一致立场，声称引力波尚未被证实。他抓起一本具有代表性的书，高声朗诵自己讨厌的片断："其他科学家们已经建造了灵敏度更高的仪器，但仍没有探测到引力波。"很明显，他很沮丧。现在他还保留着马里兰大学和加利福尼亚大学欧文分校两校高级研究员的头衔。他喜欢说自己到了70岁的退休年龄时是被开除的，但一有机会，他仍继续关注自己的实验。他的元配在结婚29年后因心脏病离他而去了。之后在1972年，

¹¹¹ 他与天文学家弗吉尼亚·特林波结了婚，开始活跃于美国两岸，一年里部分时间待在特林波的工作地欧文，剩余时间待在马里兰大学。他在马里兰的办公室看起来像一间储藏室，里面挤挤挨挨地塞满了17个文件橱柜，都集中在房间中央。论文箱和书架都在墙边排成一排，只留了一个小过道通向黑板对面墙边的小办公桌，来人只能跟他促膝而坐。桌上很显眼的位置摆放着一张爱因斯坦的照片，韦伯听说那是爱因斯坦生前最喜欢的肖像：一位年轻的物理学家摆着一副很严肃的姿态，但最突出的还是他那炯炯有神的双眼。

很明显，韦伯对自己未能先拔头筹抱憾非常。首先是微波激射器，现在又是引力波，他原本很可能成为这些领域里的头号选手的。作为一位曾经在物理会议上动不动就大发雷霆的科学家，韦伯现在没有丝毫怨气了，至少不明显。谈论到自己当前的观点时，他的声音和姿态仍透露出一种务实风格。他现在承认了自己当初基于经典物理估算出来的信号强度是错误的，因为这意味着能量是从我们银河系中心发出的，而这恰恰又是很难想象的。但是，他强调说，这并不意味着不存在引力波。他曾想到过从一个新的角度来理解他的探测器是如何接

收到信号的。"我们的工作刚开始时,仅仅基于爱因斯坦的理论。"韦伯说,"但是大约1984年的时候,我就开始自问换了是尼尔斯·玻尔,他将会怎么做呢?"换句话说,他猜想量子机制——他的探测天线是如何在原子水平感应信号的——是否能更好地解释他探测到的东西。韦伯争辩说,正如经典理论无法解释金属的超导性和光电效应一样,它们也不能解释引力波如何与探测天线相互作用的。他声称一个引力子可以和单个原子结合,从而有强得多的相互作用。这样,就可以解释如何能探测到比原想的弱10亿倍的信号了:"我的理论是说,一台探测天线由10^{29}个原子构成,它们通过化学力结合在一起,而又由量子力学来描述。它不再是单个的大块物体了。"根据他的解释,那些原子彼此呼应着来放大信号,信号因而变得比旧理论中的强了10亿倍。按照韦伯的说法,振动在共振棒两端来回跳跃,每次穿过中心时,[112]那儿的电子就能最有效地感应到振动能。但其他的天线没有这种效果,他说,是因为他们的传感器装在了天线两端。然而,很少有物理学家赞同这种假设。韦伯仍对一些与他意见相左的小组没有花上足够的时间来证实他的发现耿耿于怀。他说:"如果你的目的就是证明没有这种效应,你不必做上5年实验才得到个零结果。你把天线打开,没有什么信号[1]。他们没有花那么多时间,没有投入那么多的精力。"

如今仍在满天空寻找和研究引力透镜,借此在引力物理领域占有了一席之地的泰森,对韦伯的聪明才智拍手欢迎。"乔提出了一个奇妙的想法,时至今日,它仍代表着引力天线探测的技术发展水平。"他说,"你应该称赞韦伯,因为他指出了应该怎样去做。"他和韦伯之

---

1. 这里韦伯是说:"如果你的目的就是证明没有这种效应,你不必做上5年实验才得到个零结果。你把天线打开,没有什么信号,这就够了。"——译者注

间的分歧在于对天线反应的解释。泰森曾与此领域的其他人一起总结说，韦伯误解了共振棒内正常噪声的本质，这使得他把事实上的错误信号 —— 共振棒里同时发生的随机振动[1] —— 当成了符合信号。

　　韦伯的天文台仍在运行着。他常常驾驶一辆1972年产的（他妻子的）灰蓝色沃尔沃小汽车前往那里。他的天文台坐落在校园里一片茂密的小树林边上，离学校的高尔夫球场不远，箱子似的白色外形很容易被误认为是一间小车库。在里面，天花板上悬着一只小灯泡，昏昏地投下几束灯光。一台探测器半藏在一堆零零碎碎中，看起来像一只巨型红色油桶。另一台靠在6米远的后墙边上，像一台铝制热水器。走廊也乱糟糟的，想过去都不容易。马里兰州继续负责这儿的电费和维持屋内室温的特殊环境控制设备的费用。当问及其他费用时，韦伯没有口头回答，而是默默地从上衣口袋里掏出了自己的皮革钱包。几年前，他确实从NASA那儿得到了一部分资金，靠它购买了一台计算机来处理数据。他的探测器仍每天24小时地运行，每0.1秒就记录一个数据点。韦伯自己掏腰包买了储存硬盘。装上它们后，在这间满是老式设备的屋子里，那台不停振动着的电脑监视屏终于挨着现代科技的边了，上面有两条锯齿状的线条 —— 两台探测器传来的信号 —— 无声地从右向左滚动着。红色的那台探测器内有一根直径为0.6米的圆柱共振棒；房间尽头的那台灰色的探测器内有一根稍粗一点的共振棒，直径为1米。两台都是从1969年开始运行的，至今已有30年了。韦伯承认它们的状况正在恶化：底座已经破损了，灵敏度也有所下降。但他还是决定让它们运行下去，直到最新的引力波天文台投入使用。

1.指两台天线的共振棒同时发生的随机振动。——译者注

他确信它们的数据会一致。"这个天文台很重要，"他指着两台探测器说，"因为它正往外输出数据。"然而，对数据的解释，却存在着严重分歧——韦伯和自己一手推出的整个引力波领域间的分歧。

受他天文学家妻子一个建议的启发，韦伯于20世纪90年代中期向NASA提议说，自己一直运行着的探测器探测到的信号应该与BATSE（短脉冲瞬变源实验）接收到的数据进行对比，后者是NASA于1991年发射上天的康普顿伽马射线天文台所载的一台全天候监测器。BATSE一直在观测着全天空的伽马射线爆。韦伯用从NASA那儿申请到的10000美元聘请了一位博士后来进行数据比较。这位博士后发现，从1991年6月到1992年3月，BATSE监测到的80例伽马爆中，共有20例与韦伯那台较大的探测器的信号在半秒钟内符合。韦伯声称这种符合的概率为六十万分之一。科学家们认为，一部分伽马爆是在新诞生的黑洞残暴地"吞噬"周围气体时产生的，在这个过程中，会有很强的能量脉冲从黑洞轴射出来。其他的伽马爆可能是中子双星碰撞、恒星爆发或者宇宙碎片与孤立脉冲星碰撞时产生的。"在数据统计出来并送去发表后，我把这个数据表送去了NASA。"韦伯说，"NASA认为那20例中有11例是银河系中心附近一颗特殊的脉冲星爆发造成的。有足够的理由相信这些年来，那个射线源偶尔会爆发上几次。"当被问及为什么别的——远比他自己的要灵敏的——引力波探测器都没有记录到这些波时，韦伯只是简单地耸耸肩说，在LIGO建立并运行之前，谁都不会探测到信号的。

最近伽马爆方面的研究工作更让韦伯相信，总有自己平反的那一天。现在他承认了早期探测到的一些信号确实很难解释。"可能是 [114]

噪声，"他勉强说，即使只是一个大气现象，都有可能影响到那两个独立的探测点。但是对他来说，现在伽马爆提供了一个确定的宇宙源。"天有不测风云，"韦伯说，"但我已经发现了引力波的证据也确凿无疑。"NASA 不再支持韦伯的数据比较了，但是他的工作在意大利的一份名叫《新实验》的期刊上发表了，这是一份以对争议结果持开放态度而著称的期刊。没有人在意，也没有人跟风。就像村人对爱说谎话的小孩第三次喊"狼来了"的反应一样，这个领域完全不再理睬韦伯的工作了。他们不相信以当前标准来衡量已成古董了的室温探测器，除噪声之外还能探测到些什么。局外人很同情他，而此领域的科学家们却很少有理解他的。然而，没有谁能动摇他的历史地位，他的第一根共振棒如今保存在华盛顿的史密森学会。

第 6 章
不和谐的音符

　　瑞纳·怀斯就像一名穆斯林托钵僧人[1]一样，围着办公室以自己声音的速度旋转。他为人坦诚直率，而又放荡不羁。春日里的一个周末，他弯腰趴在LIGO大楼里的办公桌上，正为电脑屏幕上的一幅曲线图而愁眉不展。这幅图表示，位于路易斯安那的LIGO新建的真空管，正有越来越多的气体泄漏进来。"实际上，这是意料之中的事，"他当即就说，"华盛顿州的探测基地也存在这个问题。"他的办公室位于MIT边上一幢岌岌可危的三层小楼内，天花板很高。这幢小楼没有特别的名字，只有楼号：20号楼。

　　如果楼房能带来好运的话，怀斯在探测引力波方面将拥有更为有利的条件。这座木质小楼建于第二次世界大战期间，是用来研发一种名叫雷达的新军用技术的。战后，20号楼目睹了物理学院最早的一台粒子加速器的建立、伯斯扬声器的改进、哈罗德·埃杰顿[2]令人惊奇的瞬间摄影技术以及在诺姆·乔姆斯基领导下，现代化的语言学院的

---

1. 系穆斯林禁欲僧侣，他们的宗教活动包括高声号叫以及快速旋转以进入昏眩、神秘的状态等项目。此处是指怀斯在办公室里整天忙得晕头转向。——译者注
2. 著名摄影师哈罗德·埃杰顿是一位科学天才。曼哈顿计划依据的就是哈罗德·埃杰顿拍摄的原子裂变释放能量时的照片。他还是一位不知疲倦的发明家，拥有47项专利，其中包括声呐、深海彩色照相机和照明系统等，并发明了带电子闪光灯的高速摄影技术。——译者注

建立。人们都称 20 号楼为"胶合板皇宫"。怀斯在它薄薄的天花板和墙壁上钻了孔，来帮助建造世界上最精确的原子钟。人们原以为 20 号楼顶多只能坚持到第二次世界大战末期，不曾想它凭着褪了色的雪松壁板、斑驳陆离的油漆，居然在时常有田鼠松鼠沿着门廊柱爬上爬下的情况下，挺过了 50 个年头。在它最终被推倒之前，怀斯研究小组是最后离开的。这楼太危险，没法待了。

　　怀斯并不急于装修它。"我的事业整个儿都在这里，"他挥了一下手臂，踩着寂静的走廊里的结实木地板边往前走边这么说。所有房间里的仪器设备都已经搬走了，只留下电线和管子之类的东西挂在墙上，摇来晃去的。这时，只剩下怀斯那间普普通通的办公室还放有一张破睡椅，地上还铺着油布，在整座小楼里就像沙漠里的一片绿洲。屋里的长桌胡乱摆放着，桌上满是装满文件的文件夹。奇怪的是，怀斯却能记得每一摞的内容。他很健谈，故事、解说、回忆全都脱口而出，听起来像是同时说出来的似的。他精力充沛而又不失谦虚，他会毫不犹豫告诉你他在 MIT 上研究生时被退学的故事，那是因为他把心思都放到一个女孩身上，而把学习给耽误了的缘故。短而稀疏的灰白头发，为看清不同距离的事物而戴不同的眼镜 —— 这样的怀斯其实还是一个工作狂。在一次心脏病发作之后，医生就告诫他别再这么操劳了（但他仍一如往常）。

　　首先，也是最重要的一点，怀斯是一位实验家。如果他不曾成为一名物理学家的话，他将会是一位电气技师。比起那些从讲台上下来的科学家们来说，他更愿意跟那些满手油灰的科学家们在一起。每当别人把实验科学家们比作步兵，而将军们 —— 理论家 —— 却站在高处俯视他们时，他都热血沸腾。"那群婊子养的就希望你这样想。"他很直率地说，"他们以为自己独占了这个领域。他们没有。实验家们想出来的主意并不比理论家们少。他们不是将军。他们和我们一样是一群凡夫孺子。没有实验是写不出一本广义相对论方面的好书的。等着瞧吧，总有一天我们会发现黑洞事件的。想要弄明白真相，除了理 [117] 论之外我们还要做很多。我们要把广义相对论变成一门科学，而不仅仅是一种理论描述。"LIGO是探测引力波的一种完全不同的手段，是韦伯开启的探索的延续和发展。尽管LIGO是一个由多人合作建设起来的工程，但真的要找出牵头人的话，很多人都认为非瑞纳·怀斯莫属。[1]

　　怀斯于1932年出生于柏林。父亲是一位物理学家，来自一个富裕的犹太家庭，但后来加入了共产党，并娶了一位德国新教徒演员为妻，背叛了自己的家庭。眼看着德国将要发生一场政治风暴，怀斯一家就去了布拉格。到了1939年，又举家迁往美国。他们是最后一批允许移民美国的犹太家庭，这主要得益于父亲宝贵的医科学位。定居在曼哈顿中心后，年轻的怀斯开始接触机械学了。"我总是把东西拆开来。"怀斯说，"马达、手表、无线电设备等。我的房间常常乱七八糟的，这也常常给我带来麻烦。"而他父亲已经成了一名心理医生，这也给他带来了一点点烦恼。作为一个四海为家的德国人，他父亲更喜欢艺术、人文科学、戏剧和文学。怀斯对古典音乐感兴趣，这也算是对父亲的爱好做出的一个让步吧。这个兴趣直到成年时他还保留着，而且还能弹得一手专业的钢琴。

---

1. 你可以通过下面的事来判断：从位于路易斯安那州的LIGO天文台附近穿过的63号高速公路，在当地已经被称为"怀斯路"很久了。——原文注

到了高中时代，怀斯就开始帮助朋友和熟人们安装无线电通信设备了。这种小事最终发展成了一门生意。第二次世界大战一结束，人们就纷纷拿出过剩的设备在纽约大街上叫卖。"过剩设备在城市里四处泛滥，"怀斯说，"你可以进城买下最多的原材料。如果稍微了解一点行情的话，你可以以非常低廉的价格买到最先进的仪器设备——变压器和雷达设备等。"他常常逃课或者利用周末时间去捡真空管、电容器和当时能够想到的任何电子元件。在他16岁那年，一场大火摧毁了布鲁克林区的派拉蒙剧院，他从废墟里捡回了当时最先进的10个扩音器。他把它们打磨干净后，又卖了出去。事实上，他制作销售完整的音响设备十分成功，成了当时的一件奇闻。他甚至连大学都不上了。尽管生意利润很高，但他也有知识上的渴求：他想弄明白怎样才能消除噪声，去掉留声机唱针划过唱片时产生的嘶嘶声。他特别选择了MIT，想通过在那儿学习而成为一名音响工程师，找到解决这个问题的办法。1950年入学后，他发现MIT居然安排得那么井然有序，大大出乎自己的意料，与自己在纽约为朋友们安装无线设备来打发时间的生活环境大不相同。所有的楼房都有编号，所有的课程也都有编号。"所有的东西都有编号，"他说，"太奇怪了。我问自己：'我在这儿挺得下去吗？'"他差一点没能挺过去。

由于工程课程太枯燥了，怀斯转而学习物理学，但是成绩很差。在毫无希望地爱上西北大学一位音乐和民间舞蹈都很出众的女孩子之后，他大三时就很少上过课了，大部分时间都是在伊利诺伊州[1]度过的。被抛弃后，他又回到了MIT。虽然他最终通过了考试，但学院

1.西北大学位于伊利诺伊州的埃文斯顿。——译者注

还是把他给开除了，原因是他旷课太多了。又兼之有可能被征召参加朝鲜战争，沮丧的怀斯开始在校园里走来走去想清醒一下头脑。路过20号楼时，他从窗户看到里面两个家伙正朝着对方大声嚷嚷着什么。"一个家伙在地上看着一只大黄铜管。另一个家伙爬到天花板下边，正在调试什么东西。"怀斯回忆说，"他们正在探索一束原子的共振效应，但这是不可能的。"这俩人是在杰罗德·扎卡赖亚斯实验室工作的，后者建造了第一台商用原子钟。听了他们的争辩之后，怀斯开始觉得他们需要一个懂电子学的人了，而他自己正是这方面的行家。被聘为技师之后，怀斯就成了他们之中不可或缺的一员。他把家安在了扎卡赖亚斯的实验室里（这让他的物理教授很吃惊，也很愤怒）。正是在这里，怀斯学会了如何去设计实验，去建造，去操作。他学会了焊接和锡焊。在满是高科技装备的实验室里，他觉得自己就像玩具店里的孩子一样。"正是这样的物理让你不辞劳苦的，"在这方面有着明显偏好的怀斯回忆说。

最终，扎卡赖亚斯置校规于不顾，把怀斯召回了学校做自己的研究生。怀斯的任务是制作越来越精确的原子钟。他的工作内容是一个全新的概念，即原子喷泉，这个实验就是在20号楼进行的。他的想法[119]是把一束原子喷上去，像抛向空中的小球一样，这些原子最终会静止，然后落向地面的。一旦在最高处慢下来，测量它们的振动就更容易了，这就是原子钟的关键所在。最初，整套装置只占用了一层楼。怀斯把一亿个原子喷了上去，记录上却显示没有一个落下来。后来怀斯打通了天花板，把原子们喷向了两层楼的高度，之后又试了三层楼的高度。他不断加高设备，希望至少有一些原子，一些能量最低的原子能最终停止运动并落回地面。

怀斯在这套装置上忙活了 3 年，最终只发现所有原子的动能都大于预期值。这些原子都跑出了整座小楼。现如今，40 年过去了，终于有原子喷泉实验成功了，不过用的是过冷原子，高度也没有三层楼那么高，而是不到 3 厘米。不过怀斯失败了的实验还是有可取之处的：他找到了扎卡赖亚斯的引力缺陷，而扎氏很早就想把自己的原子钟用于广义相对论实验了。扎卡赖亚斯希望能把一台原子钟放在瑞士一座高山上，另一台放在距山顶 2000 米的谷底，来测量引力红移。这是维索特实验的早期版本，只不过这次是在地面上而不是在太空中进行。怀斯开始学习广义相对论了，这也是意料中的事。虽然这个实验从来都没有做过，但这时怀斯已经迷上广义相对论了，并于 1962 年前往实验相对论的中心普林斯顿大学，跟着罗伯特·迪克读了博士。

怀斯在迪克手下的工作是制作重差计，用来测量地球的独特谐振，即地球受激时的嗡嗡声。不过他的探测器在 1963 年的阿拉斯加大地震时被撞出了围栏，坏掉了。两年后，怀斯就迫不及待地回到了 MIT。他喜欢那儿实验的自由传统。"想到了什么东西，你可以在几天内就做实验。"他回忆说，"之所以能这样做，是因为那儿四处都是'垃圾[1]'，而且人们知道如何利用它们。所以，当时返回 MIT 是一件愉快的事。"作为 MIT 一位新签约的助理教授，在受迪克的引力替代理论的启发后，怀斯决定去测量引力常数是否在随时间改变。这样他就不得不去研究激光器，因为这是测量中必不可少的一个部件。同时他还开始研究"疲劳光子"理论，这种理论假设宇宙中的光子在穿越空间运行时会由于能量的损失而降低频率（此假设现已被推翻）。这就

---

1. 这里指的是 MIT 有很多废弃的原材料和元器件什么的，并不是说有什么素质很差的人。——译者注

使他学会了做这种测量的最佳方法 —— 干涉测量法。

　　在这个研究进行期间，学院的教务主任让他去教授广义相对论的课程。"'毕竟，'他说，'你应该懂得它，'"怀斯回忆说，"我不能说自己不懂广义相对论。我不过先于学生受了这方面的训练而已。"他是作为一个实验家来学相对论的，而不是一个理论家，所以他也是从实验的角度来教授这门课的。比如说，为了让学生们理解引力波的概念，他留了一道作业题。他让学生们想象悬挂着的三个物体，排成"L"形。其中一个物体在"L"的拐角处，另外两个分别在两条臂的顶端。给学生们的任务就是计算出当一个引力子经过时，三个物体之间的距离会有什么样的改变。怀斯知道，当一个引力子在空间中传播时，它并不是简单地压缩途经的任何物体，然后在离开时又使之膨胀，而是具有多重效应。它同时在不同的方向产生着影响。这个波在一个方向压缩空间，比如说，南北方向；同时又在垂直的东西方向使空间膨胀。尽管引力波会使空间产生形变，但空间的总体积却保持不变。这有点儿类似于挤压一个气球 —— 从两侧积压气球的话，它立刻会在顶部和底部，即与挤压垂直的方向，凸出一块来。引力波对时空有同样的影响。如果一个引力子在穿越地球时，垂直向下通过一个"L"形结构的话，那么"L"一条臂上的两物体会因受到挤压而相互靠近，而另一条臂上的物体则会离得更远。这种形变可以通过拉扯一块布时，观察布的纹理而形象化，布的方形格子就是这样变形的。1毫秒过后，引力子继续赶路，而这种效应刚好反过来了，原来压缩的臂开始扩展，[121]原来扩展的臂开始压缩。在布置这道作业题时，怀斯意识到可以做这个实验，特别是他最近又研究了激光和干涉测量法。他觉得在"L"的每条臂上两物体之间来回反射的激光束，可以测量出这种扩展/压缩效应。这又是探测引力波的一种完全不同的方式。[1]怀斯所构想的正是迈克尔逊用来探测以太的仪器的一种修正版本。

激光器发射出的一束连续光，在这个系统的拐角处会一分为二，分别沿着"L"的两条臂传播开去。安放在中心和端点处实验物体上的镜片会来回反射光束。（后来，镜片自身成了实验物体。）这两束光最终会汇合的，此时它们会发生光学"干涉"（于是就有了"干涉测量法"这个词）。最初可以把它们按波形"不同步[2]"的方式设置。这样，当叠加在一起时，它们会彼此抵消。一束光的波峰会叠加到另一束的波谷上，从而导致零信号——漆黑一片。但是，如果引力波致使物体移动的话，这两束激光所通过的距离会稍有不同。这样的话，哪怕一条臂的长度改变了一点点儿，两束光就不会再正好"不同步"了，从而叠加在一起时会有一些亮光出现。而引力波就隐藏在光强的变化中。怀斯意识到光束必须在汇合前来回反射很多次才能大幅增加总行程，从而使两束光波错开得足够多，这样传感器才能感觉得到。实验物体移动的幅度越大，灵敏度就越高。

实际上，怀斯重新发现了一个已经存在但在引力波领域并不怎么流行的想法。甚至在韦伯宣布发现了他所谓的信号的几年前，苏联的

---

1. 常常有很多人问到这么一个装置到底有没有意义。如果引力波交替挤压、拉伸途经的任何物体的话，那它是否对激光也有同样的作用，从而根本就不可能测量到任何变化了呢？答案就在于：光速在真空中永远不变。"L"臂长度的变化是真实的，而且要通过以下事实来说明：光走完一条臂需要更长的时间，而同时走完另一条臂需要更短的时间。在测量这种变化时，把光想象成一个计时器而不是一把尺子会更好些。关于更详细的解释，我推荐读者去查阅彼得·索尔森的一篇论文《如果光波也受引力波挤压拉伸效应的影响，我们还能怎么把它用作尺子来测量引力波呢？》，发表于1997年度的《美国物理期刊》，卷65。——原文注
2. 原文如此。但"不同步"并不能导致下面所说的叠加时的零信号。更确切点说，应该是两束光刚好"反相"，这样最终才能彼此完全抵消，得到零信号。——译者注

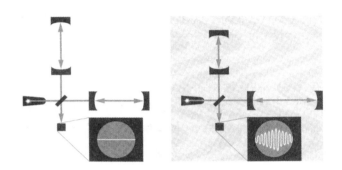

激光束进入系统后，被反射到每条臂上来密切监视臂长。没有引力波经过时（左图），激光干涉仪的两条臂臂长相等。当一个引力子经过时（右图），一条臂收缩而另一条臂拉长，从而产生一个干涉信号。图中夸大了这种效应，实际上臂长的改变量比原子的直径还要小

两位研究人员就提出用干涉仪而不是共振棒来探测引力波的想法了。但是，这篇由米吉尔·E.吉尔增斯坦和V.I.普斯托瓦特发表在一份苏联期刊上的论文，并没有引起多少注意。在多年后基普·桑尼发现它之前，这个领域的其他人完全没有注意到它的存在。"吉尔增斯坦根本就是一个循规蹈矩的人。他十分内向腼腆，有很多开创性的想法，但都完全被忽视了，"桑尼说。韦伯也独立地想到过这个主意。尽管没有公开发表，但他曾与得意门生罗伯特·福沃德谈论过这个想法，后者还曾在实验室的笔记本上画过韦伯方案的草图。怀斯后来又在课堂练习的启发下，独立地想出了这个点子。这个领域的发展表明，共¹²³振棒的诸多局限性越来越明显，这就是当年这个想法逐渐流行开来的原因。举例来说，过冷技术就很麻烦。一旦出错，就需要几个月的时间来加热探测器，处理好，再冷却。而且共振棒的尺寸又限制了所能探测的信号范围。一根固定长度的共振棒，只能检测一种频率的引力波。如果一架光学望远镜只能看到一种颜色的话，那就大大限制了它

的观察范围。由于诸多原因，研究人员们开始把注意力转移到通用性好得多的激光干涉仪上来了，它可以进行长期的天文研究，能够探测所有频率的引力波，而不是仅仅某种固定频率的引力波。

在怀斯把从课堂上得到的灵感付诸实践的过程中，一位NASA的宇航员起了催化作用。1967年，菲利普·查普曼在MIT获得了仪器使用博士学位，主攻的方向是广义相对论。将要成为科学家宇航员的他正在寻找在太空中做引力实验的机会，并向自己的学位委员会成员怀斯提出了咨询。当时查普曼曾回忆说："我们将要登月，NASA有很多资金，任何事看起来都有可能。"怀斯告诉了查普曼关于用激光干涉仪探测引力波的个人想法。查普曼自己也在思考共振棒之外的探测方法。他对怀斯的提议很上心，开始寻找工业上的合作者，之后就跟正在休斯进行共振棒实验的福沃德（他在加利福尼亚海边的不同地方有着三台正在运行的小天线，其中一台在自己的卧室里）讨论了这件事。福沃德在重新考虑几年前从韦伯那儿听到的想法时说："菲尔[1]·查普曼给了我怀斯关于干涉仪的想法。"NASA将来可能实施的这个工程让福沃德和怀斯各自独立地忙乎了起来。

在此进程中，怀斯的作用十分关键，因为他早在30年前就预先想到了激光干涉天文台的所有重要部件。如今这种天文台都快要投入使用了。在1971年到1972年的调研，也就是第一次认真考虑这种技术期间，他就指出了迄今研究人员仍为之奋斗着的根本噪声源。而且，他还概括出了控制这些噪声的途径。怀斯说："我想像迪克一样，实验

1. 系"菲利普"的昵称。——译者注

开始之前先坐下来把实验从头到尾全部过一遍。"怀斯的透彻分析被作为MIT的一篇季度进展报告发表了。而现在它已被当作了一篇里程碑式的论文，至今仍发挥着影响。巧合的是，他的事业是从决定去除一个高保真系统的噪声开始的，现在只不过是把兴趣转移到去除可能淹没引力波的噪声上来了，而引力波的波长恰恰又落在了声波范围内。

其间，福沃德开始了一个小原型的建造工作。他和同事们，盖洛德·莫斯和拉里·米勒一起，花了3年时间来建造和改进这个系统。干涉仪放在了位于马利布的休斯研究实验室的一间地下室里。他们把两根平时在农场里用来灌溉的铝管垂直安放，作为激光束管，每一根都有2米长，排列的方式使得干涉仪对来自银河系中心（那时候人们认为韦伯的信号是从这儿发出的）的辐射最为敏感。分别放在"L"的三个点上的实验物体，每个都有一两千克重。整个系统安装在一个大花岗岩石板上；而为了减震，又把石板放在一个气垫上（更早的装置放在了一只内胎上）。这就是他们最大的问题：如何把整个装置与各种各样的声音和地面噪声隔离开来。设计的初衷是希望能探测到的引力波频率范围很大，从1000赫兹到20000赫兹。正如福沃德在一篇期刊文章里面指出的那样，他们希望加大了的频宽能够给出"关于辐射源本质特性的重要信息"。

这个小系统从1972年的10月4号到12月3号，在晚上和周末时间一共运行了150个小时。运行时间调整到晚上是因为在正常工作时间实验室里的噪声过高。数据搜集工作相当乏味，还很费神。在监视干涉仪期间，研究人员必须几乎一动不动地端坐着，以避免带来不必要

125 的噪声。输出结果记录在立体声录音带上，用耳机来监听。"我和盖洛德·莫斯轮流熬夜'观测'。"福沃德的笔记上这样说，"我发现闭上眼睛把自己想象成为仪器的一部分很有用。"一个频道记录着光电探测器的输出结果，而另一个频道用来监视周围的干扰，比如激光束里的噪声、地板的震动、实验室里的任何说话声以及电线发出的听得见的响声。而背景中有着国家标准局连续不断的嘀嘀嘀的报时信号，就像一个合拍的节拍器一样，它们是由WWV广播站广播的。这样做是为了把任何可能事件的时间都精确到1毫秒之内。

有时候，不同音调的声响和嘀嗒声，可能会超过连续嘶嘶响的白噪声[1]。大部分这种声音都能归因于激光器的噪声，或者装置的热收缩或机械收缩。但是，大概每10分钟干涉仪就很明显地"哪"一声，这一声既不能归因于内部噪声，也不能归因于外部干扰。然而，所有这样的信号，同时运行着的天线探测器都没有探测到。"在声称探测到了引力波的韦伯看来，"福沃德说，"我相信很值得把干涉仪当作天线来做上几个月的实验，看看是否能探测到什么。我确实这样做了，而且我听到的干涉仪的任何过剩噪声都不是韦伯探测到的事件。"

不管怎么说，对于这么小的一个原型——同类中的第一个——来说，探测到一个宇宙信号的概率很小很小。为了改善它的反应性能，福沃德计划把他的干涉仪挪到一个偏僻的地方去，并把每条臂都大为加长，可能的话，加长到1千米或者更长。光学望远镜的镜片越大，收集的光子越多，分辨率和灵敏度就越高。同样，一台激光干涉仪通过

---

1. 系为了掩盖令人心烦的杂音而故意加上的噪声，在给定波段内所有频率上的强度都一样。——译者注

臂的加长来提高灵敏度。测量的距离越长，时空的膨胀和收缩就越容易识别，因为这种效应是累积的。如果镜片相距两倍远的话，在引力波经过时它们相对于彼此移动的距离也会增大一倍。但是，在休斯的实验进行到最后时，福沃德已经花完了单位为引力波望远镜准备的所有经费。而查普曼已经于1972年离开了宇航员协会，这就意味着从 126 NASA申请资金来放大原型也只是黄粱美梦了。于是，"休斯激光干涉仪引力辐射天线"工程就走到了尽头。但还会有其他人在这条路上继续前进的。其中最重要的一次革新是英国格拉斯哥物理学家隆·德莱弗带来的。

德莱弗对引力论的兴趣是于1959年燃起的。当时，他刚刚在格拉斯哥大学获得核物理博士学位没几年。他想出了测试马赫原理的一个妙招。马赫原理是由恩斯特·马赫提出的，他假设惯性，即物体抵抗加速度的趋势，是在物体与宇宙中所有其他物体结合起来时产生的。根据这个假设，一个粒子在朝向一大块质量，比如银河系的中心运动时，与转过90度，朝向一个质量稀疏的方向运动时，两种情况下的加速方式会有所不同。这就是德莱弗所要测试的。他所选用的粒子是锂原子核。当被磁场（在本实验中，用的是地磁场）激发时，锂原子核会发射出一定频率的电信号，这是一条独特的谱线。"在地球旋转一圈的24小时里，我一直盯着这条谱线看。当地磁场的轴线指向银河系中心或其他一些方向时，我就观察有没有变化发生。"德莱弗回忆说。如果有这种变化，则说明锂原子核的加速方式确实不一样，取决于它是否向着或背着银河系中心这一大团物质运动。

也有其他人做过类似的实验。但是像众多物理学家一样，从小就喜欢摆弄小玩意的德莱弗，做这个实验时却走了一条不同寻常的路子。他把车用电池和各种各样的零碎配件拾掇到后花园里，在那儿做起了实验。不过，还能凑合得过去：他的实验能够探测到接近于 10^{-24} 这么小的一个改变量。"它打败了所有想用更好的设备来达到同一目的的人。"德莱弗这样说。最终他没有探测到任何变化，至少在他的探测精度内没有什么变化。物体的惯性在整个宇宙中都是一样的，无论它朝哪个方向运动。在物理学里，这个实验现在被称为休斯－德莱弗实验。耶鲁大学的物理学家弗农·休斯同时也独立地做了一个类似的实验。后来，德莱弗又在哈佛大学滞留了一年，为罗伯特·庞德的引力红移实验建造了高灵敏度的射线探测器。

整个 20 世纪 60 年代，德莱弗一直都在为核物理和其他应用建造探测器。他对宇宙射线物理学也有所涉猎，研究的是宇宙粒子划过大气层时所发出的光。在去英国南部进行这些实验时，他顺便访问了牛津大学，听了乔·韦伯的演讲，内容是关于他就最近发现引力波所做的声明。德莱弗当时就想："如果他是对的，我们就一定能比他做得更好。"这个想法把德莱弗带入了这个全新的领域。他和他在格拉斯哥的小组最后还弄了两台天线探测器来，但仍然一无所获。"韦伯错了，我也很悲哀，"德莱弗说，"我一直希望他是对的，这样我们也就有活干了。"

由于缺乏低温物理方面的经验，德莱弗自觉不能跟正在斯坦福大学和路易斯安那州建造的超低温天线竞争，于是选择了一条不同的道路。福沃德最近刚刚造访了格拉斯哥，并与德莱弗讨论了他在马利布地下室的先驱性工作。"我认为最终还是干涉仪好一点，而且更便宜。"德莱弗说，"他主要是考虑到了在苏格兰为新方案提供的资金并不充裕。"小组中若有人善于跟当地公司打交道的话，总成本会降低很多的。他们为第一台天线探测器配备的真空管就是由一个制造烤箱和其他食品工业设备的公司制造的。利用旧共振棒探测器的设备和一些二手部件，德莱弗小组于1976年建成了第一台干涉仪。其中，最昂贵的部件是激光器。

德莱弗很快就意识到了用激光干涉仪进行探测要比他最初想象的难得多。首先冒出的一个问题是光的散射。当一束激光在干涉仪的镜片之间来回反射时，每次反射后光线都会射在镜片的不同位置，这样大部分的光都损失掉了，这是因为镜面并不是理想的平面。德莱弗的解决方法是把他的迈克尔逊式的干涉仪改成一台法布里－泊罗干涉仪，后者能够保证光线在多次反射之后仍是一束光，而且每次反射都限制在镜片上很小的一块面积内。这样一来，光线在镜片上"跳开"，射偏了方向从而毁了整个测量的概率就大大减小了。同时，也大大增加了光的使用效率。"作为一个苏格兰人，我最大的优势就在于整个设计便宜了很多。"德莱弗咧嘴一笑说。这是因为在他的实验中，镜片和真空管都可以做得更小。这是此领域的决定性优势。目前还不存在把特别大的镜片打磨得如此平整以满足此类实验要求的技术。

但这种新方案也有一个缺陷：它只能在激光极其稳定的情况下工作。这要求设备的稳定性远比当时所能实现的高很多。当时激光的波长偶尔会出现零星的波动，这样就无法探测到引力波到来时镜片间距的微小改变了。德莱弗并没有被这个缺陷所吓倒，他只是简单地发明了一个装置来保证激光波长单一而稳定。后来他发现这种方法跟罗

伯特·庞德早先用在微波腔上的大同小异。德莱弗觉得可以通过一个
反馈机制，以一种特殊的方式把一束激光锁在一个光学腔里，从而把
它稳定下来——把频率固定下来。他造访了科罗拉多州美国天体物
理联合实验室的约翰·霍尔，请他建造一台这样稳定的激光器，因为
联合实验室具备这个条件。德莱弗和同事詹姆斯·哈夫在格拉斯哥也
建造了一个稍次一点的版本。"格拉斯哥的这个很滑稽，"德莱弗说，
"用了很多烟草罐。那时候吉姆[1]常常用烟斗抽烟，所以有很多烟草罐。
它们很好地遮蔽了整个回路。这个装置共用了约一打烟草罐。"

　　就在德莱弗在格拉斯哥，怀斯在MIT，还有一个种子小组在德国
开始了激光干涉测量法的研究时，基普·桑尼也正在进行这方面的理
论研究。他正力图把广义相对论糅合进引力波研究领域。那时候桑尼
是加州理工学院一位冉冉上升的明星，正在跟学生们一起试图找到
一些实验家们能够测量的参数，从而让广义相对论效应更加易于测
量。在这个过程中，加州理工学院取代普林斯顿成了全球相对论中心。
1968年，被介绍给布拉金斯基认识之后，桑尼也开始研究引力波了。
受这位苏联科学家的影响，桑尼旋即开始了两人之间的合作。直到冷
战末期，桑尼每年都要在莫斯科待上一个月，成了布拉金斯基引力波
小组非正式的"理论家成员"。受布拉金斯基的影响，桑尼也开始相
信通过长期实验，还是有可能探测到引力波的，尽管他怀疑短期内是
不会有什么进展了。不过，没过多久他这种谨慎态度就改变了。

　　桑尼的思想是在西西里岛一座中世纪小镇艾里斯开始转变的，当

129

1.系"詹姆斯"的昵称。——译者注

时众多物理学家正齐集在这个避暑胜地的埃托里·马约拉纳科学文化中心参加主题为"科学文化"的盛会。1975年的这次会议是韦伯发起的，目的是为了对这个领域进行评估并讨论先进探测技术；地点就在悬崖边上的一个修道院，从这儿可以俯瞰第勒尼安海。作为一个理论家，桑尼一直都在计算不同辐射源所发出的引力波强度。听了实验家们的介绍之后，他开始认识到利用特殊材料和低温等先进技术，研究人员们很有可能制造出所需精度的探测仪器。"我是带着这样的想法离开会场的：这个领域很有可能成功，"他说，"以前我从没有这么确信过。那是因为我一直都在留意着改进探测器的诸多想法，不过我觉得实现这些想法还得一二十年的时间。"结果，桑尼成了此领域最著名的说客，他到美国各地进行演说，诉说着这个领域的前景，以及利用即将出炉的新技术探测到辐射源的可能性。"可以说，韦伯的争论给这个领域抹了黑，"桑尼说，"有必要擦除这些污迹并在全美维持这方面研究的动力。"

在说服加州理工学院的教员们和管理层去建立一个引力波探测小组上，桑尼起了一定作用，这个小组是他理论小组的天然伴侣。刚开始时，桑尼并没有采取任何明确的手段。他说："我的态度就是，让我们雇用的人来决定往哪个方向走是最好的。"然而，怀斯想改变他这种观点。在1975年，NASA有意要在太空进行相对论实验，并组成了一个NASA委员会，怀斯任主席。他已经是NASA的一个大工程 [130] COBE，即宇宙背景探测卫星的科学工作组主席了。发射这颗卫星的目的就是要以极高的精度来探测大爆炸留下来的微波背景辐射。在进行引力波方面的调研时，怀斯已经是已启动的微波背景辐射测量计划中的主要成员了。他们先是用气球探测，后来又发展到了在太空中探测。怀斯是 COBE 的发起人之一。由于桑尼是广义相对论方面的专家，怀斯就邀请他去华盛顿为 NASA 委员会做个报告。当晚在旅馆里，他们就引力波探测几乎讨论了整整一夜。那时候，桑尼对用激光干涉仪测量并不抱什么希望。在他的《引力论》一书中的引力波探测那一章节，桑尼写道："如练习 37.7 所示，这种 [激光干涉仪] 探测器灵敏度太低，没有什么实验价值。"当晚怀斯说服了桑尼相信激光干涉仪也是一个不错的选择。（ 直到今天，怀斯还没把贴在办公室门上的桑尼书中的那句话撕下来，就是为了在桑尼访问 MIT 时好嘲笑他一番。）

　　经过一次委员会研究，加州理工学院同意了桑尼的观点，决定引进引力波探测领域的世界级专家。他们中将有人主持一台精密的共振棒或干涉仪探测器的建造工作，为加州理工学院储备未来引力波天文台所需的技术和设备。当时桑尼希望把布拉金斯基也请过来，不过由于冷战正在继续，这是不可能的。当时，怀斯在 COBE 早期阶段的任务很多，这也转移了他的注意力。但桑尼的顾问团名单顶部还常常出现另外一个名字：隆·德莱弗。桑尼说："德莱弗当时处理技术故障的纪录是最好的。他非常出色。他能想出十分漂亮的主意，他那些人们最初不屑一顾的主意现今已催生了 LIGO。"当时德莱弗在格拉斯哥的研究小组正准备依据德莱弗的最新修正，来改进他们的激光干涉仪。受所在房间，即一间老式粒子加速器实验室的限制，干涉仪的臂长只有 10 米。德莱弗说："要让它正常运行还得下点功夫。"

131　　　就在启动过程中，加州理工学院盛情邀请德莱弗前去供职。德莱弗左右为难，因为他在格拉斯哥小组的工作正在进行着。尽管如他所说，加州理工学院是个"大单位"，但德莱弗还是更喜欢欧洲大学支持新计划的方式。当时他是这样说的："我对现在的工作单位很满意。你用很少的钱，就能做很多的事。这座大学聘请的技师们都可以参与任何计划。这就意味着不用经过某某人同意，就可以实验你的新想法。"然而，到了1979年，德莱弗最终还是决定把一半时间花在加利福尼亚，这样就给了他和加州理工学院一个机会，试试他们的新冒险是否行得通。答案是肯定的。5年后德莱弗成了他们的一名全职成员。随着德莱弗的到来，加州理工学院最终选择了激光干涉仪探测器。

激光干涉仪的持续升温也吸引了NSF的眼光。当理查德·艾萨克森于1973年来到NSF出任理论物理方面的副项目主任一职时，前任哈里·扎波尔斯基曾留给他一条建议："几周前曾有一个很聪明的家伙来访——怀斯。他提出了引力波探测器方面一些很有意义的新见解。他如果再回来的话，你要多加留意。"最终在20世纪70年代末期评估这个国立引力波探测项目时，NSF决定给予这个新计划以资金支持。加州理工学院方面的进步和自己投入的资金也起了一定作用。"物理学家们都喜欢跟风，"第一次向NSF申请资金支持但没有成功的怀斯说，"一旦某个有影响力的大学介入了的话，就会起到一点额外的推动作用。"

有了加州理工学院和NSF的资金，德莱弗开始在校园东北角建造一个完善的引力波实验室。德莱弗还请来了斯坦·惠特科姆帮忙监工，他后来成了德莱弗的得力助手。加州理工学院的目的是建造一台跟格拉斯哥一样的干涉仪，只是比后者的规模更大一些。这台干涉仪现在位于一个一层建筑内。这个一层建筑，躲在学校机械加工车间一角，构成了两道长长的走廊。在这种浅褐色的色调中，它看上去一点儿都不醒目，只有门上一个不起眼的标志来告诉人们这座建筑的作用。
132　在里面，实验室最突出的特征就是有两根 90 度角相交的 40 米长的钢
管。选择 40 米长，并不是出于科学上的考虑。德莱弗想做得更长一些，
可是被一棵树给挡住了，而且没人急着要砍倒它。在 "L" 的拐角和两
个端点都有一个真空舱，每个舱里都悬挂有一个镜片／实验物体 ——
2.5 千克重的熔融石英圆柱。（刚开始建造时，实验物体为三个玻璃
桶，分别命名为休、杜威和路易，即唐老鸭三个侄子的名字，它们都
是附近迪士尼乐园的宠儿。这种命名方式也是学校的一个幽默传统。）
光线在长管道里来回反射 —— 你可以说是在杜威和休，或者杜威和
路易之间来回反射。真空泵在后台静静地抽着空气，以免管道里有原
子飘浮，扰乱了光线的传播。

　　为了避免悬挂着的镜片受到汽车以及帕萨蒂纳时常发生的地震
等外界扰动的影响，悬挂镜片的支撑下面垫有多层不锈钢片和橡胶片。
20 世纪 80 年代刚刚建成时，他们把玩具汽车拿来当垫子，都是些粉
的、绿的、黄的、红的、蓝的等五花八门的橡胶玩具车。这个主意很
好，而且橡胶垫子也很便宜，不过最终还出了问题：玩具汽车排出的
气体破坏了真空系统。从 90 年代起，加州理工学院的这个原型里里
外外都被整修了一遍，更换了一个新的真空系统和新的管道，目的是
把它建成计划在路易斯安那州和华盛顿州建造的全尺寸天文台的一
个较小版本。现在它成了一个实验台，从中可以得知将来要进行哪些
改进。挂在墙上的一张图给出了它的成长过程。20 世纪 80 年代首次
运行时，这台原型能够探测到 10^{-15} 的 "适度" 应变（可以捕捉到比原
子还要小的运动）。这主要得益于一系列尽管很慢但一直持续着的技
术进步。比如说，激光光源在过去 20 年里就有了很大的改善，它直接

影响着激光干涉系统的灵敏度。这套装备受地震干扰的影响也更小了。而且，或许也是最重要的是，加州理工学院探测器的实验物体现在用的是一种"超级镜片"。这种由多层绝缘材料做成的镜片，100万次反射只会损失100个光子。

一到加利福尼亚，德莱弗就开始展开调查，去弄清楚所有的卖家中谁能造出最好的镜片。他打听到利顿公司正为军方制作用于激光陀螺仪的镜片。这些镜片当时还不可能在市场上出售，但德莱弗渐渐与利顿公司取得了联系，并请他们为自己的新干涉仪制作了一批特殊镜片。"它们好神奇，反射损失至少降低了100倍。"德莱弗说。手头有了这样的镜片，德莱弗立刻又开始考虑其他改进了。检查完新的超级镜片后，德莱弗发现反射光很强，可以在干涉仪里反射很多次。光损失太小了，他觉得可以"循环利用"这些激光，提高仪器的灵敏度。正因为发展出了这种"超级镜片"，以及它们微乎其微的光损失，德莱弗才会想到这么强大的循环系统。在当时，这个主意可谓标新立异。德莱弗说："你得抓住那些光束，并把它们送回来。"不过现在这种技术已经司空见惯了。当使用可见光激光时，效果将更为壮观。激光束进入探测器，并在每条臂里的镜片之间来回反射100次。这就好比把100束激光叠加在一起。如果镜片排列得刚刚好，所有的光束都同相的话，真空腔里原本相对来说很弱的光，一下子就明亮起来了。通过这些关键的改进——稳定的激光和强大的循环系统——德莱弗把他激光干涉仪的L管变成了一个引力波探测系统。达到进行天文探测的灵敏度的可能性，看来是越来越大了。

加州理工学院的这个原型从不曾成为一台真正的引力波天线，而更像为继续改进仪器设计而建造的一个运转模型。但这并没有阻止加州理工学院的研究人员们一试身手。1983年冬，在射电天文学家们发现了一颗每秒自转642圈的中子星之后，加州理工学院的小组加班加点工作了12个日日夜夜，因为这颗中子星自转时有可能会扭曲周围的时空[1]。1987年，人们观测到了麦哲伦超新星的第二次爆发，这次比第一次爆发晚了几天。两种情况下加州理工学院的探测器都没有探测到什么信号。

　　根据早先作为实验家的经验，怀斯最初预想引力波天文学将会稳步地前进，但速度会很慢很慢。他觉得这个领域的研究人员们在最终建立起完备的天文台之前，必须克服激光干涉仪带来的无数技术挑战。但是很快一系列压力和挫折就改变了他的看法。在普林斯顿大学完成博士后工作，回到MIT的电子研究实验室的几年后，怀斯的任务就改变了。以前，联邦政府保证支持实验室当前研究的任何项目。确实，这些资金帮助他建起了自己的第一台激光干涉仪，一个臂长1.5米的原型，而且他还拿这些资金招收研究生来建造了这台设备。但是在那个越战正如火如荼的年代，政府出台了一个新规定，要求所有的研究都由国防部来提供资金。作为实验室主要资金来源的国防部，直接担负着军事开支。结果，宇宙学和引力相关的工程最终都失去了资金支持。与此同时，MIT物理学院越来越不重视怀斯了，他们更关心的是如何提高固体物理方面的科研水平。"教员们让我学生的日子很不好过，"他说，"他们嘲笑我仪器极低的灵敏度。"确实，在最初的那段时间里，怀斯发现很难说服物理界的许多人士，让他们相信这种引力波

_____

1. 即这颗中子星自转时有可能辐射出引力波。——译者注

探测新方法的灵敏度有可能超过共振棒。一些人认为这个项目太过复杂了 —— 甚至可能是一个错误的办法。

　　作为最后的努力，怀斯与剑桥市政府一起，把实验室外面的街道 —— 瓦萨大街 —— 连续阻断了两个周末。他们拦下了路上的车辆，也就给了学生们必要的安静环境来进行灵敏度测试。他们把锯木架拦在大街上，堵住了交通。"我们正要给学生们找个课题来做。"怀斯说。他们得到的应变为 10^{-14}，这对于一个小的原型来说已经够好了，但是还达不到进行天文探测的要求。怀斯继续说："在口试中，我的同事们直接问这些学生发现了什么。一个学生回答说：'嗯，我们没有看到太阳爆发。'一个教授回答说：'我朝窗外看看就知道这个了。那还要你们的数据干什么呢？'技术方面他们看都不看。那时候我就暗下决心，再也不会让自己的学生碰到这种尴尬的遭遇了。"随着资金的大大缩 [135] 减，以及同事们的心不在焉，怀斯觉得自己需要一个工作中的全尺寸天文台了。他必须尽可能快地进入天体物理学领域。这就意味着必须超越桌面上的探测器或者加长了激光臂的原型，意味着必须建造一台大型探测器。从1976年他就开始思考这个想法了，这就是LIGO的起源。

　　怀斯立刻就构想出了由两台相隔很远的探测器构成的一个系统。最初他把臂长设定为10千米，要想探测到理论家们所说的引力波，就需要这样的长度来保证灵敏度。怀斯明白这样一个巨大的设施将花费几千万美元，所以觉得应该召开一次国际会议，号召全世界都来参与建设。当时NSF还只是美国引力相关研究的唯一资金来源，但他从没有想过单单从那儿获得资金支持。"我立刻就想到这个工程要花费

5000万美元了，"怀斯说，"指望NSF介入这个领域的想法不能容忍，因为：（a）他们曾与韦伯打过交道，不过很糟糕；（b）他们也没有进行大项目的经验；（c）此领域至今还没有科学根据。真是疯了。"

但是，NSF刚刚决定给加州理工学院的原型投入一大笔资金之后，怀斯就做出了一个更大胆的决定——建一台更大的探测器。在当时的引力波研究群体中，怀斯是唯一一位有着参与重大物理工程坚实背景的人，他曾在建造COBE卫星的关键时期参与了该项目。怀斯从这些经验中认识到应该尽快建造一套大型设备，之后再发展提高技术，沿着这条路走下去。"莱[1]比任何人都清楚地认识到，要想获得所需的灵敏度，唯一的方法就是增加臂的长度。"桑尼回忆说。怀斯雄心勃勃的计划名叫"长基线引力波天线系统"，NSF给了他进行可行性研究的前期经费。当时的燃眉之急就是要估计出建造这么一个工程实际所需的费用。他与彼得·索尔森和保罗·林赛一起，于1983年完成的这个评估（现在常称为"蓝皮书"，因为封皮是蓝色的），最终说服了NSF，开始进入研发阶段。这个决定来自于这么一个理解：激光干涉仪天文台方面的任何重大项目，都必须由加州理工学院和MIT联手实施。其中有着行政上的原因——两所名校联手向国会申请财政支持影响力会更大；还有着技术上的考虑——大型干涉仪工程并不是哪一位教授和少数几个助手就能完成的。一开始怀斯就预见了这么一种合作方式。

随着这个决定的实施，引力波天文学变成了一个大联盟。怀斯、

---

1. 系瑞纳·怀斯名字的昵称。——译者注

德莱弗和桑尼是这个新联盟的负责人。由于桑尼与苏联物理学家联系密切，这三人被称作"三驾马车"[1]。三驾马车的第一项任务就是把两台全尺寸干涉仪的详细建造计划整理出来。出于预算和工程上的考虑（比如，其中一个地点就对臂长有限制），这两台干涉仪的臂长都减为4千米了。但NSF对他们最初想法的反应十分冷淡。NSF认为他们的规划不够合理，可行性不够，特别是这个项目还生不逢时，碰上了那个联邦预算不够、其他大的科研项目也都叫停了的年代。"加州理工学院和MIT还没有准备好，"NSF的艾萨克森说，"他们的计划还不够成熟。"结果，三驾马车只好在制图板上修改他们的计划，但仍然受到了冷冰冰的批评。通常，这就意味着这个科研项目的丧钟已经敲响了，但是艾萨克森和时任NSF物理分部主任的马赛尔·巴登，却很看好这个主意，竭尽全力想保住这个项目。他们保证继续研发的资金会到位。"巴登的慧眼看到了这种技术的可行性，"艾萨克森回忆说，"知识的创新是无法阻挡的。但我们要做的是降低风险。我们想一直照管这个项目，直到加州理工学院和MIT能够接管这么一个工程了再放手。"

"这是一个奇迹，"怀斯说，"有这么多可能枪毙掉这个项目的因素，但是NSF还是让它存活了下来。"这种特殊待遇的结果之一就是，这个提案在科学界变得高度透明了——大家的注意还带来了批评意见。韦伯的冤家对头理查德·加文，开始高声质疑这么早就建设一个大型引力波天文台到底值不值。他并不相信这个项目的支持者们那些冠冕堂皇的说辞。作为回应，在加州理工学院和MIT的协助下，NSF

1. 原文为troika，指由三匹马并肩拉的俄国式马车。——译者注召集了包括加文在内的部分一流科学家组成了一个小组，就探测器"做得更大"这一问题向 NSF 提供建议。1986 年秋，这个小组在剑桥和马萨诸塞州召开了为期一周的会议。来自全世界的引力波探测领域的著名科学家都出席了会议，来商讨这个项目的前景。与会的还有工业界的成员，讨论制造所需光学、激光和伺服系统技术上的可行性。"那次会议是这个领域的转折点，"桑尼说，"经过多次内部争论，这个顽固的委员会最终统一了意见，通过了一个报告。报告上说，这个领域很有潜力，而且从一开始就应该建造两台大型干涉仪，因为单凭一台将得不到任何科学知识。"

伴随着这些支持而来的还有一项强烈告警：在怀斯和其他一些人的催促下，委员会提议三驾马车应该解散，取而代之的是一位项目主管。怀斯和德莱弗的关系一直很紧张，都濒临破裂的边缘了，技术上的分歧使两人难以展开有效的合作。怀斯说："已经5年了，大家都经受着这种痛苦的折磨。"德莱弗常常依照物理直觉行事，而怀斯则远为理性。德莱弗本来就不合群，而怀斯则有着大工程的经验，对这样一个项目所需要的妥协让步抱持一种更为现实的态度。德莱弗倾向于在原型尺寸大幅增加之前，先进行小幅调整。而怀斯急切想建造一台大型的，这样两人就较上了劲。桑尼也掺和了进来。两人性格上的不搭配成了这项工程的一个严重问题，一些重要决定都搁置了下来。结果，NSF 要求只能由一位主管来全权负责整个工程。加州理工学院和MIT决定这个职位由罗切斯·沃格特出任，人们常称他为"罗比"。

1987年6月，沃格特走马上任。他有着光辉的纪录。20世纪50年代，他在芝加哥大学学习宇宙射线物理学；20世纪70年代中期，他在喷气推进实验室做首席科学家，且在这家 NASA 的研究所里成就卓越。桑尼是这样评价他的："他是我在加州理工学院见过的物理、数学和天文学方面最出色的领导之一。"当时，加州理工学院正在加利¹³⁸福尼亚州的欧文斯谷地建造毫米波射电天文望远镜阵列，并碰到了大麻烦。正要取消该项目时，沃格特及时赶到排除了困难，工程又进行了下去。但沃格特也以强硬著称，一生中在政治上树敌不少。年轻时，他在纳粹德国就养成了一种对独裁官僚作风深恶痛绝的个性。他的短发和黑框眼镜，常给人留下亨利·基辛格的印象，只是更高更瘦些。沃格特之所以能加入引力波探测工程，是因为他跟加州理工学院的校长发生了冲突，刚刚从教务主任的位子上被赶了下来。起先他勉强接受了领导职务 —— 他很希望重新做一个"绘制数据图的真正的科学家"—— 最终变温和了。学校的理事是把这项工程作为加州理工学院下一台帕洛马望远镜交给他的。多年来，帕洛马望远镜一直都是全球最强大的光学望远镜。事实证明，沃格特的组织技巧对这项后来被称为 LIGO 的工程来说，实在是无价之宝。沃格特亲自把最终方案付诸实践。事无巨细，他都亲临处理，并调动所有人员参与进来。他把自己想象成了一位"常驻心理学家"。他选择德莱弗的法布里-泊罗设计，而放弃了怀斯喜欢的迈克耳逊干涉仪，立刻就解开了德莱弗和怀斯之间的科学死结。他甚至还说服桑尼去培训实验人员，并提出了成功解决了真空管里光线丢失问题的方案。作为当今 LIGO 最上心的支持者，沃格特确信，如果这个项目终止的话，将会扼杀引力波天文学整整一代的发展。

1990 年，NSF 严格审核了 LIGO 的最终提议。甚至一个外部审查小组都竖起拇指表示赞许了，但是所需经费太多 —— 总共 2.11 亿美元的建设费用，首期费用4700万美元 —— 需要得到国会的同意。这对NSF来说还是第一次。不像常常涉及离子加速器之类大项目的能源部，NSF还从没有发起过一项这么大的工程，像这样的工程需要通过联邦预算的单项法。天文学界立刻就响起了反对的声音，说这些钱花在望远镜上会更好。当时，2. 11亿美元是NSF天文学总预算的2倍。天文学家们对NSF把钱投到一次冒险上，而不是投给已证明可行的技术十分不满。批评者们一直在质问国会：花这么大的价钱去寻找一个引力子，值得吗？诺贝尔物理学奖获得者、凝聚态物理学家菲利浦·安德森高声质疑："要不是爱因斯坦的名声在撑着，你们还会投上哪怕一分钱吗？"

当引力波探测界的一位前任成员托尼·泰森，在众议院的自然科学、空间科学和技术委员会的一次小组会上做出不利于这个项目的证明时，LIGO的研究人员们都感到特别沮丧。泰森向国会强调LIGO"需要在灵敏度上有一个切实显著的提高"，它得比加州理工学院的原型灵敏10万倍，才有希望取得重要的天文数据。在泰森看来，LIGO还很"不成熟"，因为当时还有太多的工程问题没有解决。他倾向于走一条虽然慢，但很可靠的道路。他总结说："创新并不一定意味着非得'瞎猫去碰死耗子'[1]不可。"

伯克利大学天体物理学家约瑟夫·西尔克在重温桑尼写的广义相对论方面的一本畅销书时，深受启发。西尔克写道，LIGO"已经错误地给自己披上了'天文台'的外衣。无论名称如何，任何银河系中心

---

1. 原文是shot in the dark，本义为"黑夜里开枪射击"，指命中目标的概率很小。泰森这里是在说LIGO探测到引力子的可能性太小了。——译者注

的黑洞传来的交响乐波方面的天文学，都得等到远为灵敏的第二代探测器出现后才能有所作为；而且毫无疑问，这将会花费更多"。甚至共振棒探测器科学家也倾向于说共振棒更便宜更先进。而另有一些人在质疑引力波研究的重要性，坚称有限的政府资金应该花在那些低投入高回报的科研项目上。LIGO的支持者们反驳说他们并不只是在进行纯粹的探测。他们很讨厌"瞎猫去碰死耗子"这种说法，说自己真正的目的，是开辟搜集宇宙信息的一个全新领域，一种远远不同于收集电磁辐射的方法。包括"激光干涉引力波天文台（LIGO）"这个名称里的"天文台"这个词，都是经过深思熟虑后才选定的，目的是表明他们把LIGO当作一个不断继续下去的实验。此外，他们还强调，LIGO的建造资金是独立于NSF的正常预算之外的。即使不建造LIGO，也并不意味着这部分资金一定要投到其他科研项目上去。

即使有一流科学家组成的小组在支持该项目，当另有著名科学家站出来反对时，国会还是十分谨慎的。LIGO被迫推迟了两年。沃格 140 特首次与国会打交道时，相对来说还是个新手。1991年他没能得到工程起建的许可，尽管他已经拿到了下一步工程和设计工作的资金。考虑到联邦财政赤字过高，国会议员们纷纷质疑他们是否应该现在就把这么大一笔资金投到一个尚未证明可行的项目上去。次年，沃格特开始在一名顾问的帮助下，磨炼他的游说技巧，学习如何向关键立法人员们推销他的引力故事。比如，在华盛顿的时候，沃格特与路易斯安那州参议员J. 班尼特·约翰斯顿争论了20分钟，后者后来成了LIGO一位热心的幕后支持者，特别是在他老家路易斯安那州被选作两个观测基地之一以后。"20分钟后，"沃格特回忆说，"约翰斯顿一位年长的职员看看表说：'参议员先生，20分钟过去了，我们走吧。'但是参议员先生却回答说：'取消下一个安排吧。' "约翰斯顿对沃格特的宇宙学故事十分着迷，接连取消了两个原定的活动。会谈的最后，两人坐在咖啡桌旁的地板上，约翰斯顿看着沃格特画时空的曲线图。爱因斯坦的大名再一次发挥了神奇的魔力，国会最终还是拨了款。

　　有了这些资金，该工程的进度有了明显好转。这种变化在 MIT 和加州理工学院都显而易见，工程蓝图和照片贴满了两校走廊的墙壁，备忘录胡乱摆放在电脑桌上。办公室都更像一个工业企业而不是象牙塔了。最初成立时，激光干涉仪小组很小，两岸[1] 各只有十来个人，包括技术人员、科学家、工程师和管理人员。如今该工程已经有 150 多位成员了，2/3 在加州的总部，余下的分布在 MIT 和两个探测基地。从原型到成熟的设备是一个巨大的跳跃：臂长从 40 米一下子增加到了 4000 米，长了 100 倍。"这是一个大转变。" LIGO 一个探测小组副主管，MIT 的大卫·舒马克这样评价说。科学家们必须从自己全权负责的实验室里，转移到一个等级分明的实验台。参与者们现在事事都要做记录，并要与种种外界公司打交道。曾经是个人活动的引力波探测，现在成了一种多人参与的联合行动，每个人都有着自己明确的任务。

141　　这种变化引起了不同的反响。正像其他任何萌芽中的科学事业一样，LIGO 也是经过激烈争论、一系列妥协（政治上、科学上的都有），以及与有着强硬个性和火爆脾气的先驱科学家们的斗争才走到今天的。新领域常常吸引冒险家们过来，但他们的热情却难以持久。一部

1.加利福尼亚和马萨诸塞州分别位于美国的西海岸和东海岸。——译者注

分人找到了解决某一问题的更好办法时，另一部分人却不肯让步，一些旁观者甚至给这种心理贴上了骄傲自大的标签。"大部分冲突都可以归因于从桌面物理向大工程的转变，"一开始就参加了 LIGO 工程，而现在却是一位独立研究员的彼得·索尔森这样说，"走出实验室，订出最终期限，并跟着预算走的日子到了。许多新人都没有这样的经验。知识只能从外界学得。一开始我们都以为只有我们这帮人才这么倒霉呢。不过现在我已经明白了，任何从草图上的发明开始，而转变为一个更大项目的重大科学工程，都会碰到这种情况。"几十年内将一直保有全球最大光学望远镜头衔的直径5米长的帕洛马望远镜，在建造过程中也遇到了同样的危机。写下此望远镜长期发展过程的罗纳德·弗劳伦斯说，科学家们"坚持这项工程的调研、设计和建造，每一步都要从草图开始 —— 像机油轴承、圆顶部分受风的吹力，以及玻璃的化学成分这样的基础研究都要做 ——[对首席负责人来说]无疑是一条通向满是优柔寡断的沼泽地的绝路，望远镜永远都建不成 …… 建造能够探索宇宙秘密的独特设备的人们，可不喜欢这种态度"。

LIGO 一位有着工业建设经验的成员，目睹了这段历史的重演。已经习惯了实验室里的独立自主 —— 想更改一个实验就更改的自由 —— 的研究人员们，对 LIGO 严格的进度安排和不能在最后一刻做出改动的要求很不适应。科学上的考虑突然间不得不向财政预算和工程上的顾虑低头。这就意味着可靠的技术必须早点定下来，尽管后来这种技术还会有新的发展。有的人适应下来了；也有人选择了离开。隆·德莱弗就属于后者。

最初被邀请过来帮助加州理工学院启动引力波探测方面的研究的德莱弗，在与LIGO小组，特别是沃格特之间的矛盾不断升级之后，于1992年被随随便便找了个由头给免职了。德莱弗身材矮胖，有着一球形鼻子和一双温柔的蓝眼睛 —— 活脱脱一个刮了胡子的圣诞老人 —— 时常谈笑风生，脑子里的想法一个接一个咕噜噜地往外冒。从某种意义上说，这种漫无边际的创造力也带来了一个问题。他在自己的实验室里工作最为舒服，在那里，他常常一有新方案就改动自己的实验。如果有什么新方法出现的话，他是不会受最终方案束缚的。德莱弗是一个真正的思想源泉，当然他想出的主意也有好有坏，但他总是一视同仁，都会花上同样的精力。

现在再来说说沃格特。LIGO最终被批准，与他的管理技巧不无关系。在加州理工学院，很多人都佩服他的管理天才，但也对他不时的爆发和偶尔采用的苛刻手段心怀畏惧。在20世纪90年代初期争取LIGO项目被批准的过程中，他始终都以一种战斗的姿态来应对持怀疑态度的科学家和小心谨慎的国会。你要么是LIGO的支持者，要么就是反对者，这种毫不妥协的姿态让很多人都很为难。最终发生了观点的碰撞：德莱弗常常提出新方案，而且想采用它们；与此相反，总负责人沃格特想维持原定秩序，因为他们有一个严格的进度表。从某种程度上来说，他们之间的冲突也是在争夺控制权。谁会因LIGO而得到好评呢？是才华横溢的实验家德莱弗，因为他的重大突破为全球所公认，并且激活了LIGO这么一个大项目；还是优秀战略家沃格特，因为他让国会批准了这个备受争议的项目呢？在1992年到1993年的内部冲突中，一个为评估LIGO项目而成立的小组把该项目的重要人物们比作了"一个需要分家的不睦家庭"。（一位旁观者苦笑着打趣说加州理工学院需要"在水冷却器中加些百忧解[1]"。)学校的一个委员会通过协商，最终决定德莱弗下课。加州理工学院另外给他提供资金，让他继续单独进行更高级的干涉仪的研究。然而，即使德莱弗离开了，紧张状态仍然持续着。沃格特作风严谨，常常把决定深埋心底，因为他采用了一种有时为建设秘密军用工事所采用的管理方法。他的信条就是"把钱给我，然后走开"，他曾成功地把这个办法用在了建 [143]设加州理工学院的欧文斯谷地射电天文望远镜阵列上。沃格特喜欢在没有政府控制和会导致项目重大损失的官员评估的情况下，与由科学家和工程师们组成的一个精英小组一起工作。他当时确信2. 2亿美元就可以建好LIGO了（根据计划，建造费用在不断增加）。但是NSF最终决定LIGO工程应该更加开放透明——它的建造活动应该详细地开列出来，而且还要为乐于提供帮助的外界科学家提出一个相关的计划。为了做到这些，NSF希望LIGO的管理层能采用高能物理工程已经使用了很长时间的管理模式。但是沃格特拒绝了。

作为回应，在经过与MIT和NSF的长时间讨论后，加州理工学院于1994年决定让巴里·巴里希代替沃格特，作为该工程的项目负责人。这时离两个探测基地中的第一个——位于华盛顿州的那一个——开工只有1个月的时间了。在科学领域的政治斗争中游刃有余的沃格特，从提议到申请资金，已经领导这个工程7年了，但还没有做好准备去管理一个最终由钢筋和混凝土浇筑而成的大型工程。而巴里希，尽管在引力波研究方面没什么经验，但在管理大型物理工程上却很有一套。1993年，超导超级对撞机项目的取消为巴里希提供了接管LIGO的机

1.系一种治疗精神抑郁的药物。——译者注

会；此前，他一直在领导对撞机项目的一个探测器小组。巴里希是在粒子物理的黄金时代，即 20 世纪 60 年代进入这个领域的，当时新粒子正接二连三地被发现。那时候，各大学纷纷抛弃自己的离子加速器，转向大型国立项目。如今已是 LIGO 负责人的巴里希，还监管着意大利格兰 – 萨索的一台巨型探测器。这台探测器的目的是探测一种假设的磁荷 —— 磁单极子。所以，管理 LIGO 这个工程对巴里希来说已是驾轻就熟了。意大利和美国联手进行的磁单极子探索工程，包含大量的探测器，分布在一块足球场大小的范围内。为了屏蔽宇宙射线，它们被深埋地下。巴里希知道这是在寻找物理学的幽灵。"从某种意义上来说，探索磁单极子和探索引力波很类似，"他说，"但理论上来说，引力波更有把握。"

长期担任加州理工学院教员的巴里希，作为旁观者目睹了 LIGO
144 成长时经历的痛苦。他对最初的小组在必要的构思和指出技术局限上的才能十分放心。但是，他补充说，从桌面物理到一个几千米长的设施这么大的飞跃，并非他们力所能及的。巴里希还说，他们对于这些局限性熟视无睹，而且还总是以傲慢的姿态面对批评意见。他们确实是在创造一个新的领域，但他们还没有在粒子物理领域已经习惯了的环境里成熟起来。粒子物理领域的发展花了数十年的时间。而有了 LIGO，引力波天文学实际上是在一夜之间成长起来的。它从小到大的成长过程步伐太快了，这就意味着某些科学模式必须迅速给新手段让路，它们更适于用在大型工程上。"在一个小实验室里犯了错误，你可以等到第二天再纠正过来了，"他解释说，"但在这儿，你负责的是几十万、上百万美元的项目，纠正错误的步子不能慢了。你得有一个核查和保持收支平衡的内部系统。粒子物理领域就是这样做的。"超导超级对撞机项目取消仅几个月后，巴里希就前来出任LIGO的项目负责人了。这时，他看到的是一个"斗累了"的小组正在从沃格特和德莱弗之间的冲突中恢复过来。他定下了一个简单的目标：建设LIGO。

第7章
一小节轻音乐

145　　　美国能源部下辖的汉福德核子禁区，现为美国最重要的核废料堆放地，位于中南部华盛顿州太平洋凯斯凯地山区雨影带的沙地里，占地上千平方千米。当美国政府于20世纪40年代在汉福德建造一家钚工厂时，约翰·惠勒就第一个来到了这个与世隔绝的基地。这里还要提一些题外话，钚是一种自然界原本不存在的元素，而后来轰炸长崎的原子弹所用的钚就是这家工厂生产的。当时惠勒住在里奇兰德市附近，他还记得那是"美国陆军工程军团在几个月内建立起来的一片由住宅、商店和学校构成的生活区。人行道都铺有柏油，那是工程军团像挤牙膏一样挤上去的。在工程军团的压路机碾过之前，这儿还是一片农场。现在地下残留的芦笋都生根发芽了，劈劈啪啪地钻出了人行道的柏油路面"。这座哥伦比亚河畔的小镇，仍在生机勃勃地发展着。

　　　　从里奇兰德市到汉福德的工厂有16千米的路程，沿着240号公路
146 一直往西走就能找到。拐弯处并不明显。在关键的路口，路标只指示继续向西走或者往南拐这两个方向，根本就没有指明通向北方核废料堆放地的高速路。这是汉福德作为国家机密多年来所留下的习惯。沿着向北这条鲜有车辆通行的双车道公路前行8千米，就会看到路易斯安那州的LIGO的复制品——同样的乳白色、蓝色和灰色色调。古时

候由一个冰川湖冲积而成的这一大片平地上面，孤零零地伏卧着这座天文台，既像一家美观大方的商场，又像荒野中的一座现代艺术博物馆。它是汉福德基地的一位免地租客户，最近的邻居也有数千米远，那是一家核电站和一座用来研究的球形核反应堆。它们头顶的天空，都乌云密布。只有在西南方，才有被马之天堂群山和平缓的响尾蛇山隔出的一片蔚蓝色天空。

风滚草这种无意中引入美国西部的俄罗斯蓟类植物，现在漫山遍野到处都是。它们的绿色波浪在这片蛮荒之地翻滚起伏着，并沿着干涉仪的两条管道臂堆积了起来。"去年我们割掉了200吨的这玩意，"汉福德天文台台长弗莱德·拉阿布这样说，"每星期我们都要全体出动一次去清理它们。"他们把割下来的风滚草像干草一样捆起来，用于基地的防腐蚀。也就是说，沿着天文台的管道臂数千米长的路面都要堆满这种草垛。

拉阿布非常喜欢自己的工作。"首先，你得写好剧本。"他强调说。当开始相信有生之年人类能够探测到引力波时，他就加入了LIGO工程。考虑到他的背景，这根本就是一个挑战。他原来学的是原子物理，在微尺度的精确测量方面工作了很长时间。"对我来说，饭菜就是一碗凝胶物。"他说。这里他是相对于原子水平持续的振动来说的。而LIGO要寻找的引力振动，幅度将会更小。

这趟探索行程是从探测器的中心站开始的，那是一座金属铸成的封闭城堡，在明亮的荧光灯下熠熠生辉。建造这台仪器共用去了700吨金属。而建造地板和两条管道臂一共用去了700卡车的混凝土。实

¹⁴⁷ 验物体所在的真空室，就像微型酿酒厂里的一只酒桶，尽管没那么光滑。拉阿布哈哈大笑说："它更像是一个污水处理厂。"然而，那里却没有噪声，只有通风口传来的细细风声。引力波探测是从激光器开始的，它放在中心站大厅里的一个凹室里。激光器把激光射向真空系统，光束在那儿分成两束，每束又分别沿着一条 4 千米长的管道臂传出去。跟路易斯安那州的天文台一样，两条臂也是成"L"状排列，一条指向西南方，一条指向西北方。

　　由于汉福德基地的行动一向十分隐秘，当地一些人纷纷怀疑在这座天文台外衣下面是不是隐藏着一项秘密激光武器工程。在他们的想象中，天文台的两条臂有着某种铰链装置，能够抬起来，并向太空发射出高能量的激光束。对公众教育十分热心的拉阿布，制作了一个小的桌面干涉仪，并带到当地学校去，向公众演示了那两条几千米长的管道到底是干什么用的。他用的光源是玩具激光指示器[1]，就是演讲中常用的那种。拉阿布把它夹在了一个晾衣夹里固定起来。它发出的红光射向一个"光线分裂机"，然后分成两束光，分别沿夹角为 90 度的两个方向射出。之后再分别经一块镜片反射，回来途中合二为一，最终射向一张白屏。当两束光"同相"时，波峰与波峰叠加，屏上就会出现一个红色亮斑。当两束光"反相"时，一束光的波谷抵消了另一束的波峰（就像 +1 与 −1 之和为 0 一样），屏上会出现一个暗斑。轻轻扯动一根细线来稍稍移动一面镜片，改变一条臂的长度，屏上的光斑就会从亮变暗，或者从暗变亮。小孩子们都觉得这种效应很有趣。LIGO 内进行的正是这个过程：一条臂长度的细微变化，将会转化成

---

1. 即我们常说的激光笔。——译者注

干涉仪输出装置光强的变化。

　　LIGO是从迈克耳逊－莫雷干涉仪直接派生出来的，而后者探测光速变化的失败导致了相对论的产生。但是，迈克耳逊－莫雷干涉仪探测到变化之时，也就是相对论灰飞烟灭之日；而LIGO将来的探测结果却支撑着广义相对论的一个关键预言。迈克耳逊是他那个年代最伟大的实验家，他的干涉仪能探测光波波长1/20的长度变化。而 148 在LIGO的早期阶段，研究人员们预期它的探测效果要比自己的前辈好1000亿倍。在测量距离变化方面，干涉仪是目前灵敏度最高的设备。这种设备自身看起来就是一个矛盾。为了探测一个极其微小的量——远比亚原子粒子要小的时空变化量——却需要一台4千米长的巨型设备。为了达到这种极高的灵敏度，研究人员们还耍了个小聪明：他们让激光束在管道臂内每次往返途中，都上下反射100多次，使总行程达到了800千米。这样管道臂的有效长度更长了，探测到引力波的概率也就增加了。

　　汉福德天文台和利文斯顿天文台一起，构成了斜穿美国大陆的单一探测设备。相距3000千米（以引力波的速度，要0.01秒才能走完）的这两个基地，是提议中分布在17个州的19个备选地点中的两个。最终的选择是综合考虑到政治上的因素和科学上的实用性而做出的。当然，所选场地要足够平坦，地震和噪声还得少，无线电通信和附近的住房都得有现成的，而且为了排除局部噪声的干扰，两个基地相距至少2400千米远。这样的话，像韦伯的设备那样的、仅仅一个基地附近的过路火车、汽车，或其他推撞事件带来的振动，就可以忽略 149 不计了。两座天文台联合起来，可以大大增强探测引力波的能力。理

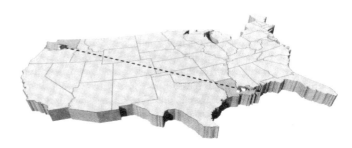

为了排除局部干扰，两个LIGO基地相距3000千米

论上来说，正在用的共振棒探测器也能探测到我们银河系里的超新星爆发，但这种机会太小了，每30～100年才有一次。而我们银河系里两颗中子星碰撞的概率更小，每10万年才有一次。这个概率对人这有限的一生来说可不大。而LIGO的卖点就在于它的探测范围能扩展到无数的河外星系，这样，探测的事件就更多了，探测到引力波的机会也就大多了。

　　华盛顿州和路易斯安那州的天文台结构很类似，但与其说完全相同，倒不如说更像一对异卵双胞胎。汉福德的设备事实上包含有贯穿管道臂并排安装着的两台干涉仪。其中一台干涉仪为全尺寸的，4千米长；另一台只有一半长。在缩短了一半的探测器里，沿臂向前2千米处的中点站安装有末端的实验物体。由于光学构造不同，每台干涉仪都像无线电接收器一样可调，用来捕捉不同频率的引力波。这也意味着可以只靠两个探测基地，就能有三个核证引力波探测的机会。作为选择，汉福德干涉仪中的一台可以昼夜不停地工作上一段时间，连续不断地监视引力波；而另外一台用来缝缝补补，让研究人员们在稳步提升仪器性能的同时，能学得更多这方面的技术。这套双重系统给了他们更多的选择。

　　分布于美国东西两岸的LIGO探测器对频率在100～3000赫兹的引力波探测效果最好。按音阶划分，这个频率范围是从极低的A调到很高的F调。研究人员们将不断寻找宇宙中传来的、这个频率范围内的各种信号。在这个范围内，将会有恒星爆发发出的铙钹撞击声，高速旋转的脉冲星发出的周期性的鼓点声，两个黑洞合并时拉长了的演奏——一种急速上滑的音调，还有微弱的背景嘶嘶声，这是与宇宙微波背景辐射相对应的引力辐射（本章中引力波多被称为"天庭飘来的仙乐"）。此外，LIGO还会经常把自己的发现与其他探测器的数据相比较，比如共振棒探测器、天文望远镜和中微子探测器，以免探测 150
到另一个像超新星1987 A这样壮观的事件后，却没有其他资料来对比确认。

　　抵达地球的一个真正的引力子，将会同时刺激到两台探测器。但在这个过程中，干涉仪将面临一系列干扰，而这些干扰韦伯根本就不用考虑，这让干涉仪看起来更加令人惊奇。比如说，海浪就是这种干扰。LIGO的两台探测器离海岸都只有几千米远，并不能阻止海洋带来的噪声。当海浪沿北美大陆所有海岸线拍打海岸时，它们一起将在大约每6秒内就产生一个回波，即这种低吟的频率为0.16赫兹。这是一个胜过所有低音的低音符。事实上，它的频率低得轻易就能穿越地球。LIGO的研究员迈克尔·扎克说："你要是在那儿放上一面镜子的话，它就能感受到这种低吟声。"所以LIGO的镜片也会感受到一个轻微的扰动。"真是个麻烦，特别是在路易斯安那州飓风季节，更是个大麻烦。"扎克补充说。LIGO还会受固体潮的影响，这是地球在受太阳和月亮的引力作用下产生的一种变形。这种变形很小——10^{-6}厘米的量级——但对 LIGO 来说已经很大了，必须加以考虑。研究人员用"潮汐制动器"周期性地推拉光学实验台，来抵消这种效应。

更麻烦的可能是在美国辽阔的中心地带上空发生的雷暴现象。这是两台相隔千里的探测器有可能同时感应到的外部干涉源之一。比如说，犹他州的一个雷暴，释放出几百万安培的电流，就会产生一个覆盖全国的磁场，有可能两个基地同时都能感应到。这样一个符合信号可能会被误认为是引力波。为了排除这种噪声，每个基地都装有磁感应器，来监视这种磁脉冲。在这两个基地里，禁止使用民用波段的无线电通信和手机，因为它们也可能会带来干扰。

20 年前，LIGO 是从一个很小的研究小组开始起步的。现如今，它已经成长为一个大工程了。它最终的建设费用为 2.92 亿美元，追加了 8000 万美元用于委托费用和系统升级，这样一来，它就成了 NSF 支持的最昂贵的单个项目。（花费 80 亿美元或者更多的超导超级对撞机，大部分的资金是由美国能源部提供的。）与工作在加州理工学院、MIT 和两个探测基地里的 LIGO 内部人员们一起奋斗的，还有在政府资金的支持下，正为 LIGO 将来的改进工作而不懈努力着的其他高校的研究人员。他们一起构成了 LIGO 的科学协作组。他们工作的主要内容是处理那些可能淹没掉引力波信号的仪器噪声。斯坦·惠特柯姆亲眼目睹了这种发展。起先他的工作对象是用于亚毫米波射电天文望远镜的仪器设备，1980 年他首次来到加州理工学院，帮助组装德莱弗设计的 40 米长的干涉仪原型。不过，还不到 5 年，他就去企业工作了，部分是因为他对干涉仪慢吞吞的进度并不看好。"1980 年时，我们还设想着8年内能建立起大型探测器呢，并没有认识到全部的技术难题，没有意识到提高灵敏度有多难。如果提前知道难度这么大的话，我们可能就不会做这个了，"他说，"我们有六块玻璃——四块作为实验物体，一块作为分光仪，还有一块用作循环镜片——全都用金属线悬挂着。在不能碰它们的情况下，我们还得在十亿分之一米到百万亿分之一米的精度范围内定位它们。"1991年，当看到NSF给了这个工程更加有力的支持时，他又回来了。同时，技术上的进步也让他抱持一种更为乐观的态度。他说："我们还不知道技术已经进步了这么多——超级镜片、激光器和真空系统都有了很大进步，帮了我们大忙，太幸运了。"探测器的每一个部件都是工程上的奇迹。

镜片

加里林·比林斯利是镜片的保管员。她从在加州理工学院工作时就目睹了镜片生产的每一个环节。她说："他们制作这些镜片真是太了不起了！"这些镜片的规格大大超过了正常的工业标准，向前推进了镜片制造的极限。由于端点处的镜片离激光器有4千米远，中间这些镜片在激光束穿越管道臂的过程中，上上下下的反射要极其精准。[152]这就要求镜片表面十分光滑，高低参差不能超过百亿分之一厘米，特别是光束将照射到的中心那5厘米的范围。比林斯利形象地说："若地球有那么光滑的话，平均山高将不超过3厘米。"在制造之前，先选择好材料，这要求能帮助减弱干涉仪的一个主要干扰源：热噪声。室温下，镜片中的原子一直在不停地振动着、运动着，很容易就能淹没掉到来的引力子。但设若制造镜片的材料就像一口钟一样[1]（工程学上称具有"高Q值"，即品质因数很高），这些振动将会局限在一个很窄的频率范围内，这样其他的频率窗口仍为引力波探测而大开着，没有干涉噪声。这就好比把屋里的家具都堆在一角，留出剩余的空间以供使用一样。

　　研究人员选择了熔融石英。这种玻璃的纯度可以加工得很高。镜片是由美国的康林公司和德国的贺利氏公司制造的，之后又送往加利福尼亚的通用光学公司和澳大利亚政府的一家实验室 CSIRO（联邦科学与工业研究组织）打磨抛光，最终成了直径25厘米、厚10厘米的圆盘，每块重10千克。最后一步是镀上反射材料，由科罗拉多州玻尔德市的电光研究所负责，他们精于低损耗镜片的制作。这层薄薄的覆盖物是由一层层交替镀上的二氧化硅和五氧化钽构成的。打到镜面上的每10万个光子中，只有少数几个在反射过程中丢失。最终制成的镜片有24块，每台干涉仪用去4块作为实验物体，余下的留作备用。此外，一批二级光学元件也以同样的标准抛光、镀膜，在干涉仪内起激光束的导引和定向作用。

　　备用镜片存放在位于加州理工学院校园南端桥楼内的 LIGO 光学实验室里。这些小圆盘都存放在铝质蛋糕盒子一样的小盒里，然后放在防地震柜子里的架子上。而实验室自身却是一间没有窗户的屋子，就像一间手术室。访客和技师们一直都戴着面具、帽子，穿着无菌鞋，以保持一个干净的环境，因为哪怕对着镜片轻呼一口气，都将严重污

---

1. 这里是指钟在被敲击时只发出一种声调的响声。——译者注

染镜面。从一块镜片上往下看，就像在注视一池绝对纯净、静止的清水，肉眼看不到任何气泡和刮痕。LIGO 的光学工程师史蒂夫·埃里森说："至今我已经拿起过这些镜片95次了，每次都屏住呼吸，直到放下。"他小心翼翼是有其原因的：每块镜片从取材到制成，都要花费10万美元。

悬挂与防震

镜片是悬挂在一个貌似绞刑架的东西上的。挂上后，镜片只受到重力的作用。这样，就把它们与其他仪器设备隔离开来了。然而，这样的安装对工程师们来说却是一个很伤脑筋的过程。每一块圆柱形镜片都由尽可能细的悬丝来保持平衡：一根牙线一样细的钢丝，挂在类似于绞刑架的支撑架上。这根纤细的钢丝很像吉他弦，不过只有0.25毫米粗细。像镜片中的硅成分一样，钢丝也有着很高的Q值。这样，热引起的振动就像弦乐器一样，频率位于340赫兹附近。研究人员精心挑选钢丝的材料，要求音调尽可能纯，振动时间尽可能长，就像一场音乐会结束后，小提琴的单音仍持续几分钟袅袅不绝一样。这样一来，频率更低或更高的引力波就能更清楚地分辨出来，而不至于被淹没在热噪声中了。

像坐在秋千里的小孩一样挂在钢丝上的镜片，可以前后摆动而不影响测量。引力波会让它们高速振动起来，大概每秒要振动100～3000次（即频率为100～3000赫兹）。（或者我们可以换一个角度来看 —— 从相对论的角度来看 —— 镜片间要测量的空间在颤抖。）而另一方面，普通的地震过程引起的动作，相对来说要"慢"一

154 点。它们会导致镜片每秒种振荡1次，而且动作幅度非常小，只有细菌的尺寸那么大。这种频率极低的振荡很难过滤掉。但镜片真这样每秒前后振荡1次的话（振动频率为1赫兹），就可以忽略这些运动，从根本上把它们剔除出去了。这是研究人员们的窍门之一，这些窍门让他们能够专注于引力波引起的极其细微的时空运动。与引力波相比，地震和潮汐运动太慢了，所以淹没不了这种宇宙深处传来的信号。

　　不过，LIGO还要与许多地面振动隔绝开来：一辆途经的卡车、主楼洗手间里的水流引起的震动，以及地震时的颤抖。这些噪声仍有鱼目混珠的可能，引入类似引力波的振动。第一道防线就是地板。这是一层75厘米厚的混凝土地板，并不与墙壁直接相连，所以任何外界振动 —— 比如疾风带来的震动 —— 都不会进入这个系统。而第二道防线就是，所有的实验物体和其他光学设备都放在真空仓里，并有自己的一套防震系统。这些光学器件都安放在一套4块摞在一起的不锈钢片上，每层钢片之间都垫有一组弹簧，能在很大程度上吸收地面振动，就像汽车的悬架[1]一样。它能把地面振动减弱到百万分之一的量级。

真空系统

　　LIGO资金的大部分，约80%，并没有花到像电子元件和计算机之类的复杂设备上，而是流向了这个高科技工程的低技术含量的项目上：管道的建设、粉刷以及真空泵的建造。不锈钢管道的建造使用

---

1. 系车架与车桥之间的一切传力连接装置的总称。汽车悬架包括弹性元件、减振器和传力装置三部分。这三部分分别起缓冲、减振和传递力的作用。——译者注

的是建造输油管道的方法，两个基地里都建起了临时工厂来完成这个任务。在路易斯安那，激光束管道是在毗邻一家商场的一座大仓库里建造的，距离天文台有 20 千米远。经过连续 11 个月的努力，芝加哥桥梁钢铁公司的员工们一共生产了 400 个单元管道，每个 20 米长。不锈钢是大卷大卷运到仓库里的，就像一卷卷巨大的家用铝箔。自动传送机把这些大卷的不锈钢片源源不断地送进一台机器里，绞成螺旋状，再用高频能量脉冲自动焊接好。钢片卷入的速度是 0.1 米每秒，20 米长的单元管道大约 45 分钟就生产出来了，红的、蓝的、乳白的条纹闪着微光，活像理发店门前颇富创意的杆状招牌。每根管子都要单独进行泄漏测试（无一泄漏），之后再进行最后的清理工作。清理工作是在一间单独的屋子里完成的，清理人员把一个小巧的遥控车送进每根管子里，冲刷并用蒸汽冲洗整个内壁。最终的标准是冲洗后水中的脏污只有百万分之一。"每个细节都像这样，"LIGO 工程师塞西尔·福兰克林说，"任何差错都会导致全盘崩溃。"最后，每根管子都被装入一只塑料袋 —— 看起来有点像裹尸袋 —— 再运往基地，然后这些单元管道再焊接成长管道壁。一台完整的干涉仪总共有 48 千米长的焊缝。

事实上，每条臂的末端都要比中心站处的起始点高上一两米。这是对地球曲率的一种补偿，以便在地球表面向下弯曲的情况下，光束在逐渐升高的管道壁内得以直射前方。由于制造时一个小小的测量错误，哈勃太空望远镜的焦点没有对准，这件事一直压在怀斯心头。在 LIGO 的建设过程中，他常常满头大汗地从梦中惊醒，担心管道壁是否足够直。后来他认识到，只有通过检查建设好的管道壁才能确定。"我们在利文斯顿的管道壁一端，让其他人拿着探照灯去另外一端，"

怀斯回忆说，"我们能够交谈是因为管道能够很好地传播声音。灯打开后，我们看着大约低了 30 厘米。我们喊道：'为什么不把它放在中间？'对方回答说：'它就在中间。'在不到 15 秒的时间里，我渐渐明白了怎么回事：是空气的原因。因为从管道的顶端到底部空气的密度和温度都有变化，产生了折射效应。真的很幸运，我们都得意扬扬的。当时是早晨，阳光还没有洒到仪器上呢。如果再等 3 个小时的话，将看不到一丝光线，我会以为我们落了什么东西在里面了呢，就得重新进去，这要花费很多钱。"

156　　　空气是激光束传播的最大阻碍，所以管道壁内要抽空到压力只有万亿分之一个大气压的水平。这样光线就不会碰到空气分子而散射，进而引入噪声了。由于每台探测器都占据着 8000 立方米的空间，LIGO 最终建起了全球最大的人工真空仓。管道中残留的气体在一个大气压下只能占据顶针大小的体积。LIGO 用的可不是常规手法来做到这一步的，而是冒险走了一条新路子。LIGO 的工程师们采用了特种钢来制作真空系统，这种合金钢被连续加热了好几天来除氢，使得氢元素的含量只有商用真空系统钢的百分之一。通常情况下，氢原子会从钢材中泄漏出来，影响真空度。离子加速器的设计者们就是通过加热装配好的管道的办法来解决这个问题的。这样，受热激发到一定程度的氢原子就会从钢体中跑出来，然后被排除出去。但这种排气方法对于 1.2 米粗、几千米长的管道来说极其昂贵。从一开始就限制钢材里的氢含量，就会把 LIGO 的总造价给降下来，这样才承担得起。尽管这些管道还得加热来排除剩余的气体，但所需抽气泵的数目就大为降低了。"要不然，LIGO 就太贵了，根本就建造不起。"惠特柯姆说。

激光器

正如隆·德莱弗在他早期的调研中发现的那样，引力波干涉仪需要极其稳定的激光，频率或强度上的任何波动都会被误认为是引力波。最初，他们打算用一台氩离子激光器，这种激光器发射的是绿光。"但是使用氩离子激光器，就好比是在有了晶体管收音机之后仍使用真空管收音机一样。"巴里·巴里希这样说。最后一刻，他们改用了稳定性极好的固体红外激光器。这种体积又小、功能又强大的激光器被称为钕YAG（钕钇铝石榴石，工作部件为钇铝石榴石晶体激光器）。它发出的光，频率漂移不会超过10^{-21}，而且还可以按比例增加光功率。最初，LIGO想用一个10瓦特的激光器，但后来计划有变，功率要提升到100瓦特，这样会对减少一种被称为"散粒噪声"的干涉效应略有好处。正如爱因斯坦在自己诺贝尔奖级的发现中提到的那样，光传播过程中不连续的波包称为光子。当只有少数光子与镜面碰撞时，计数时的噪声会很大。现考虑洗手间水龙头滴水时的噪声。当水流量很小时，每一滴水都清晰可辨（这个很讨厌）。但水流量逐渐增大、最终稳定下来时，噪声就会慢慢消除，变得越来越安静了。同样，干涉仪中激光束的能量增强时，散粒噪声的相对强度也就变小了。循环光路 —— 让光线回到干涉仪约100次 —— 也能降低散粒噪声。通过这些方式来增加激光能量，LIGO将能够"看清"更为深远的宇宙。这是因为应变的大小 —— LIGO能够探测到的时空弯曲的程度 —— 与激光能量直接相关。激光能量增大10倍的话 —— 同时散粒噪声也会减弱 —— 探测器将能够探测到更远距离外传过来的更小的时空应变。

157

干涉仪

　　这些不同的仪器设备组装起来，就成了 LIGO 的核心 —— 干涉仪。它要是不工作的话，全都白搭。20 世纪 80 年代读研究生时曾在加州理工学院的原型上磕掉了大牙的扎克，现正在 MIT 领导负责干涉仪控制的任务组。他说："我们是用黏胶把光学器件固定在一条线上的，这样两束激光就恰好能共振了。"他们的策略是尽可能增长光子的传播过程（这样会提高灵敏度）。基于当前镜片的反射率，他们希望光线能在管道中上下反射 130 次。每次沿管道臂前进或返回，两束激光光波都必须严格同步，时刻保持"同相"。要做到这一点，必须精确控制好时间。系统软件要知道精确的时间，以确保系统的每一个部件都保持同步。就像人的心脏停止跳动一次一样，时间不统一也会带来麻烦。当光波由于镜片移动而不同步时，系统就会施加一个力来保持光程不

158　变。也就是说，一块镜片被引力波推动后，控制系统就会依照程序指令把它拉回原处，引力波信号实际上就隐藏在这些动作中。有了保持光程不变所施加的外力，干涉仪实际上也就记录下引力波了。为抵消引力波效应而做出的机械运动，也反映了引力波自身的强度和频率。

　　LIGO 已经请系统控制工程领域的专家们开发出了一套反应系统。"我们还碰到了一个十分特殊的情形，"扎克说，"一听到我们要建这么一个东西，所有系统控制的工程师都垂涎不已。"镜片位置的微调是由很小的磁铁来完成的。每块镜片上都附有 6 块比蚂蚁还小的磁

159　铁 —— 后面 4 块，侧面 2 块。这些磁铁是由稀土金属制成的，别看个头小，磁场强度却都很大。要想让镜片向前歪，就推顶端的磁铁，拉底部的磁铁。要想偏转，就推右侧面的，拉左侧面的（或者相反）。要

想调节光程，干涉仪可以直接推拉所有4块背部磁铁。通过这些步骤，镜片们的移动幅度最大可达20微米，最小为10^{-18}米。科学上其他领域从来都没有过这么精细的动作。

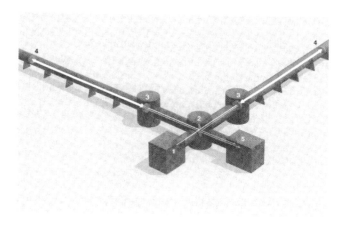

一束红外激光（1）进入干涉仪，通过分光仪（2）后变成两束光。每束都分别沿着一条管道臂射出，并在中心镜（3）和端镜（4）之间来回反射很多次。最后，两束光射出管道臂，重又汇合。如果有一个引力子经过而改变了光程的话，光电探测器（5）将会探测到两束光合并后产生的图像的变化

模拟

在粒子物理实验中，物理学家们常常要寻找特定的离散事件。加速器里，粒子在生命的尽头发生碰撞，爆发出的能量一部分立刻又转化为新的粒子，而碎片则要被筛选掉。粒子物理这么长的历史，已经给了物理学家把真假事件区分开来的敏锐感觉。而在引力物理中，研究人员要处理的却是一连串的未知数据。从何处入手？还从不曾有人见到过引力波，你又怎样识别它呢？

LIGO 将在一定程度上依赖模拟来指引通向科学的道路。研究人员开发了一系列可以模拟像地震、热噪声和散粒噪声这样已知的干涉源的程序。LIGO 的研究人员们就像检查病人所有症状的医生一样。当第一次开机工作时，LIGO 产生的噪声将会比应该达到的噪声水平高 100 万倍。模拟措施会帮助他们准确定位最初的噪声源，弄明白原因到底是镜片方向没有对准，还是电缆线的噪声。指挥模拟过程的山本博章说："仪器上到处都是诊断探针。"过一段时间他们就会弄清楚探测器的"特质"了，并给它编出一张特征噪声表来。而根据理论，引力波信号将不同于所有这些噪声信号。

山本博章的工作起先是超导超级对撞机的模拟。他说："我花了一定的时间来端正自己的常识，即如何理解引力波物理中的某一事件。"但两者还是存在一些共同点的：无论在粒子物理实验中，还是引力波探测领域，科学家们都必须搞明白下至螺钉螺母这样的小零件的作用，才能把背景噪声和信号区分开来。"然而，在引力波探测中，我们还不知道背景噪声，"山本博章说，"人们已经仔细考虑过可能的噪声和探测到的噪声了。但是，如果把这些噪声都消除的话，谁也别想知道噪声里隐藏了什么，又留下了些什么。这就是困难所在。我们正努力在密林中寻找一颗宝石。"

数据分析

学会如何处理引力波天文台输出的大量数据，几乎赶得上建造整套设备的工作量了。整个 LIGO 到处都装有传感器，它们不停地向外输出反映探测器各种状况的数据，也包括可能接受到的信号。这些传感器帮助研究人员们了解激光噪声（可能被误以为引力波的光强或频率的改变）、电磁干扰或者任何可能晃动实验物体的地球或大陆现象，比如地震或强度特别大的噪声。数据源源不断地从地震检波器、地面斜率测量仪、磁力计、气象站宇宙射线探测器流出。尽管实验表明普通的办公噪声并不一定影响到系统，但"关门时的咣当声和冲马桶的声音，无疑都可能影响到实验物体"。艾尔伯特·拉扎里尼这样说。这些数据是通过数千条独立通道同时采集的，就像拍电影一样去跟踪某一事件。每一帧都是某一时刻的快照——包括引力波信号和所有的信号噪声。在每个基地里，这些信息都以600万字节每秒的速度源源不断地流出，一天24小时从不间断。家用电脑的硬盘几分钟就能写满了。一年3100万秒，每台干涉仪平均能采集500万亿字节（500000 GB）的数据。一经采集，它们立刻就被传送到计算机中心去，并在那儿筛选、压缩，最终刻录在磁带上。LIGO每年光花在磁带上的预算就高达10万美元之巨。之后这些磁带被送往加州理工学院 [161] 分析存储。数据都是以标准格式存储的，这种格式也用于世界上其他引力波天文台，以便于天文台之间交换对比数据。这对于确认可能的引力波信号来说十分重要。

镜片们自身的动作是由激光来监测，并通过一个特殊的通道——引力波通道来记录的。这个通道的数据还不占总数据的百分之一，但如果有引力波经过的话，只能通过这个通道的数据来发现它。不像光学望远镜，LIGO也无法得到引力波源的美丽图像。可见光波长与星云、恒星和星系等波源的尺度相比，很小很小。这种光波能够刺激接收器，也就是相机胶卷，产生天体的图像。而引力波长往往能赶得上甚至超过波源的尺度。比如，频率1000赫兹的引力波，波长就是 300 千米。这样的信号是属于音频范围的。事实上，你可以像罗伯特·福沃德用他早期的马利布探测器探测时那样，亲耳聆听电子仪器记录下来的引力波信号。一些 LIGO 成员也曾用这种方法分析过加州理工学院干涉仪原型刻录的磁带。"听起来像一种嘶嘶声，"数据分析小组的负责人拉扎里尼说，"事实上，由于镜片是悬挂着的，每一声嘶嘶响都意味着镜片的震颤。这个挺神秘的，有点儿像鲸鱼的歌声。"

　　然而，是电脑在筛选 LIGO 的数据，而不是人耳。从一堆杂乱无章的数据中挑出某个特定信号的工作，并不是什么新玩意。这种工作尽管颇有难度和挑战性，但跟海军声呐专家从众多噪声中找出潜艇的声音很类似。实质上，数据流传入时，会与一个特定的"模板"进行比较。这个"模板"就是理论上引力波信号的数据，例如两颗绕彼此旋转的中子星，当然，这个系统发出的引力波，其特征将取决于中子星的质量和它们相对于地球的方位。所以，可能的波形有很多种。为了获得更好的观测结果，LIGO 将不得不夜以继日地拿自己的数据与 20000～30000 种波型进行对比，不同的波形代表着不同方位、不同质量的天体传过来的引力波。幸运的是，现在计算机的速度已经足够快，能够完成这个任务了。单单一个商业工作站就能完成 500～1000 个波形的实时对比工作。LIGO 为每台干涉仪都连有几十个这样的工作站，从而构成了一个负责探测器探测工作的主机。"它们将每时每刻都在运行。"拉扎里尼说。如有可能的信号出现，计算机将把它与环境和仪器通道的数据进行对比，看它是不是来自地面的噪声。

　　两台探测器都在不停地对比时间、波形的相似度和当地干扰信号

（来排除假符合），借此来监视某些种类的不可重复事件 —— 比如超新星爆发或者伽马爆。一经发现可疑信号，LIGO立刻就在利文斯顿和汉福德完成它们的确认工作。很快科学小组们将重新考察这个证据，可能在不出一天的时间里就完成复查工作了。如果证实了是真的，他们将通报天文学界去检查各自的探测数据，尽可能提高捕捉到来自这种瞬时现象的电磁辐射的可能性。

拉扎里尼说，真正的挑战将是寻找脉冲星与众不同的持续信号。这种更弱的信号将会埋没在相当于一整年数据量的数据中。"但是，如果最强的引力波信号是偶尔来到的呢？又会怎样？你必须确认那不是放大器或破损天线的问题。"拉扎里尼说。这些不期而至或毫无规律的信号，将是最难的部分，"但最大的惊喜和最有意义的发现也将出自于这些信号"。拉扎里尼补充说。

现在，在管理、架构和复杂性等方面把LIGO比作一个高能物理工程已是十分稀松平常的事了。而且关键的管理人员，像巴里希和LIGO的副主任盖里·桑德斯，长期以来从事的都是高能物理方面的工作。"某一天我正在一个1000人的组织中工作，负责超导超级对撞机探测器中的一个。而第二天我们就关门了。"桑德斯说。加入LIGO时，桑德斯在粒子物理方面的感觉很敏锐，这是在研究生阶段积累下163来的。他解释说："在这儿你是小组中的一分子，人人平等，都在为建造一台更大的仪器设备而努力。"而他原来负责的那台仪器是运行十分成功的早期粒子加速器的自然演化结果，这个领域的版图已经绘制得十分完善了。然而，在引力波探测领域，即便是老手，也没有这样的历史经验来借鉴。在当时，还不曾有激光干涉仪进行过长达数天的持续观测，也没有探测到任何信号（尽管平心而论，在早期的工程试验中也没人奢望能探测到信号）。LIGO 的科学家们大步跨越实验室，直接走向了大型工程。臂长 4 千米的 LIGO，在尺寸上要比以往的探测器大了上百倍。"这是一个令人兴奋而又无法阻挡的转变，"桑德斯说，"无法阻挡是因为这是一套全新的装备。而我之所以参加这个工程，是因为这方面'很时髦'。透过一个全新的窗口来探索我们的宇宙，这样的机会几乎具有一种传奇式的吸引力。"

引力波干涉测量还很年轻，参与进来的研究人员们都来自于各种不同的背景。从普林斯顿来到加州理工学院的太阳物理方面的专家肯·利布里切特[1]，在与迪克共事一段时间后就迫不及待地从太阳振动转向了时空的振动。他说："在这儿，加州理工学院的礼堂里，我四处一看，周围全是 LIGO 的人，于是就决定加入进来了。"这项挑战也吸引了世界各地的年轻物理学家。LIGO 数据分析小组的一名成员瓦利德·马吉德，就是 20 年前苏联入侵阿富汗时，随父母移民过来的。他原来学的是高能物理，曾在斯坦福线性加速器和布鲁克海文国家实验室做过粒子探测方面的工作。然而，他还是乐于转移研究方向。"物理学的标准模型十分成功，这不再是一个意外发现俯拾皆是的年代了，"他说，"现在的实验不过是在追逐事物本质的细节而已。"他想转到一个还会有惊喜出现的物理领域去。他想在 LIGO 建立起一个满满当当的数据库后，从磁带中找到像脉冲星与众不同的周期信号这样的特殊事件。他希望能发展出一种新技术，来辨别并放大脉冲星这种特定频率的"哭声"。

---

1. "肯"系"肯尼思"的昵称。——译者注

比普拉卜·巴瓦尔是从印度来到LIGO的，工作内容是探测器的计算机模拟。刚开始他学的是电气工程，后来又去攻读量子场论方面的博士学位。但很快他就觉得，这个奇奇怪怪的课题不可能会在自己有生之年被证实了。在注意到《天体物理学杂志》上的一篇休斯–泰勒脉冲双星方面的论文后，他决定从事引力波方面的研究，尽管朋友们曾警告他"探索引力波就像在一间黑屋子里寻找一只根本不存在的黑猫一样"。工程学背景帮了他大忙，他写了一篇如何通过特定方式来操作激光，从而降低散粒噪声的论文，并引起了注意，于是就加入了这个新工程。或许他是注定要这样做的。他的名字比普拉卜，是由一位有着政治思维的叔叔给取的，原意就是"革命"。

塞拉普·提拉夫来自土耳其，她是在特拉华州和威斯康星州的大学里做了一段时间粒子天体物理学方面的实验后，才来到LIGO的。读博士后期间，她曾在南极深厚的冰层下面安装了探测器来捕捉来自太阳的中微子。"做中微子天体物理学方面的研究时，我是在与位居能谱图上位置很高的粒子们打交道，它们的能量都是万亿或百万亿电子伏的量级。现在与引力波打交道时恰恰相反，我是在能谱的低端转悠。"她微笑着说。她正坐在办公桌旁，一边研究电脑屏幕上可能出现的信号的图案，一边谈论自己学习仪器的心得体会。"理论家们常常谈论中子星碰撞。他们说，当中子星们合并时，你就会看到这种特殊的信号。事实上并不是这样的。当你走到一个从来都没有人去过的地方时，你确实不知道接下来会发生什么。所以，我们应该加强自己在探测器特征方面的知识，做到一出现异样我们就会问：'那是什么？'"她在南极做中微子实验时碰到过这种情况：探测到的数据与预期的完全不同。研究人员没有充分考虑冰的影响。事实上，在这种极地环境中，冰的性质和影响是个未知数。研究人员必须考虑冰的性质而进行校准，这就会给粒子反应带来影响。"转到引力波方向，我又感觉到年轻了许多，"她说，"就像重过一遍学生生活一样。"

LIGO不仅仅是一个实验，它还是不断发展着的新技术的一个研究个案。这座打前锋的天文台需要大量的新材料和新设备来设计和建造。而各项研究也都在马不停蹄地进行着。早在建造最初的探测器时，全球各地的实验室已经着手研究下一代仪器设备了。LIGO的科学协作组同时负责这项研究和开发新技术。这个协作组已经远远超出了MIT和加州理工学院两校的范围，其中的成员还包括桑尼来自莫斯科的同事、德莱弗在格拉斯哥的前研究小组、德国和澳大利亚的研究小组，还有来自斯坦福大学、宾夕法尼亚州立大学、锡拉丘兹大学的科学家们，以及来自科罗拉多州、佛罗里达州、密歇根州、俄勒冈州和威斯康星州各大学的科学家们。他们分散在研究新材料、提高激光器性能和测试新的隔振方法等各个领域。

LIGO将会升级。工作人员们时刻不忘提高LIGO的灵敏度。比如，仅把LIGO的灵敏度提高1倍，它所能探测的距离就会增大1倍，但这也意味着LIGO能够探测到的宇宙空间的总体积将增加7倍。于是，能够探测到的天文事件将会是原来的8倍。他们希望更高级的探测器——LIGO二号的灵敏度——探测到其他信号源的能力——会提高到原来的10～15倍（能够探测到的应变将从最初的10^{-21}降为10^{-22}或更小）。这就意味着能够探测的宇宙体积是原来的1000～3000倍。"这样，探测到像黑洞碰撞结合这样的河外天文事件的概率就增大了1000倍。一下子就从10年碰到一次变到3天就能碰上一次了，头疼不已的事情一下子就豁然开朗了。无论多么小的收获都很重要。"利布里切特指出了意义所在。但LIGO的整体性能，是由各种不同噪声源的减弱效果综合起来决定的，而不是降低一两种噪声就能改善得了的。"就像跳林波舞[1]，"利布里切特说，"你必须降低所有的水平杆。"

　　结果，LIGO一直都在不断前进着。哪怕一个探测器元件的改进都很关键。就拿制作镜片的材料来说吧，熔融石英就是最合适的吗？另一个选择是蓝宝石，这种材料也有自己的优点。首先，它的反射率高。但这种光学特性还不是蓝宝石入围的真正原因，最重要的是它的力学特性。蓝宝石的Q值要比硅高$10 \sim 100$倍，这就意味着在一个很窄的频率范围内，它共振的持续时间会更长，因为它的密度更大、刚性更强。这么高的Q值可以把激光干涉仪的热噪声降为原来的$1/10$。[166]但从来还不曾有人打磨过一块像LIGO镜片一样大的蓝宝石，这还是一个未知数。LIGO的成功就是基于大量这种细节上的考虑：测试物体材料的选择、激光的类型、隔振的方法等。科学总是在考虑到大量工程上的细节之后才来到的。如果选择了蓝宝石的话，LIGO的研究[167]人员们必须首先要弄明白怎样悬挂它才不会削弱它的首要优势——高Q值。每个决定都会影响到一连串其他决定，像没有尽头的多米诺骨牌一样。

　　是什么让LIGO的研究人员在这铺天盖地的细节处理中坚持下来了呢？"有的人就是喜欢解决这些技术挑战，"彼得·索尔森回答说，"就像中世纪大教堂的建设工人们一样，尽管明知自己看不到教堂的

---

1. 系西印度群岛的一种舞蹈，舞蹈者必须后仰穿过一根水平杆，每次都要比前一次后仰得更低。作者这里把噪声比作了水平杆。——译者注

引力波探测效率的预期值

天文事件和探测范围	LIGO 一号	LIGO 二号
超新星（银河系内）	（1~3）次/100年	
超新星（6000万光年，到室女座星系团）		2~3次/年
黑洞与黑洞合并（3亿光年）	1次/1000年~ 1次/年	
黑洞与黑洞合并（60亿光年）		10次/年~ 10次/天
中子星与中子星合并（6000万光年）	1次/10000年~ 1次/10年	
中子星与中子星合并（15亿光年）		1次/年~ 1次/天
中子星与黑洞合并（1.3亿光年）	1次/10000年~ 1次/10年	
中子星与黑洞合并（30亿光年）		1次/年~ 10次/天

> LIGO 能够探测到的黑洞的质量应该小于几十个太阳的质量。黑洞的质量大于中子星，从而引力波信号更强，也更容易探测到。未来的改进会使 LIGO 的灵敏度提高 10~15 倍。这些改进措施包括：更换一台功率更大的激光器、更换性能更好的地震缓冲设备、使用二氧化硅线路和纯蓝宝石镜片。LIGO 一号只能在 3 亿光年范围内探测到黑洞合并，LIGO 二号却将把探测范围扩展至 60 亿光年。上表所列数据的范围都很大，是因为它们都是由理论假设推测出来的，所有的参数都只有在探测到有意义的结果后才能确定下来

落成，却仍乐此不疲。但如果此生看到引力波的机会一丁点都没有的话，我是不会坚守在这个领域的。这并不只是一个诺贝尔奖热门领域。我研究生刚刚毕业时，选择这条路或许很冒险，但现在看来，这是个

明智的选择。我们正在努力争取的精确度水平是我们事业的标志；干这一行的话，你就'走上正道'了。"

于1981年在普林斯顿完成天体物理学博士学位后，索尔森读了马丁·哈威特写的一本名为《宇宙大发现》的书。书中强调，天文学关键性的发现常常是在科学家们有了新式仪器来观测宇宙之后来到的。带着这个信念，索尔森希望能跟着怀斯做宇宙微波背景辐射方面的研究。不过怀斯没钱再招一个助手做这个工作了，但他引力波探测方面的经费却很充裕。关于当时的情景，索尔森说："我记得自己是这样想的：'看起来很冒险哎，就做这个吧！'"

索尔森在MIT帮助怀斯完成了LIGO的第一个规划。但时隔8年后，他建立了自己的实验室，位于在引力研究方面有着悠久历史的锡拉丘兹大学校内。那是一座典型的物理实验室，在房间的一端架着一排齐腰高的木板，上面堆放着科学实验中常用的七七八八的东西：笔记本、各种手册、电线、螺丝、软盘，还有铝条等。索尔森还给实验室添加了几分艺术格调，他在墙上挂了一幅16世纪中国书画家唐寅的字画。画中远山巍峨，水阁茅舍一间，临窗一位儒士正在眺望远方；左侧题有一首中国古诗，大意为："吃下安静的蘑菇，灵魂会渐渐飞升。"[1]这幅画是乱糟糟的实验室中唯一清静的孤岛。

索尔森工作的内容是设法降低激光干涉仪的热噪声。很多人都

---

1. 据作者对画的描述，应为唐寅的《落霞孤鹜图》，但此画的题诗为"画栋珠帘烟水中，落霞孤鹜渺无踪。千年想见王南海，曾借龙王一阵风"，与作者描述的诗作大意并不相符。此画疑为赝品。——译者注

认为这是该领域最具挑战性的问题。在这个问题上，他是一位世界级的专家。在锡拉丘兹大学校内物理楼的地下室里，他和助手们 —— 那时候还都是研究生和博士后 —— 正测量着 LIGO 镜片悬挂系统所用材料的内摩擦。测量的方法共有两种。一种方法是给材料一个刺激，看它的振动能够持续多长时间，就像敲锣一样。另一种方法是挤压材料，看看每种材料各需多长时间才能恢复到原状态；材料的内摩擦越大，恢复所需的时间就越长。为了找到适于制作吊线的材料，他们测试了钢铁、钨、玻璃和金刚石光纤等材料。而制作镜片的可选材料包括各种玻璃、熔融石英和蓝宝石。

　　第一代 LIGO 悬挂镜片的材料选用的是钢丝。如果用玻璃纤维的话，噪声将会减弱 10 倍，但他们还不能熟练掌握这种材料。索尔森的实验室也正在测试这种材料。这个测试是在一个大号垃圾桶一样的圆柱形真空仓里进行的，仓直径为 46 厘米。此刻仓是开着的，而且已经被屋顶的起重机给吊了起来。整个实验还停留在正下方的桌面上，研究生安德里·格雷塔森刚把一根 30 厘米长的熔融石英丝挂上，做好了"拨拉"的准备。一旦石英丝受激振动，真空仓里的回响将会持续好几个小时，甚至一整天。而现在让他倍感困扰的问题是，如何"拨拉"石英丝。对于金属线来说，他可以用静电装置给它轻轻施加一个推力。但他担心这个办法对于脆弱的石英丝来说并不适用，因为它将被吊在真空仓里，声波传不进去。现在他们能够测量的石英丝振动的振幅已经小到千万分之一米了，但要想看到石英丝体内的热运动，他们还得把能够探测到的振幅降至这个值的万分之一。索尔森说："大部分情况下，困扰实验物理学家们的是仪器的使用。可稀罕的是，让我们头疼不已的倒是仪器自身。"

像位于夏威夷的两座凯克天文望远镜和哈勃太空望远镜这样的新式光学望远镜，在投入使用后，常常会带有庆祝意味地去看"第一眼"，即望远镜打开并拍下第一张照片。LIGO 的开场可没有这么精彩，因为它在工程上和光学上过于复杂，在三台干涉仪——汉福德两台，路易斯安那一台——都能正常运行，并且一天 24 小时都能联网之前，[169]它还需要进行几年的调试、试用。在这之后，也只有在这之后，引力波的探测工作才能真正展开。LIGO 的研究人员们承认，他们的第一批探测器可能什么都探测不到。"某种程度上来说，我们还不够专业，"怀斯说，"我们只求所有的决定都正确，这就够了。"在做 COBE卫星方面的研究时，怀斯从来都不曾像这样忧心过，因为 COBE 不过是在老式测量仪器的基础上进行了改进而已，某种程度上人人都知道该怎么做。而引力波天文学却还是一片处女地。这个领域要考察的效应，科学家们从未直接探测到过，但他们已经为之建造了探测设备。怀斯担心一旦失败了，这个领域将会在很长一段时间内停滞不前。在批评者们看来，LIGO 技术上的可行性还没有得到证实，建造还为时过早。然而，支持者们认为不建造一套全尺寸设备进行一些初步测试的话，就不可能找到解决问题的办法，所以要建造 LIGO。现在，这套探测器只有很小的机会能探测到看似很确定的唯一一种引力波源：绕彼此旋转的两颗中子星。但如前所述，LIGO 被称为一座"天文台"，并不是毫无道理的。它的建造者们并不只是想单单做一个实验，而是要在接下来几十年里一直使用它，就像加利福尼亚帕洛马山上 500 厘米口径的天文望远镜一样，这台望远镜自 1948 年以来一直都在使用并在不断升级。随着时间的推移和科技的发展，LIGO 也将会进行改进，探测到引力波的概率也将不断上升。美国决定建造 LIGO 对其他国家来说也是一个重要的信号，它们也会加快推进自己的引力波天文台计划。如果当初 LIGO 没有争取到资金支持的话，很可能会影响到全世界其他类似设备的建造。LIGO 项目的确立，给全球引力波探测网的建立也带来了动力。

第 8 章
主旋律的变奏

坐落在亚诺河畔的比萨，是古罗马时代最重要的港口城市。它高 171
出海平面 4 米左右，12 世纪以前还只是远航的一个基地，但在参加了
第一次十字军东征之后就成了一个共和国。当时，凭借着繁荣的经
济和发达的艺术，它的影响力波及整个托斯卡纳海岸。就是在这段繁
荣时期中的 1174 年，比萨塔 —— 后来成了著名的比萨斜塔 —— 破土
动工了：地基上矗立起 6 层弧形建筑，层层之间搭建得并不十分牢靠，
顶端是一层通风钟楼。

这座白色大理石塔楼类似于一个摇摇欲倾的婚庆蛋糕，好像它是
建造者们在一个工程狂欢宴会上喝得醉醺醺时建造的似的。建造第三
层时，塔身就开始倾斜了。这是由于地下蓄水层的原因，地基开始下
沉了的缘故。作为文化象征，比萨斜塔仍在源源不断地吸引着游客前
来参观，照相机的咔嚓声也此起彼伏。人类首次从科学的角度看待重
力的传说就发生在这儿。这个听起来颇像杜撰出来的故事，讲的是伽 172
利略从塔顶丢下两颗质量不同的圆球来证明自己新的重力观。在那之
前，亚里士多德关于落体的观点才是物理学的权威理论。这位古希腊
的圣人声称较重的物体下落较快一点。但伽利略从自己的实验中得出
的结论却是这位先人错了。他发现物体下落所用时间与质量无关。不

考虑空气阻力的话，一颗小弹子将与一只保龄球下落得一样快。在《两大世界体系的对话》一书中，伽利略通过一个名叫沙格列陀的角色之口道出了这个实验："我 …… 已经做过这个实验了，我敢保证一颗一两百斤，甚至更重的炮弹落地时，决不会超前一粒半斤重[1]的步枪子弹 [巴掌大] 的距离。"伽利略给牛顿做好了铺垫，而牛顿又为爱因斯坦的成就打好了基础。我们现在对引力的理解正是起源于伽利略的奇思妙想。

比萨斜塔曾经关闭过一段时间。其间，工人们给塔北部的地基加上了一系列的重物来抵消不断增长的倾斜度。正当比萨政府部门努力保护着传说中的引力实验台时，附近其他一些人已经开始准备着把引力研究推向未来了。一个法意联合小组正在建造一台LIGO式的探测器，命名为VIRGO，地址就选在了比萨外围辽阔的冲积平原上。虽然说LIGO仅仅依靠两个单独的探测基地来排除局部干扰就可以自己探测引力波了，但它只有作为全球引力波探测网的一个节点，才能带来最大的科学收益。VIRGO将会是这个探测网的一个节点，其他的探测器们也将会加入进来。一个英德合作小组已经在德国的汉诺威附近建造了一台臂长600米的干涉仪：GEO 600。而日本也建造了一台臂长300米的干涉仪。澳大利亚也有自己的大型干涉仪计划。

所有这些探测设备，最终将一起构成一个全球范围的引力波探测系统，类似于全球射电天文望远镜网，后者使得全世界的射电天文学

1.原文的重量均是用"磅"做单位的。在翻译过程中，为了读者阅读方便，把所有的英制单位都换算成了我们所熟悉的国际制单位或其他我们常用的单位。此处可能是因为古罗马时一磅的重量要小于现在一磅的重量，所以才有"一两百斤重的炮弹"和"半斤重的子弹"这样的说法。——译者注

家都得以对比自己的观测数据。这个引力波探测系统不包括共振棒式的探测器。但某些特定频率的引力波信号经过时，圆柱共振棒探测器和更新的球状共振棒探测器确实会提高整个探测网的性能。美国一个科学委员会曾反对建造一台球状共振棒探测器，这就给人们留下了这么一个印象：正如一个观察家所说，"共振棒探测器已经是明日黄花[173]了"。但引力波研究者们却普遍认为，在这个领域，两种探测器缺一不可。"现在只有共振棒探测器能给我们探测数据，"意大利INFN的阿戴尔伯特·贾佐托说，"停止这种探测看来是疯狂之举。我们必须继续下去，直到两种探测手段都能奏效。而在此之前，很难 对它们进行一个比较。我们还要考虑到天体物理学。可能只有球状共振棒探测器才能看到最有趣的天体物理现象。"在专家们的想象中，最终会出现一系列不同类型的探测器，它们对于理解引力波信号都将会做出自己独特的贡献。

基普·桑尼曾于1980年写道："探索引力波是一个风险很大的游戏，它需要花费很长的时间、付出辛苦的努力，而且完全有可能失败。"20年过去了，这个评论仍然正确。探测都是建立在"聆听"和比较数据的基础上的。像两个天体碰撞或超新星爆发这样的突发辐射源，没有三四个天文台是不可能给出它们的具体方位的，就像观察者需要几个点才能确定出一个位置一样。每个天文台的作用就如同观察者测定某一位置时所用的标杆。LIGO和VIRGO联手的话，就有可能把天上辐射源的方位精确到10弧分以内，而不再是1度以内了。（通过地球在绕日轨道上的运动引起信号频率的多普勒红移或蓝移，单靠一座天文台还是有可能定出脉冲星这样的持续引力波源的大致方位的。）

　　VIRGO项目是由来自意大利和法国的100多名物理学家和工程师协力开创的,干涉仪的建造始于1996年5月。它的管道臂比LIGO的短了一些,只有3千米长,而不是LIGO的4千米。它们被埋在一片沙土质农场里,一条南北走向,另一条东西走向。周围的农场里种的都是用作糖料的甜菜、玉米以及用作油料的向日葵。北面的群山就是米开朗琪罗雕塑所用大理石的来源地。在铺设长达几千米的管道之前,VIRGO的工程师们还检查了这片土地里是否还藏有第二次世界大战时埋下的地雷。第二次世界大战一场最重要的前线战斗就是沿着亚诺河展开的,正好穿越这座天文台所在的位置。VIRGO的中心建筑比LIGO的小一些。除了一座主楼之外,还有四座较小的楼房,都是由水泥和乙烯壁板建造而成的。从远处看,它就像是一个小型的工业园区。一条长长的排水沟从旁边穿过,沟两边筑有土质防堤,是在亚诺河泛滥时做应急水道用的。事实上,在VIRGO建造的过程中,由于地下室进水,青蛙倒成了一个让人头疼的问题。

　　贾佐托是VIRGO项目意方的总指挥,法方对应的人物是阿雷恩·布利莱特。贾佐托的办公室位于比萨南部INFN的一个中心,那儿是一片名叫“格拉多的桑皮罗[1]”的郊区,四周围绕着茂密的国家森林,离VIRGO探测器只有一小段车程。“这儿就是VIRGO的诞生地。”贾佐托到达实验室时,满脸骄傲地说。VIRGO这个名字来自于室女座星系团,意指这套探测设备所能探测到超新星爆发的距离,刚好有这个著名的星系团那么远,距离我们大约5000万光年。他们希望探测器通过扫描这么大的宇宙空间,一年至少能找到几个引力波辐射源。

---

1. 原文中此处地名为意大利语San Piero a Grado。——译者注

贾佐托个头很高，穿戴整齐，稀疏的银灰色头发，更衬托出他一身的贵族气质。但他办公室里的设施却都十分实用，一张办公桌，一个橱柜，还有一排文档盒。在这间简朴的办公室之外是一条人行道，从那儿可以看到实验室全景。工作人员们正在实验室里准备着VIRGO的探测设备。正像这个领域里的许多人一样，贾佐托也是从粒子物理领域转过来的。他以前是一位实验家，是用同步加速器研究弱核作用力和核粒子结构的。但他在转攻引力研究方向时并没有遇到太大的困难，对他来说这仍是个粒子物理问题。他宣称自己的目的就是"寻找引力子"，一种像光子传播电磁力一样传播引力的粒子。他还说："要想找到它们，唯一的办法就是建造天文台。找到了之后，将大大有助于我们理解这个宇宙。"

贾佐托是于20世纪70年代中期在CERN做粒子物理实验时开始考虑引力波探测的。接下来的10年里，他积极奔走，争取让激光干涉仪在意大利也生根发芽。但有一点他很确定。从一开始他就计划建造的一套设备，其探测的引力波频率要低于其他系统所探测的引力波频率，这就意味着他把注意力集中在地震隔离——探测低频引力波的最大障碍上了。80年代中期，在罗马大学举行的引力年度会议上，他展示了自己第一次测试的结果。这次会议上，他碰到了法国一位激光干涉仪方面的先驱布利莱特，后者对建造一个大型探测系统很感兴趣。最终，他们展开了合作，并从两国的物理学会获得了资金支持。贾佐托坚信探测低频信号对于研究某些辐射源来说至关重要。就拿中子双星的合并来说吧，"探测频率在100赫兹以上的引力波的话，在两颗中子星合并之前，你只有3秒的观察时间，"贾佐托说，"但如果从10赫兹开始探测的话，你就有1000秒的观测时间了。

这就是我从低频开始的原因。"他还设想 VIRGO 的探测低端最终要达到 4 赫兹, 这样的引力波其波长将会有 8.5 万千米之巨 (是地球到月球距离的 1/5)。

　　要想探测 4 赫兹的引力波, 悬挂系统的外部震动噪声必须减小 12 个数量级 —— 震动能只能有原来的一万亿分之一那么大。这样做是为了防止外部震动沿悬线传到实验物体上去。为了做到这一步, VIRGO 的研究人员们开发出了一种独特的隔震系统, 取名为 "超级减震器"。跟 LIGO 的一样, VIRGO 的隔震系统也不含橡胶减震部件, 而是由 6 个圆环叠放在一起, 构成一个 3 层楼高的结构。从某些角度上看, 它就像一座多层斜塔, 只不过是竖直的而已。每个环都是一个作用力过滤器, 都是由 6 片拉紧的金属片构成的, 足以挡住通过悬线传给底部实验物体的噪声。这种配置看起来效果不错, 至少对于 INFN 实验室里的原型来说是这样。"我们用一台发动机摇晃原型的顶部, 频率 10 赫兹, 振幅 1 毫米," 贾佐托说, "但我们在底部探测不到任何振动, 至少在 10^{-10} 量级上探测不到。" 普通的地震震动, 就是设备每天都要碰到的那种, 其幅度实际上还要小于 1 毫米。贾佐托很清楚失败的可能性很大, 特别是这种首开先例的尝试。他曾这样说过 : "我们真的是在栽树给后人来乘凉。"

　　关于 VIRGO 的未来, 贾佐托倾向于一个颇具争议的提议 : 在附近, 约莫 50 千米之内, 再建造一台探测器。他指出 LIGO 的探测器相继那么远, 某些类型的波到达两台探测器时, 会有 "异相" 的可能。但两台探测器相距很近的话, 到来的波就会 "同相", 同时起落。把两者的信号叠加在一起, 就可以把要探测的信号给放大了。当然, 这样也会

增大当地干扰以同样的方式影响两者的机会，辨别出真正的引力波就
更为困难了。贾佐托相信一套很好的隔震系统可以解决这个问题。

　　从某种意义上来说，VIRGO已经有一个同伴了。在欧洲已经有一
台差一点的激光干涉仪了，它是世界上最早的激光干涉仪项目的一个
产物，这个项目的总部设在德国，已经存在25年了。德国的引力波探
测是在海因兹·比令的指导下开始起步的，当时比令正在位于慕尼黑
的马克斯·普朗克物理与天体物理研究所工作。此项目最初的启动完
全出于偶然。当时研究所下辖有一个物理分部，专门研制用于科学计
算的计算机，这在那个商业计算机还不能处理复杂公式的年代，是至
关重要的。但是等到计算机工业能满足科学计算的需要时，研究所的
计算机开发者们就发现自己无事可做了。当乔·韦伯宣布他探测到引
力波了的时候，他们又有了新的使命。"韦伯的声明唤起了所有天体
物理学家的兴趣，"计算机研究小组的一名前成员罗兰·西林说，"他
们说太兴奋了，如果韦伯的声明是正确的话，将会给天体物理学带来
一场全面的革命。"研究所里的所有成员都想重复这个实验，但只有
计算机研发小组才有必需的实验技术。于是，几乎是在一夜之间，计
算机小组的成员们成了引力波探测器的建造者。

　　很快，慕尼黑小组就建造并运行了一台室温共振棒探测器，而且
还与在意大利弗拉斯卡蒂独立建造的另一台共振棒探测器配合工作。
然而，没过几年，大家就发现韦伯的结果可能是错的了。但是星星之
火已经点燃。当时已经有了两种改进方案：建造一台超低温的共振棒 177
探测器，或者转向激光干涉仪。慕尼黑的研究者们想沿着共振棒探测
器这条路继续走下去，但苦于在低温方面既没有充分的技术储备，也

没有必需的基础设施，不得不转往激光干涉仪方向。他们从怀斯和福沃德的工作中获得了灵感，于 1974 年定制了第一台激光器。当时他们的态度可谓十分乐观。"我清楚地记得，最初我们的意识中都有一个简短的时间表，都认为将会花上 5～10 年的时间。"西林说。从纸面上看来，所有的一切都充满希望。但就像苏格兰的德莱弗一样，德国的研究人员们很快就发现新方法有许多缺陷。第一批镜片质量太差了，粗糙的表面散射严重，大大降低了灵敏度。他们花了 10 年时间才搞懂如何处理激光束的细微波动，并找到了安放实验物体的最佳方式。最初他们把镜片直接夹在铝块上，但连接处成了振动的一个主要来源。他们的第一台干涉仪臂长只有 30 厘米。后来，又建了一台 3 米的。尽管有很多技术挑战摆在面前，但他们仍然信心百倍，特别是在约瑟夫·泰勒于 1978 年前往慕尼黑出席一次会议，并宣布了自己已探测到第一批来自脉冲双星的引力波信号之后。泰勒的结果，至少间接证明了他们难以捉摸的探索目标并不是虚无缥缈的。

从 20 世纪 70 年代到 80 年代，德国激光干涉仪小组一直保持着这种仪器灵敏度的最佳纪录。慕尼黑小组是通过利用怀斯最初的干涉仪设计方案，并只保留所有东西的精髓来保持领先的。在此过程中，他们对这种技术做出了极具价值的贡献，比如弄明白了怎样用金属丝悬挂实验物体来降低地震干扰，后来他们又把镜片自身当作了实验物体。这些革新现在都成了所有规划中和已建成的激光干涉仪引力波天文台标准的仪器使用步骤，但当时这个小组在此领域还处于走 T 形台的时代[1]。就是在那个时候，他们得到了现在已定型的基本实验技术。

---

1. T 形台是指时装模特进行表演的场所。作者这里是说德国激光干涉仪小组的技术就像还在 T 形台上展出的时装一样，处于实验阶段，离实际应用还有一段距离。—— 译者注

　　时至今日，西林已经在引力波探测领域工作了20多年。从研究
人员都能够道出这个领域所有人员名字的最初阶段，引力波探测群体 [178]
现在已经拥有工程师、技术员、天文学家和物理学家数百人了，尽管
他们还没有捕捉到一个真正的引力子。"即使我们只探测到了预期的
辐射源，"西林说，"科学上收获的价值也将大大高于投入。"西林之
所以坚持探索引力波，还有另外一个重要原因。他是这样说的："对比
一下光学、无线电、X射线和伽马射线天文学的历史就会发现，常常
会出现你从未想到过的辐射源，常常会有意料之外的惊喜。难道对于
引力波探测来说就不应该是这样的吗？"这种观点已经成了这个领域
的口号，这个领域的立足之本。

　　激光干涉仪在1982年出现了转折点。从干涉仪控制方面的经验
中，西林提出了光能循环的概念。最初他认为由于需要极其光滑的镜
片，这样的设计并不会带来多少好处。但是隆·德莱弗注意到了超级
镜片正在从军用技术中一步步走向他们，并独立地发现了相同的原
理：封锁住光线不让出来，这样它们就会一直在镜片间来回反射了。
这种措施的效果看起来就是给了系统一台更为强大的激光器，也会帮
助降低系统的噪声。直到有了这个突破之后，激光干涉仪才在引力探
测的赛场上，勉强跻身为共振棒探测器可怜的小弟弟。激光器功率低、
光散射问题、数不清的振动以及镜片质量差等，让这种技术看起来仍
是一匹黑马而非大热门。直到80年代中期，它的地位才大为改变。在
超级镜片和稳定光源的基础上发展而来的光能循环技术，是一个十分
重要的进步。现如今，激光干涉仪已经成了顶尖级的竞争者，而共振
棒探测器却正在争取在全球引力波探测网中占有一席之地。西林指
出："从一开始，激光干涉仪的优势就在于它们是宽频探测器。"也就

是说，它们可以探测一个宽范围的引力波，而共振棒探测器却要局限于一个很窄的频率范围内。

　　1983年，慕尼黑小组开始运行一台臂长30米的激光干涉仪——现在该小组已是位于慕尼黑近郊小镇加奇的马克斯·普朗特量子光学研究所的一部分了。在专注于提高干涉仪灵敏度一段时间之后，小组开始把注意力转向了更多的技术问题，并把干涉仪当作了新技术的试验台。"如果你想运行一台大型探测器的话，这些都是必须解决的问题。"西林说。就像美国的研究小组一样，一台更大的设备已经在慕尼黑研究人员们的脑海里酝酿了。刚开始时，他们觉得在量级上应该循序渐进。他们已经依次建造了30厘米、3米和30米臂长的探测器，接下来看似应该试一下300米的了。但是，出于政治上的考虑，他们觉得应该大步跨到3千米上去，因为这个尺寸才有机会探测到点东西，"尽管这与我们通常的思维相抵触"，西林说。他们一个明确的态度就是要在世界引力波探测领域站得住脚：让我们停止捣鼓技术，去弄出点结果来吧。与此同时，格拉斯哥的激光干涉仪研究人员们也正琢磨着在英国建造一套类似的设备。而在80年代，两国都出现了预算危机，于是两个小组就于1989年开始了合作，并给这个项目取了个名字叫作GEO，"欧洲引力天文台"的意思。"我说我们应该叫它EGO，欧洲引力波天文台的简称[1]，"西林轻轻一笑说。这个建议却被众人谢绝了。

---

1. GEO系gravitational European observatory的缩写，字面意思为"引力的欧洲天文台"，译作"欧洲引力天文台"更合适；而EGO系European gravitational wave observatory的缩写，意思为"欧洲引力波天文台"。——译者注

1989年夏，时任马克斯·普朗特量子光学研究所常务主任的荷伯特·沃尔特，在一次激光光谱学会议上碰到了卡斯坦·丹兹曼，并说服了他来接手加奇的引力波探测项目。尽管有过不了几年就要更换研究方向的习惯，但丹兹曼还从不曾研究过引力波物理。他原来学的是气体放电物理，花了10年在重离子碰撞、激光光谱学和正电子特征的研究上，而且还有建造紫外激光器的经验。但他还是欣然接受了邀请，要在这个新研究上一试身手。引力波研究需要"坚定不移，愿意冒险，失败时仍能保持乐观态度的人"，丹兹曼这样说，话语中透露出浓重的口音，这是在斯坦福大学教书时留下的。他还补充说，在天才和这个标准之间，还有一小片边缘地带。"我们可以直截了当地说，在这个领域里，标准那边的人所占比例要比其他任何领域都要高很多[1]，"他哈哈大笑说，毫不拘束，跟在家里一样。当他来到加奇时，GEO计划已经在拟定之中了。但还不到一年，这个项目就土崩瓦解了。东德（民主德国）、西德（联邦德国）统一后政府面临着一大堆财政难题，原要投给这个项目的资金也被取消了。到了1991年，政府支持全部撤销了。英国也由于预算问题冻结了这方面的资金。

其间，德国汉诺威大学物理教授荷伯特·威灵建议学校设立一个引力波物理方面的讲席，来扩大引力波研究的范围，正如加州理工学院所做的那样。建议被采纳后，丹兹曼于1993年接受了这个职务，并在汉诺威建立了一个马克斯·普朗克量子光学研究所的前哨站，还把加奇研究小组的很多人请到了这个北方小城来。一到汉诺威，丹兹曼就开始与詹姆斯·哈夫展开讨论了。这时哈夫已经接替德莱弗当了格

180

---

1. 他这段话是说，在引力波探测领域，"坚定不移，愿意冒险，失败时仍能保持乐观态度的人"所占的比例比其他任何领域都要高很多。——译者注

拉斯哥引力波探测小组主任，正准备把GEO重新提上日程，只不过这次的规模小了很多。"我们决不坐以待毙。"丹兹曼说。这次他们只能申请到1000万马克，还不到原GEO费用的1/10。"如果决意冒险，做任何事都另辟蹊径的话，我们确信用很少的资金就能做好，"他强调说，"所需要的只是一点创新意识。"除了创新，他们别无出路。新工程的尺寸将只有原来的1/5。

由于臂长为600米，他们就给这套设备重新命名为GEO 600，目标是探测10^{-21}量级的应变，比当时的原型强上千倍。丹兹曼认为它的优势在于体积小，灵活度很高。一旦有了新的想法，很快就可以更换设备，而不像大型探测系统那样，必须提前好多年就得选定设计方案，且不得再有更改。这样他们就可以很方便地试用其他探测基地已采用的，而且性能不错的配置了。GEO将扮演先进干涉仪设计实验台的角色。"如果缺乏资金，你得学会变通才能坚持下去。"丹兹曼这样说。这就意味着他们首先探测到引力波信号的可能性很小。抑或在大型探测系统首先探测到引力波之后，就可以在全世界建造一批像低成本的GEO 600这样的小型天文台，来提高引力波探测网的性能了。

GEO 600位于汉诺威南方30分钟车程处。这里是一个农业试验基地，土地归政府所有，是由汉诺威大学用来进行农业研究的。探测器就建在这片满是小麦、大麦、苹果、梨、覆盆子、草莓和李子的农田中间；管道臂是沿着农田小道建设的，很方便。1995年，工程开工，他们用单麦芽威士忌祝了酒，并往地基上也洒了几滴，算是对远方苏格兰方面的研究人员致敬了。"德国啤酒是后来内部供应的。"丹兹曼说。多年的亲密合作伙伴哈夫和丹兹曼，都是GEO 600的项目负责人。波茨坦艾尔伯特·爱因斯坦研究所的伯纳德·舒兹给了他们数据分析方面的技术。

设备尺寸曾受到了可用地的限制。它差点没有被称作GEO 573，因为其中一条管道臂只有573米长就到分配地皮的边界了。为了建成600米长的管道臂，他们以每平方米每年27芬尼[1]的价格租下了相邻的农田。为此，他们每年大约要多花上270马克。他们没打算把GEO 600弄得更长一些，建成另一个LIGO。沿农田再往前走200米就是莱纳河了。"这只是一个试验，"丹兹曼强调说，"并不是说要做上半个世纪那么久。"

如果说LIGO是一场奢华的百老汇演出的话，GEO 600就只能算是一场高中生比赛了。为了降低费用，德国苏格兰联合小组十分依赖学生劳动力，把他们放到了同汉诺威的技师及员工们一样重要的地位。"整个中心建筑只有LIGO的电子设备间那么大，"丹兹曼悲哀地笑了一下说，"承包商们的任务繁重，像铺水泥、建房顶以及整个楼体都是他们的活。剩下的就都是我们的活了。"学生们设计了无尘室的空调系统，共花费了2万马克。如果雇商业组织的话，将花费100万马克。为了节省费用，他们甘冒风险，比如向北和向东延伸的真空光束管。丹兹曼还说："这种设计还没有经过实践检验。尽管花费只有其他设计方案的1/10，LIGO还是因风险太大而放弃了这种设计。我们现在使用的真空管，在通风口和空调系统中很常见。这种管子管壁很薄，通过增加褶皱来提高硬度，从头到尾都是这样的，看起来像一只

---

1. "芬尼"及下文中的"马克"都是原德国货币单位（德国货币现为欧元），1马克＝100芬尼。——译者注

长长的风箱。如若不然，它将因顶不住压力而破裂。真空管的壁厚只有0.8毫米，总长度为60厘米。这样的设计用材很少，所以能够降低材料费用；另外管子很轻，操作起来也很方便，我们可以让学生来搬运它们。而且对支撑系统要求也不高，因为管子约略只有一张湿窗帘重。加热起来也很快，毕竟管壁很薄嘛，200安培的电流就足够了。"

GEO 600使用了一项很有前途的新技术来提高灵敏度，即"信号循环"技术。"信号循环"完整的概念是由格拉斯哥的物理学家布赖恩·米尔斯首次提出的。这种概念就是把干涉仪想象成共振棒探测器，可以"调"到一定的频率上。现来考虑一台收音机，你可以通过旋钮把它调到一定的频道，这样收音机就被锁定在固定频率的载波上了。接下来收音机就会接收载波"旁频带"的信号，也就是频率在载波附近的那些无线电波，而音乐和对话等都藏在这些电波里。从某些方面来说，引力波望远镜与收音机的工作原理相似。激光的频率是固定不变的。但引力波经过时，它就会扰动镜片，并影响到激光的频率。也就是说，引力波可以被看作暗含在激光频率两侧的"音乐"。这样一来，在干涉仪内来回循环的激光束，就有了暗含引力波在内的旁频带。循环过程中，旁频带就会被从激光载波中剥离出来，并送回干涉仪。这样，就可以建立并放大引力波信号了。

尽管臂长不足，但GEO 600仍有潜力得到相当高的灵敏度。理想状态下，它在宽频带上会比LIGO的灵敏度低上三五倍。而在某些特定的、更窄的频率范围上，其灵敏度有可能接近于LIGO和VIRGO。原因就在于GEO 600采用了大型探测系统将来才会采用的一些工程技术。除了信号循环外，它还使用了更先进的悬挂系统。最初的LIGO

使用的是一个钢丝做成的简单单摆系统，这种设计已被证实可行了。而 GEO 600 使用的是熔融石英丝制成的三层悬挂系统，LIGO 打算在将来的升级中也采用这种方案。丹兹曼说："这套设备的全部目的就在于向前推进实验结果的极限。当然，如果一切顺利的话，它也能探[183]测到引力波信号，尽管这并不是它的主要目的。"

　　日本的 TAMA 300 工程也是全球引力波探测网的一个节点。这台干涉仪位于三鹰市的国立天文台，离东京有 20 千米远。与其他探测器不同的是，TAMA 300 的 300 米长的管道壁全部建在地下长长的水泥管道里。他们还计划今后要建造一台臂长 3 千米的探测器，并使用冷却到接近绝对零度的镜片来降低热噪声。虽然 TAMA 300 的臂长限制了它作为真正天文台的作用，但它已经是一个重要的研发中心和未来干涉仪技术的实验台了。

　　这些天文台存在着一个缺陷。所有这些早期的干涉仪都是建在北半球的，地理上的局限性大大影响了对引力波辐射源的定位。考虑到这一点，澳大利亚的研究人员们认为在澳洲建上一台探测器将会提高全球引力波探测网的性能，并为此积极奔走。他们把这台探测器叫作 AIGO[1]，"澳洲国际引力天文台"的意思。AIGO 与其他探测设备的距离几乎都相等，这样的地理位置既增加了引力波望远镜网的灵敏度，又增加了其分辨能力。澳大利亚在宇宙探测上投入的力度很大。"一台南半球的探测器，是全球引力波探测器阵列的一个重要组成部分，"澳大利亚国立大学的约翰·桑德曼说，"一台干涉仪并不是一架真正

---

1. AIGO 系 Australian international gravitational observatory 的缩写，意为"澳大利亚国际引力天文台"，这里简称为"澳洲国际引力天文台"。——译者注

的望远镜。事实上一家天文台需要至少4台干涉仪。"

　　澳大利亚的研究人员们已经建造了第一台探测器，地点在珀斯向北1小时车程处的沃林伽普平原。常常有游人穿过这里前往澳洲著名的尖峰石阵。这片只有土著居民的土地是一片沙质平原，吸收地震震动的效果理想。这台探测器将分步建造。刚开始建了一台80米长的原型来测试所需技术，之后在资金允许的情况下，将不断加长管道壁，直到4千米长。这样一来，它的观测范围将从银河系扩大至其他星系。像GEO一样，AIGO也将会冒险采用先进的材料和设计方案。"引力波望远镜不是光学望远镜，你不能把它建好后就放在那儿好几年都不改动，"桑德曼说，"这是一个不断引进新技术的过程。"他想象着在LIGO的灵敏度曲线上"钻一个洞"——换句话说，通过这个项目他们可以探测的越来越小的应变，远小于LIGO所能探测的，只不过要局限在一个能使用信号循环技术的频率范围内。他们还在试验用人造蓝宝石来代替熔融石英作为镜片和其他光学仪器的原材料，来提高灵敏度。

　　也有可能一旦世界上所有的探测器首次全部打开——开启激光器并收集数据——立刻就能探测到一些信号。然而，这更像是一次试验航行，一个慢慢学习仪器使用和理解各种不同噪声的过程。大部分人都相信10年内，在第二、第三代探测设备建起来之前，将不会探测到哪怕一个信号。但是，一旦有人捕捉到一个引力子，无疑将会成为诺贝尔奖的热门候选人，这个诱惑有可能把引力波探测领域推向各天文台之间的一场高利害竞争中去。怀斯很担心这个。"我们已经说服人们为我们提供3亿美元来玩这个游戏了，"他说，"欧洲也发生着同样的事，现在又要蔓延到日本和澳大利亚了。如果科学家们像小乐团经理们一样争抢生意的话，那我们就麻烦大了。要是退化到这一地步的话，我将十分生气。"他怀疑这是不是从粒子物理领域带过来的恶习（很多引力波天文学家都来自于粒子物理领域），大家都拼命抢在前面得到结果。

为了阻止这种白热化的竞争，怀斯想建立一套确认"最先发现"的准则。1998年在利文斯顿探测中心召开的一次引力波研究大会上，怀斯丢出了这颗重磅炸弹。他说："核心问题在于探测者的信心。"谈到LIGO，他希望他那三台干涉仪（两台4千米长的，一台2千米长的）能同时进行探测。此外，在汉福德和利文斯顿之间应该有一个适度的时间差（10毫秒传播时间），还应该没有什么明显的环境干扰。所有的基地探测到的都应该是一样的波谱，一样的波频和一样的波幅。"我们花了很多钱，所以一定得小心谨慎。"他强调说。他还推测，等到这个领域成熟起来，并有了更多的探测活动之后，再判断一个信号是不是引力波就不会有那么大的出入了。在这之前，他希望能避免过 185
去那样的冲突。他给当前世界上引力波项目的头头们开出了这么个药方："只有在全球所有运行着的探测器，都进行了数据分析并得出具有统计意义的结果之后，才能宣布探测到了引力波……把数据和统计结果交给由各个观测小组的代表组成的委员会。最初发表的内容要分为两个部分。一篇论文来自观测小组，内含他们的分析；另一篇来自委员会，内容包括这种全球性探测的统计学意义，特别是某些设备探测到引力波的可能性和把握度，以及其他设备没有探测到引力波的原因。"

怀斯还提问说，如果一个小组宣布探测到引力波了，而其他小组持不同意见怎么办？他自己回答说：“那样的话，我们绕了一圈又回到了乔那儿。”这里他指的是就韦伯的共振棒探测器检测到的结果，在韦伯自己和引力波探测领域其他成员之间至今仍然存在的分歧。如果引力波探测器检测到了振动，而伽马射线探测器和地下的中微子望远镜也接收到了来自银河系一颗可见超新星的信号，那么，整个引力波探测领域都将喜气洋洋。这将会是另一个灰姑娘的故事，但更有可能的是判定过于武断了。正如高能物理方面的老手们在利文斯顿大会上向怀斯指出的，更为现实的做法是假定那些声称可能探测到了引力波、并催生出某种声明的新闻存在漏洞。在这个网络发达、消息灵通的世界上，深思熟虑后得出的结论还是能坚持一小段时间的。在有多大的把握时才能说某种东西是一个“发现”，或者仅仅是“××的一个证据”，这个问题即使最优秀的科学家们也会莫衷一是，而且周围的环境还会改变他们的看法。正如辩论中一位LIGO的研究人员所说的那样，“资金缩减时，标准也可能会跟着降低”。

LIGO这个项目曾因受到反对而几度下马，但由于NSF坚信它的合理性，并力争保留它，这才坚持了下来。因此，研究人员的压力很大，要尽快探测出结果来。“但如果LIGO给出华而不实的结果，它将失去大家的支持。”盖里·桑德斯说。

为了提高结果的可信度，怀斯希望全球的探测小组都克制自己，不要发表没有把握的结果，特别是在一台探测器探测到了所谓的信号而其他探测器都没有的情况下。他希望引力波天文学家们单独行动的同时，还要为大局着想。“满眼望去，都是我们的年轻人 —— 现在也都有了白发了。他们已经在引力波探测领域工作了20年。这是我们做科研所必需的时间,"他着重强调说,"引力波探测并不仅仅是一个实验。我们希望能更深入地了解这个宇宙。"天文学其他领域也有这种合作的范例。比如说,天文学家们已经达成共识,任何看似来自地外文明的信号,都必须得到两个或两个以上的天文台的证实才能公布于众。而共振棒探测小组们已经在交换数据并一同发表结果了。

但是巴里希反问道,一家天文台在发布结果之前,应该要等上多长时间呢?这个建议真的可行吗?除非信号特别强,不然判定是不是一个引力子将需要一个很长的过程。仅仅在一个探测小组内,就需要几个月甚至几年的时间来排除所有可能的干扰源,最终达成一个可信度很高的共识。通过计算机分析,将花上一个小组一整年的时间来把引力波信号从噪声中提取出来。为了让另外一个小组检验他们的数据并得出相同结论,他们一定要再等上一年的时间吗?拦下一份声明给这个领域带来的危害,要比过早地宣布一个探测结果大得多。如果一个项目都面临下马了,还在等着下什么金蛋的话,那真是愚不可及了。

或许更麻烦的是等待自身。巴里希预料在LIGO以及其他探测器查找漏洞的那几年时间里,将会有人丧失信心,转而对他们持批评态度。引力波天文学,至少在刚开始时,是需要耐心的。巴里希强调说:"第一套设备并不是最终的探测装置。"尽管技术上顾虑重重,但他在科学上还是蛮受鼓舞的。"人们能预测到引力波源就在我们附近,这件事让我信心倍增,"巴里希说,"与预测磁单极子相比,这些引力波源并不只是乐观的猜想而已。"

第9章
宇宙的乐章

187　　　毕达哥拉斯学派是由古希腊哲学家毕达哥拉斯一手创建的。关于这位先贤，我们最为熟知的是他著名的直角定理：弦的平方，等于勾与股的平方和[1]。在公元前5世纪和前6世纪，毕达哥拉斯学派致力于研究像这样的数学美，并把这种美推而广之，应用到了对宇宙的思索中去。他们坚信从地球到天堂的一层层宇宙，就像梯子的一级级阶梯一样，承载着一颗颗行星，发出的谐音奏成了一曲美妙的宇宙乐章。这个系统的一个版本是，从月亮直至最外层静止不动的恒星，每颗行星哼唱的音调都要高过前面一个。17世纪的天文学家约翰尼斯·开普勒是这套思想的狂热支持者，甚至还写下了一些只有上帝才听得懂的天庭乐曲，分别与在各自轨道上运行着的一颗颗行星相对应。[2]但他

188 不曾预料到的是，自己的乐曲将会在一个完全不同的天文舞台上找到用武之地。

1.原文的意思是"直角三角形斜边的平方，等于两直角边的平方和"。这里是按我们通常的说法来翻译的。关于勾股，古时人们把手臂弯曲成直角，上半部分称为"勾"，下半部分称为"股"。而对于直角三角形，一般我们称较短的直角边为勾，较长的直角边为股，斜边为弦。——译者注
2.毕达哥拉斯持有"宇宙和谐论"。他发现宇宙中各层次的结构之间存在着"数"的秩序的"相似性"，并把宇宙的不同层次，看作是"大宇宙"与"小宇宙"，认为"数"的秩序体现着音乐的本质，自然的法则就是艺术的法则。他假设宇宙行星（当时的行星指从地球上看起来运动着的天体，包括太阳、月亮和五大行星）之间存在着和谐关系：太阳、月亮及各行星以不同比例的速度和距离绕地球运转，从而产生不同声音，称为宇宙的乐章（music of the spheres）。古罗马哲学家西塞罗（公元前106—前43）及其他一些人则认为当时太阳系已发现的七个天体（月球、水星、金星、太阳、火星、木星、土星）就是音阶中七音的本源。直到17世纪这种关系被德国数学家、天（接下页）

　　在天文学历史上，大部分时间里人们研究宇宙都只用一种手段，也仅仅只有这种手段：接收来自宇宙的电磁辐射。对于开普勒之前的天文学家来说，肉眼是他们唯一的接收"仪器"。后来，人们开始利用各种透镜和反光镜来聚焦并放大可见发光体。到了20世纪中期，天文学的兵器库里又新添了多种仪器来收集电磁波谱其他范围内的光子——无线电波、红外光、紫外光、X射线以及伽马射线等。与此同时，科学家们也开始捕捉像宇宙射线和中微子这样的来自外太空的粒子了。宾夕法尼亚州立大学的理论家萨姆·芬曾说，每出现一种新的观测手段，天文学家们就会有意料之外的发现。射电天文学家们发现了天庭风景画上还点缀着脉冲星、类星体以及大块的分子云。而X射线天文学家们却惊叹于X射线双星们的高辐射功率，这种现象强烈暗示着黑洞的存在。芬还冷冷地说，应该得出的教训就是"天文学家们没有想象力"。

　　据此理念，没有谁能说得清引力波会带给我们什么，因为引力波将为搜集宇宙信息提供一个更为根本的手段，只要把它和电磁辐射比较一下，很容易就能看出来了。电磁波是由单个原子和基本粒子发射出来的，而引力波却是大块物质运动时发出的。引力波的频率直接与辐射源运动的频率相关。现举一例，胡尔斯－泰勒双星的两颗中子星每8个小时绕彼此旋转一周，辐射出的引力波的频率就是10^{-4}赫兹。

文学家开普勒通过精密观察与精确计算所证明。开普勒认为天体运动应该是和谐而有规律的，行星的运动是有节奏的，是遵从和声规律的，是一首延续不断的多声部乐曲。据他的推理，在太阳系这首乐曲中，自低至高依次是：木星、土星是男低音，火星则是男高音的假声，地球是男高音，而金星和水星相当于女高音，他以他宇宙和谐的理论编写了奇特的宇宙天体音乐。据说开普勒的行星"第三定律"就受到了他家乡巴伐利亚民歌《和谐曲》的启示。他的这种观点虽然在300多年前已经做了阐述，但人们还是无法听到这种天体音乐。直到1979年，当代音乐家威利·卢福与钢琴家罗杰斯在美国普林顿大学计算机中心，根据开普勒行星的三大定律，将天体运动的数据翻译成了可以听得见的音乐，自此天体运动与音乐才有了一种直接的联系。——译者注而在数千年之后，它们的轨道速度将会增加，辐射出的引力波的频率相应也会增高。这样的双星系统辐射出来的引力波（碰巧）落在音频范围（20 ~ 20000 赫兹）内时，LIGO 就能探测到它们了。

当物质运动的速度接近光速时，辐射出的引力波最强。超新星内部以及黑洞碰撞时将会出现这么快的运动。这样一来，我们就有机会探测这些宇宙中最剧烈的天文现象了。比如说，天文学家们将有机会窥探一颗爆发中的恒星的最里层。这是因为引力波可以穿物质而过如无物，而不像大部分的电磁辐射那样，会被途经的物质吸收或散射。电磁波在时空中运行，而引力波却是时空自身的晃动。有了引力波探测器，我们就可以从时空的振动来了解宇宙了，就好像是给至今才拍摄好的一部无声电影配上声音一样。引力波天文学家们将会聆听到毕达哥拉斯宇宙乐章的现代版。

当韦伯和其他实验家们发起引力波探测的首次突击时，理论家们也不甘落后。随着一台台探测器的建造，广义相对论方面的专家们也在做出贡献，指出了探测器将会接收到什么样的"曲调"。首先他们必须熟练掌握相对论方程，否则将无法处理这个问题；之后他们再去确定不同天体物理事件辐射出的引力波的类型。在他们这支球队中，踢前锋的就是加州理工学院的基普·桑尼。

怀斯向来对理论家们就没什么好感，自己对此也毫不掩饰；但对他来说，桑尼却是一个例外。一次在 MIT 研讨会上介绍桑尼时，他曾说："桑尼是最平易近人的理论家之一，他还支持 LIGO 项目，而不是坐在后面捣鼓一些毫无意义的计算。"桑尼甚至在仪器使用方面也有一定的贡献，曾提出了一个办法来确保LIGO管道内任何偏离预期方向的激光都能被散射掉，那就是把管道内壁边缘都给锯齿化。桑尼是一位理论家，但他还拥有很多头衔。他曾研究过经典时空观的起源，并钻研过黑洞物理学。在公众眼里，他因在"虫洞"方面的理论而最为声名狼藉。"虫洞"是指一种假想的多维空间里的宇宙隧道，一种通往其他宇宙和其他时间的捷径。虽然听起来像科幻小说中的东西，但在爱因斯坦场论方程的真解中却能找到它们的身影。桑尼是在20世纪80年代中期，应朋友之邀才开始研究这种怪异的东西的。当时正在写科幻小说《接触未来》的天文学家卡尔·萨根曾问过桑尼是否存在一条科学上合理的通道，能让他书中的人物们轻易穿越宇宙。

桑尼和学生们一起，利用虫洞给出了一个解决方案。这篇论文 190 于1988年在享有很高声誉的《物理评论快报》上发表了，题为《虫洞、时间机器和低能环境》。但后来桑尼一直在与一队研究生和博士后一起计算LIGO的理论需要，这是他近年来最重要的理论活动。他在加州理工学院的小组一直在模拟可能的引力波辐射源，并预测不同波形的特征。

桑尼出生于1940年，在犹他州一个当时还只有16000人的大学城洛根长大。尽管父母都是摩门教徒（他们的祖先都曾跟随着百翰·杨[1]西迁至犹他州），但他们并不遵循摩门教传统的保守生活方式，而是远为自由。桑尼的父亲是犹他州立大学一位著名的土壤化学家；

---

1. 摩门教是由约瑟夫·史密斯于1930年在纽约创立的，提倡一夫多妻制，并因此与民众发生过冲突。1944年，史密斯被人枪杀，百翰·杨成了继承人，决定重振摩门教。由于当时摩门教名声败坏，他便率众西迁至犹他州的盐湖城。如今盐湖城的摩门教徒已占75%，但他们已不再主张一夫多妻制，而是注重家庭生活，他们的家庭常常由一父一母加一大群孩子组成。——译者注

而有着博士学位的母亲，曾发起了犹他州立大学的妇女研究项目，并参加了反越战大游行。桑尼是 5 个孩子中的老大，很小的时候就开始对科学着迷了："8 岁时，母亲曾带我去听犹他州立大学一位地质学教授关于太阳系的讲座，我立刻就着了迷。那是我第一次接触天文学。之前我曾希望长大后做一名扫雪机司机。对于一个常常有着两三米高雪堆的山区小城的孩子来说，扫雪机司机是世界上最厉害的人物了。"到他十几岁的时候，物理学家乔治·伽莫夫写的一本名为《从一到无穷大》的科普书，又把桑尼吸引到相对论上来了。这就燃起了他学习几何的热情，于是他花了大量暑假时间在四维几何题上。高中时，他如自己所说，是一个"自负的家伙"。他从九年级起就开始旁听大学的课程了，包括地质学、世界历史和数学。在高中课堂上，如果觉得无趣的话，他抬脚就走。"他们猜想我应该是逃课去听大学课程了。"桑尼说。

桑尼叛逆的个性到 1958 年去加州理工学院读研究生时仍没有改掉，三个夏季他都在聚硫橡胶化工公司帮助设计用于民兵导弹的火箭发动机。到了第四个夏季，当被要求在麦卡锡时代遗留下来的忠诚誓言上签字时，他拒绝了。正因为这个原因，他没有得到颇负声望的 NSF 研究所奖学金（尽管后来在忠诚誓言签字被取消后，他获得了一份这种奖学金）。

在 1962 年选择研究所之前，他基本上已经定下来要去哪儿了。在浏览物理期刊时，桑尼立刻就明白了广义相对论方面最有趣的研究工作正在约翰·惠勒的老根据地，普林斯顿大学进行着。俩人第一次会面时，惠勒讲了两个小时，列出了当时尚未解决的问题的要点，桑尼一直都在聚精会神地听着。桑尼选择了黑洞物理学这个方向，不过"黑洞"这个词是5年后才开始使用的。乔·韦伯也常常出现在校园里，因为他每过一段时间就会从马里兰前来普林斯顿，与惠勒、迪克和戴森讨论他第一台共振棒探测器的建造问题。桑尼只用了3年时间就完成了一篇论文，是关于假想中细长圆柱形相对论物体的，然后就取得了博士学位。出乎所有人，包括他自己意料的是，他发现这些不同寻常的物体有一部分是稳定的。今天，这个问题已经不再只是一个论文题目了，理论家们在理想仅存在1秒的早期宇宙在诞生后的一小段时间里，是否曾经产生过类似于此的、现在被称为宇宙弦的东西。

桑尼于1965年回到了加州理工学院读博士后，这里也最需要他广义相对论方面的技巧。两年前，天文学家们发现了类星体，有人就开始猜想它们是否与黑洞有关了。但加州理工学院的其他人，特别是威廉·福勒和弗莱德·霍伊尔，却怀疑超大质量恒星是否是类星体的能量源。福勒挑了几个学生去帮助桑尼研究这个问题。后来，福勒因为有一些新的课题要研究，就放弃了NSF提供给他的相对论天体物理学方面的研究经费。桑尼基本上把这笔钱全部接了过来，从而得以在过去的几十年里招了将近40位博士生和另外36位博士后跟着他做研究。结果加州理工学院取代普林斯顿大学，成了广义相对论研究方面新的麦加圣地。桑尼也因自己的吉普赛人形象——长发披肩，满面胡须，身着丽服，足踏便鞋——而成了校园里的知名人物。

桑尼常常要求自己的工作是建立在真实世界的基础上的。"在把相对论与其余的物理联系起来这方面，我们还大有可为。"桑尼说。这是桑尼在普林斯顿大学学习时养成的习惯。在那儿时，他不但在惠 192

勒的指导下学习，还定期前往罗伯特·迪克小组，与他们的实验工作保持着联系。桑尼在与家人一起从普林斯顿大学驱车返回加州理工学院的路上，回忆了前往芝加哥大学拜访著名的天体物理学家苏布拉马尼扬·钱德拉塞卡（1983 年诺贝尔奖得主，钱德拉 X 射线天文台就是以他的名字命名的）这件事。他与钱德拉塞卡讨论了中子星和引力坍缩后形成的天体，后者在当时还只是一种臆测。"它们看起来离天文观测太遥远了，"桑尼说，"但钱德拉塞卡却比较乐观，说中子星和后来被称为黑洞的天体，过不了多少年就会被发现了。他的话对我影响至深。我只想在有观测结果支持的领域进行研究。"

　　没过多久，也就是在 1967 年，天文学家发现了脉冲星，桑尼更加坚信自己研究的奇异天体将不再只是一种理论产物了。然而，正当中子星逐步为世人所承认时，黑洞却仍然只是一种猜想。很多天文学家仍坚信大自然总会找到一条出路，防止恒星内核 —— 重于中子星的内核 —— 坍缩成奇点（天文学家们认为中子星质量的上限应该在太阳质量的 1.5 ~ 3 倍）。随着年龄的增长，恒星的质量不断下降，有人认为它们的质量总会降低到黑洞极限以下。桑尼当时正处在一个大怀疑思潮汹涌澎湃的年代。"近年来的怀疑论是关于引力波探测的，总有人怀疑天体辐射出的引力波，是否会强到我们能够探测到的地步，"他说，"当时的怀疑论并不是这样的。当时的思潮认为相对论确实是一套漂亮的理论，但它与我们的现实世界没有太大关系。它只是一套数学理论，受人追捧的原因在于它难度很高。从 30 年代中期直到 70 年代，整个物理学领域都持这种观点。但我发现自己跟着惠勒的步伐，已经在提倡相对论确实与天体物理学关系密切这种观点了。"桑尼曾与迈斯纳和惠勒合著了一本十分著名的教科书《引力论》，并于 1973

年出版了，其原意就是为了进一步深化相对论与其他物理领域间的联系。"从某种意义上来说，这本书就像我的公共讲演一样，也是一张 [193]宣传卡片。我正试图说服物理学家们这是一个与其他物理关联紧密的领域。"桑尼说。而最终起作用的是新天文学领域迅速涌现的各种观测结果，特别是 X 射线天文学领域的观测结果。按桑尼的说法，"最后一槌"是在仔细考察了天鹅座方向一个异常明亮的 X 射线源之后才敲下的。天鹅座X-1号强烈的X射线是由一个双星系统发出来的，它由一颗蓝巨星和一颗看不见的暗星组成。根据测量，暗星有10 ~ 20个太阳那么重，足以说明它就是一个黑洞。而X射线是在黑洞不断把物质从蓝巨星那儿拉扯过来，卷入自己体内的过程中发出的。

30年前，桑尼就开始和学生们一起研究中子星和黑洞的稳定性了，从而在广义相对论领域开辟了一片小天地。"所有这些都是跟韦伯的实验相衔接的，我们正尝试着去弄明白他的共振棒探测器探测到的特殊信号源到底是什么，"桑尼说，"我总是惦记着他的实验。"当时有人怀疑如果黑洞从附近伙伴那里不断窃取物质，旋转的速度因此而越来越快的话，最后它会开始振动并把自己撕裂开来的。这倒是避免宇宙中存在这种丑陋的东西的一个途径。但是桑尼的三个学生，理查德·普里斯、比尔·普莱斯和索尔·吐克尔斯基研究了黑洞的振动之后，证明了如果黑洞受到扰动的话，伴随着能量以引力波的形式辐射出去，扰动将会迅速减弱。最后，黑洞仍是那个完整无缺的黑洞。桑尼指出，中子星也是这样的。他还派了学生去拜访数学学院，并带回了新技术来分析从恒星和其他系统传过来的引力波。经过多次检验之后，他们和其他大学的同事们都得出了相同的结论：如果质量足够大的话，形成黑洞是必然的。振动自身并不能阻挡这种趋势。即便一个黑洞撞入另一个黑洞 —— 可以想象得到的宇宙中最猛烈的事件之一 —— 其结果也不过是形成一个极其稳定的更大的黑洞。

194　　就这样，桑尼开始主攻引力波物理学了。"我不喜欢研究已经有其他人在研究的方向，因为我更喜欢独树一帜。我不想整天担心着如果今天不做点什么的话，竞争对手明天就会解决这个问题了。"他这样解释说。他有意赌上这一局。当时，大多数人对短期内探测到引力波都不抱太大希望，都不相信短期内技术就能发展到这一步，所以对引力波深层次的物理性质都不太关心。"不过，我觉得应该试一下，"如今他这样说，身上仍然穿着宽松的棉线衬衫，不过曾经的长发已经剪短了，而且白了不少。

要确定每天有多少引力波在沐浴着地球并不容易。这个数目强烈依赖于理论模型。要确定超新星爆发或黑洞碰撞这样的天文事件辐射出的引力波能量，就需要建立一定的理论模型。理论模型都是很复杂的，而且还随着不同的解决方案走上或退出天文学舞台而频频更换。长期以来，桑尼都保有一张列表，最上一栏标有"最真信念"的字样，下面填有预计可能存在的最强引力波，它们都没有触犯人们对于引力本质的惯常理解。时至今日，他在加州理工学院的小组以及全世界其他的小组，已经列出了众多各式各样的潜在引力波源。

黑洞碰撞

LIGO 正等着大猎物现身呢。将要探测到的引力波源至少有太阳那么重，但很可能会更重。它们的运动速度很可观，大约是光速的

1/10到接近于光速。迄今为止，最令人振奋的发现将会是两个黑洞的碰撞。这种天文景观最终将给黑洞戴上宇宙真正居民的桂冠。考虑到这一点，黑洞存在的证据必须翔实可靠。X射线望远镜每隔一段固定的时间就会收到遥远的旋转天体传过来的信号，天文学家们解释说那正是在黑洞吞咽从恒星邻居那儿抢来的物质之前发出的。不过，我们仍然看不到黑洞自身。但是，如果两个黑洞围绕彼此旋转的话，就总会有现身的那一刻。它们最终将盘旋着撞到一起；毫无疑问，它们同时也将辐射出一系列引力波，其中就保存有这次致命碰撞的记录。这个记录将是黑洞特有的一个宇宙标志。 [195]

两颗缓慢地绕彼此旋转的黑洞，就像赛场上两名相扑选手谨慎地打量着对方一样。数千万年以前，这两个黑洞还只是普普通通的恒星，直到它们耗尽了所有的燃料，坍缩成人们所能想象到的最致密的物质形态。它们不只是时空的缺口，还是无底陷阱。哪怕一丁点儿的光线或物质都不能逃离这种引力深渊。所以普通的望远镜看不到它们，理论家们除了想象一下它们也别无所为。只有引力波望远镜才有可能窥其一斑。

这种情形只会在某个决定性的时刻出现。或许要等两个黑洞慢慢绕彼此旋转数百万年之后这个时刻才会来临。在这之前，两个旋转着的黑洞将一直稳定地发射出很微弱的引力波，即一种沿着时空面不断向外扩散的尾迹，就像旋转焰火的螺旋状图案一样。它们就这样不断地损失能量，并随着时间的流逝，最终将无情地短兵相接。而在此过程中，靠得越近，它们旋转的速度就越快。

　　在这曲致命舞蹈的最后一刻，引力波将强到我们能探测到的地步。地球上的探测器将记录下一串哀鸣，一组调子急速升高的波动，就像飞驰而来的救护车的尖叫声。桑尼指出，我们不应该把这些黑洞看作普通的质量，而应该想象成时空中的龙卷风，它们在绕彼此旋转时也拖动了周围的时空。"就像陷在第三个里头的两个龙卷风，都正在聚拢到一起。"他说。当旋转的黑洞即将碰到一起时，旋转的速度也将越来越快；快到接近光速时，哀鸣声也就变成了一阵"唧唧"声，一种鸟鸣一样的颤音，在大约几秒内音阶急速而上。然后是仅仅毫秒长的一声类似于铙钹的响声，向宇宙宣告两者最终的碰撞与合并。就这样，两个黑洞合二为一了。随着这个新的实体，新的时空陷阱像《绿野仙踪》[1]中可怕的龙卷风一样不断地打旋，将会出现一声铜锣那样音调不断下降的"降音"，颤动一会儿后重又归于寂静。而两个黑洞的质量可以通过它们彼此相伴的总持续时间得出：质量越重，相互的吸引力就越强，结合的速度也就越快。

　　多年以来，理论家们都认为，等到有一天引力波望远镜的灵敏度足够高了，连经过5000万光年的长途跋涉才从稠密的室女座星系团赶到地球的信号都能探测得到了，它们能够探测到的这种黑洞碰撞事件每年也就几宗而已。而更近一些时候，西蒙·波特吉斯·兹沃特和史蒂芬·麦克米伦给出的计算结果表明，银河系以及其他星系里的黑洞双星系统比早先预计的要多，有可能多上千倍，不过这个计算结果只是暂时性的。黑洞双星可能诞生于球状星团中，后者

1. 系美国作家莱曼·弗兰克·鲍姆所著的一部童话小说，原名为《奥兹国的魔法师》（The Wizard of Oz），书中开篇讲的就是一阵龙卷风把主人公桃乐丝和她的小狗托托吹到了陌生的芒奇金国去了，故事便由此展开。此书深受欢迎，曾被誉为20世纪美国最杰出的儿童作品。——译者注

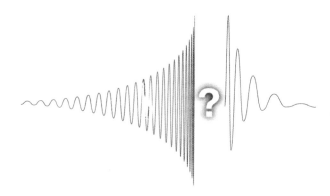

天文学家预期的两个黑洞碰撞时发出的引力波波形。当两个黑洞旋转着越来越
靠近对方时，引力波的频率也在不断升高。最后是一段"降音"。不过，至今还无人
知晓碰撞那一刻引力波信号的形状是什么样子的

是一大群恒星的组合，恒星们密密麻麻分布于其间，相距只有数光
分[1]而不是数光年。有100多个这样的星团散布在天河平面之上或之
下[2]（其他星系中也是这样的）。这种星团中生成的任何单个黑洞最终
都将稳定于星团的中心，并可能在那儿碰到其他黑洞。由于受到彼此
的吸引，它们将找到自己的伴星，形成双星系统。双星们在星团中不 197
断旋转，可能会有一部分获得足够快的速度从而得以结伴逃离星团。
在星团外自由自在的这两颗黑洞，将逐渐旋转着向彼此靠近，最终结
合在一起。这是毫无疑问的。据此物理学家们可以最终找到黑洞 ——
宇宙中最奇异的星体 —— 存在的证据。它发出的那悦耳的引力波之
"歌"，那蔓延至整个宇宙的与众不同的时空涟漪，将会把自己给出卖
了。美国国家研究理事会在1999年度的《引力物理》报告中声称，这

1.指光在1分钟内的行程，等于1800万千米。——译者注
2.银河系中已知的球状星团约有150个，散布在一个围绕着银河系的球状晕中，故它们并不聚集在
天河平面附近，但大多数都比我们距离银河系中心更近。——译者注

样的发现"将登上科学史上最不同寻常的发现之巅峰"。通过聆听这些曲调，天文学家们甚至还能看清超大质量黑洞的真面目。这种黑洞位于遥远星系的中心，是通过不断吞噬周围的天体形成的，每个都抵得上百万或者更多个太阳那么重。桑尼说，引力波天文学最终将会让黑洞们看起来跟普通天体一样。

虽然计算相对论已经能很好地模拟出两个黑洞旋转着靠近对方时发出的哀鸣和尖叫声了，但它们碰撞时的撞击声对理论家们来说却仍是广义相对论方面的一个挑战。碰撞的细节仍待全面解决。近几年来，在"黑洞双星之重大挑战"课题中，天文学家们已经取得了一些成果，离问题的解决又近了几步。此课题只是一系列唯有通过大量计算才能解决的问题之一，另外几个科学挑战包括：星系的形成、由射电天文数据合成图像、基本粒子物理学中的夸克−胶子等离子体的特征、像高温超导材料这样的特殊材料的量子力学模拟。所有这些课题的经费都由NSF提供。共有来自8所大学的30位科学家参与了黑洞相关的课题，研究内容包括探索黑洞的性质和预测黑洞碰撞时发出的引力波。预测结果将会对确认和解释LIGO探测到的信号大有帮助。

得克萨斯大学奥斯汀分校引力中心主任兼大挑战项目组组长理查德·麦兹纳说："爱因斯坦的方程，是通过漂亮但很复杂的非线性偏微分方程来刻画引力波的。"解这样的方程并不是纸笔所能胜任的，而是要动用世界上最快最强大的超级计算机进行繁杂的计算才行。变换成计算指令后，爱因斯坦漂亮的方程每一部分都将由数千条指令组成，需要编出特殊的程序来处理。由于解决问题的过程太复杂了，小组们只好分步进行。第一步，他们先计算一个简单的模型：两个不旋

转的黑洞迎面碰上并结合。其中的每一阶段 —— 从远距离的遥相呼
应到近距离的亲密接触 —— 引力场图景都在不断变化着，这样他们
就能得到一个步步发展的过程。但这只是一个不切实际的模拟，因为
宇宙中并不存在这样的碰撞。黑洞跟其他恒星天体一样，也是不停旋
转着的。而考虑两个黑洞时，它们还有绕彼此旋转的运动，这又增添
了数值模拟的复杂性。大挑战课题的目的就是要开发出进行第一步
模拟所必需的工具，进而在此基础上再进行最优化。最优化取决于两
方面的因素：计算方法和计算机的性能。20世纪90年代初期，科学
家们要完成两个黑洞旋转着靠向对方的三维模拟，需要计算100000
个小时（超过11年的时间！），所以数值模拟只能是一种空想。而如
今，通过使用并行处理器以及最优运算法则，所需运算时间已经降至
1000个小时了，可行性大大提高了。但是，在完全解决两个黑洞的碰
撞问题 —— 弄明白最后几圈旋转和最终结合的过程中到底发生了什
么 —— 之前，计算机内存还需要增加100倍。萨姆·芬把完全解决黑
洞碰撞问题称作黑洞物理学中"最后一段尚未标明的边境线"。

中子星碰撞

　　理论家们几乎可以肯定其存在的天文现象，就是中子双星系统中
的两颗中子星碰撞时发出的响彻寰宇的撞击声。当中子双星围绕彼此
舞蹈一曲将终时，它们就会旋转着冲向对方，发生碰撞。甚至早在首
次发现中子星的4年之前，也就是在1963年，物理学家弗里曼·戴森
就曾推测这样的一对中子星将会发出引力辐射。当时他曾写道："看
起来很值得用韦伯的探测仪器或在其基础上进行合理改进后的仪器
来监测这种天文事件。"这种想法很有先见之明。引力波天文学们 199

怀疑这种天文事件将会成为他们的研究赖以生存的必需品。前面已经提到过，著名的休斯－泰勒双星中的两颗致密物质球现正在辐射10^{-4}赫兹的引力波。只有在生命的最后15分钟，它们已经靠得很近很近，将要合二为一时，引力波频率才会从10赫兹上升至1000赫兹，触发地球上的引力波探测器。但休斯－泰勒双星在几亿年内还不会发生碰撞。"所以我们必须走出银河系，来给研究生们找个课题做。"桑尼开玩笑说。等到探测器灵敏度足够高，能够探测银河系以外的天文现象时，它们就可能探测到其他星系里中子双星的碰撞了。事实上，他们所选定的LIGO管道臂的长度，就使得它最终能够看到几十亿光年以外的这种事件，从而能探测到许许多多的引力波源。

多长时间才能碰到一次中子星碰撞呢？这得由统计数据和最新的理论模型说了算。理论家们得先拿到银河系已知存在的中子双星数目，再推而广之，才能计算出LIGO最终所能探测到的、数亿光年范围内的中子双星数目。最后得出的LIGO一号所能探测到的中子星碰撞事件频率很低，最多每个世纪只有10次。但升级后的LIGO二号将每天都能看到1次。

这些中子双星们将会向宇宙广播它们特有的哀鸣和尖叫声。由于比黑洞质量要轻，一对中子星将需要更长的时间来结合，所以最终可探测的信号将会持续数分钟，而非数秒。这两颗山脉一样大小的球体在旋转着冲向对方时，引力波望远镜将会记录下一串频率越来越高的正弦波信号。在最终相遇之前的5～10分钟，两颗中子星相距大约800千米远，每秒钟大约绕彼此旋转10圈，旋转的速度接近于光速的1/10。在最后的时刻，它们将会被彼此的吸引力拉扯得严重变形，并将拽上周围的时空，以每秒1000圈的速度绕彼此旋转。这种波形 —— 它们的"尖叫声"—— 将含有这些致密星体的密度和成分等信息，对于那些知道如何读懂它们的人来说，这些信息极具价值。一[200]旦碰上了，两颗中子星将会被撕成碎片，可能还会有伽马爆释放出来。

然后呢？没人肯定将会发生什么。"中子双星大挑战"，这个NASA发起的正在进行中的研究，可能会帮助我们找到答案。碰撞后的残骸可能会结合成一颗新的、更重的中子星。如果足够重的话，它们有可能会聚结成一颗完全不可见的星体，进而演化成黑洞。只有引力波望远镜才能告诉我们最终的产物是什么。不过，一旦探测到了信号，宇宙学家们又捡了个便宜，他们一直都在宇宙的尺寸这个问题上争论不休。当前距离的测量依赖于恒兴亮度和星系外观大小这样的准绳，但天文学家们仍在就这些标准烛光[1]的解释喋喋不休。直到最近，距离的估计上下已经相差2倍了；对天文学家们来说，这就像地理学家只能在3000～6000千米估计纽约到洛杉矶的距离一样惹人上火。但是，知道了两颗旋转着冲向对方的中子星发出的引力波能量，再与引力波到达地球时的波长相比较，天文学家们就可以计算出这些波在到达地球之前已经跋涉了多少路程了。这样，我们就有了一个远至波源所在星系的量尺，而不用再担心那些可能影响到其他测量方法的中间步骤了。

两颗中子星的碰撞，也会提供一些有关核物质特征的信息。从某种意义上来说，一颗中子星就是一个大型原子核，只不过这个原子核包含10^{57}个中子而已。"比物理学家们已经习以为常的大了些。"桑尼

1. 原来曾有一种亮度单位叫作"国际烛光"，由一根标准的蜡烛来定义，相当于1.02坎德拉。作者这里把恒星亮度和星系外观大小这样的准绳比作了亮度标准 —— 烛光。—— 译者注

这样评价说。所以，物理学家们不能依靠在加速器内把粒子加速到接近光速的办法，来研究这种特殊形式的核物质。然而，幸运的是，由于相互间的引力作用，双星系统里的中子星自己就能加速到接近于光速了。这又给天文学家们提供了一个手段，来弄清楚天上神秘的伽马射线爆是否如部分人猜测的那样，是中子星碰撞的结果。伽马爆的分布和强度都在正常范围内，差不多每天都有一次伽马爆随机出现在天空不同的方位。平均下来，伽马爆持续的时间约为10秒钟。20世纪60年代发射升空的、用来监视地球上核爆炸的美国空军"船帆座"卫星，第一次注意到了这种伽马爆。有证据表明，大多数的伽马爆来自于银河系之外，但它们的确切来源还没完全搞清楚。由意大利、荷兰联合研制的"贝波萨克斯"号卫星发现的一次伽马爆就是一例，它是迄今为止人类发现的最强烈的伽马爆之一。这次特殊的射线爆来自于距离我们100亿~120亿光年远的一个亮度很低的星系，快到可见宇宙的边缘了。看起来这次伽马爆的来源，在短短几秒钟的时间里就释放出了比一次超新星爆发还多几百倍的能量。因此，在那一刻，这个星系看起来跟其他宇宙空间亮度一样。1997年12月，这次伽马爆刚刚被发现，地上的、天上的一堆望远镜——光学的、射电的、X射线的以及红外的——就都对准了这个方向，记录下了这个天庭大火球的余晖。很难解释它那极强的能量辐射；可能是中子星或黑洞碰撞，也有可能是大质量恒星在坍缩成黑洞。或许两者都有。LIGO的探测结果将会帮我们找到最终答案。

超新星

尽管很少出现，但引力波天空中还存在另外一种信号。偶尔我们

银河系中会有一颗恒星爆发为超新星，其内核会坍缩成致密的中子
星；每当此时，就会有一浪孤独的引力波海啸产生，冲上地球这片海
滩。坍缩触发产生的冲击波，将把恒星外围的气体都吹散开去，在我
们看来就成了超新星。在望远镜的帮助下，天文学家们也依例去其他
星系探索这种爆发。而对于只用肉眼来搜索的外行来说，这将需要更
多的耐心。最后一例肉眼可见的超新星爆发是于1987年出现在天空
中的[1]，方位就在南天球的大麦哲伦星云内，而大麦哲伦星云是我们银
河系的一个随从式旅伴。此前，出现在银河系里的最后一颗可见超新
星是由开普勒于1604年发现的。

　　然而，用引力波探测器来观察超新星这种手段还不确定，在很大   202
程度上还取决于研究爆发过程的动力学。如果残核坍缩得十分平稳而
且对称的话，引力波天文学家将听不到哪怕一声哀鸣；对称辐射出的
引力波将会彼此抵消，就像反相的光波那样。也就是说，一部分引力
波导致空间膨胀的同时，另一部分却导致空间收缩，总的效果就是空
间没有任何改变。引力波只有在不规则坍缩时才会发出，同时新生的
中子星会被压成烧饼一样的扁平状，并在最终稳定下来之前又反弹回
来，结果会有一系列波长为几百千米的引力波发出。如果内核死亡之
前是在高速旋转的话，它甚至还会变得扁平并变成一个棒状星体，像
橄榄球一样绕着长轴旋转。在这种情况下，坍缩中的内核会发出很强
的引力波，以致远在室女座星系团之外的这种坍缩，在地球上都有可
能探测得到。更先进、灵敏度更高的LIGO探测器有可能一年就看到
好几起这种事件，它们也成了LIGO更可靠的信号源。

1.1987年出现在天空，并不意味着爆发时间就在此年，而肯定在这之前。爆发后，产生的光辐射经
过长年奔波，于1987年才到达地球。——译者注

有证据表明超新星爆发可能是不均衡的。天文学家们曾看到过单个的脉冲星以每秒160千米以上的速度在银河系里穿行。他们怀疑这种脉冲星受到了不均匀爆发的冲击，也就是说受到的作用力一边比另一边大。我们银河系里平均每世纪只会出现两到三例超新星，但是它们的信号却十分壮观。据估计，1987年看到的超新星，其信号要比LIGO首次运行时所能探测到的信号强100倍。不稳定的中子星在生命的最初一秒钟里，甚至会强烈地"沸腾"。其间，高温（几十亿度）的核物质会浮到表面上，冷却后又沉下去。这种沸腾会释放出频率为100赫兹的强引力波，LIGO这样的探测器在10万光年以外都能探测到它们。

中子星"山脉"

在引力波交响乐的背景中，一直都会存在另一种旋律，那是一种稳定的节拍。比如说，一颗中子星形成时，它可能会暂时振动一会儿，并在表面激起鼓包——隆起3厘米高的"山脉"，然后又恢复原状。并且，随着中子星的急速旋转，这种像伸出的手指一样的变形，会在不断地"划拉"周围空间的过程中，发射出一定的引力波。对于一颗每千分之一秒就旋转一周的中子星来说，赤道部分的旋转速度将达到光速的20%。脸上疙疙瘩瘩的中子星，就像散布在天庭的引力波灯塔一样，在脸上的鼓包全部落下去之前一直都在闪烁着。偶尔中子星也会经历"星震"；此时打出的引力波饱嗝，是引力波唯一可能的中断。有时候中子星外壳会在超流内核上滑移，此时就可能会有上述情况发生。这样的引力波信号极其微弱，并不能马上探测到。在此情况下，干涉仪只好连续收集几周的数据，再把它们叠加起来，这样才能把信号从背景噪声中给分离出来。

更近一段时间有计算结果表明，在中子星形成后不久，由于受到高速旋转的反作用，内部致密的核物质实际上可能会"四处涌动"。这种涌动在我们地球的海洋里就有，并形成了海洋环流。而对中子星来说，涌动将会产生引力波。更为有趣的是，引力波还会助长涌动，从而产生更多的引力波。起于量子振动的涌动，增长得很快。这种涌动到底会变得多厉害呢？理论家们还不知道。但他们怀疑会有像摩擦力和磁场这样的其他类型的力在某一时刻出面，制止住这种涌动。然而，在这之前，新生的中子星会一直发出独特的引力波呼喊，直到一年后冷却下来、平静下来才停止。

引力波背景

在引力波天空发出的尖叫声、砰砰声和敲打声之下，可能还暗藏着一种稳定不变、如耳畔私语一样细微的嗡嗡声。这种嗡嗡声可能是宇宙在诞生之际发出的微弱回响，即它在时间走廊里残留下来的隆隆回声，类似于已经探测到的、大爆炸遗留下来的微波背景辐射。但这些微波踏上旅程，已是大爆炸50万年之后的事了；这时原子刚刚形成，光线已没有了各种粒子的阻碍，终于得以在宇宙间穿行。再往前 204
看的话，就只有漫天云雾缭绕了。

然而，远古时期的引力波却能穿透这层云雾。它们是宇宙诞生那一刻留下来的遗物，是由最初10^{-43}秒的爆炸性膨胀催生的空间的细微振动。其他的信号没有能挺过那个时代而留存下来的。这些引力波遗迹将把我们带到宇宙的原点附近去参观，或许还将会证明整个宇宙起源于虚无中的一点儿量子波动。同时它们还会告诉我们宇宙世世代代膨胀的速度，以及寰宇中的物质是否足以在遥远的未来给宇宙的膨胀马拉松画上终点线。

　　科学家们有可能已经记录下了这种古老的引力波留下的烙印。1993 年，劳伦斯·伯克利实验室的乔治·斯穆特和宾夕法尼亚大学的保罗·斯坦哈特提出，在 COBE 已经为其绘制了蔚为壮观的分布图的宇宙微波背景辐射身上，可能就有大爆炸引力波留下来的"皱褶"。COBE 发现遍及宇宙且起伏平稳的微波海洋中存在着细微的波动。有的理论把这种波动解释为时刻都在生长发展着的量子干扰。但斯穆特和斯坦哈特却指出，部分这种波动应该归因于原始的引力波辐射。要想把量子诱发和引力诱发的"皱褶"区分开来，就需要把 COBE 的数据和微波背景辐射的其他测量进行对比。COBE 对波动的测量是在一个相对较大的角尺度上进行的。而其他的设备，像气球携带的探测器和设在南极的地面探测设备，都可以测量到更小尺度的波动。在这些更小的尺度上，引力波的贡献都消失了，背景辐射看起来也不再那么崎岖不平了。科学家们都瞪大了双眼，等待着对比结果的出炉。

　　或许更令人兴奋的是碰到意外之喜的可能性。举其一例，引力波信号的精确外形，就可能跟广义相对论预言的不尽相符。这就意味着，在处理有着极强引力场的辐射源时，爱因斯坦的方程必须进行修正。引力天文学的发现将会引领新的引力物理前进，类似于爱因斯坦取代牛顿一样。引力波背景甚至还会给理论家们提供一些线索，有助于他们把广义相对论和量子力学统一起来，得到"终极理论"。即便不这样的话，天文学家们仍有可能发现一些奇奇怪怪的新天体，它们正在天上等着欢迎我们呢。天文学家们用射电望远镜探索天空时，才发现了脉冲星和类星体：虽然他们已经预料到中子星的存在了，但中子星并不发出无线电脉冲；而类星体却从不曾在他们的想象中出现过。还可能有什么天体正隐藏在宇宙的黑暗之中，没有被我们发现呢？在引力波天文学发现的奇异天体物理事件面前，脉冲星和类星体这些六宫粉黛将毫无颜色可言。一些理论家们已经在揣测早期的宇宙有没有可能留下什么遗物了，就是指宇宙在诞生之后最初1秒钟内，冷却下来时产生的高能"缺陷"。它们包括点状磁单极子、一维宇宙弦和一种被称为磁畴壁的东西。

宇宙弦是猜想中更为有趣一些的缺陷之一。你可以把它们想象成极其细小的时空管。它们比原子粒子还要小很多，体内仍禁锢着原始火球的能态。留存至今的宇宙弦，要么长得异乎寻常（有整个宇宙的尺度那么长），要么就头尾相接成一闭环，并在以接近于光速的速度振动着的同时，不断释放出质能。如果这种强有力的弦果真存在，天文学家们对近距离观察它们也不会过于热心的。因为，尽管这种极细极细的弦可以飞速穿过你的身体而不会撞上任何一个原子，但它奇特的引力场却会带来一场灾难：如果宇宙弦穿身而过的话，你的脑袋和脚将会以每小时16万千米的速度向对方撞去。由于宇宙弦的巨大张力，它会像橡皮圈一样振动，并产生大量的引力波。这种遍布整个宇宙的引力辐射很可能会影响到射电脉冲星的周期（天文学家们正在验证这个）。大质量的宇宙弦还极有可能起到引力透镜的作用。

此间，X射线天文学也没闲着。天上的X射线告诉我们，还有一

大片沃土等待着引力波探测器去开垦。举例来说，通过分析活动星系
MCG 6 - 30 - 15中心附近的气态物质流发出的X射线，可知它们流动
的速度接近于光速。当前唯一的解释就是，那些气态物质被旋进了一
个大质量黑洞附近的涡流中，所以才有这么高的流动速度。但只有引
力波望远镜才能确切告诉我们到底是不是这样的，因为它们能够穿透
气态物质而直接看清正要落入黑洞的物质。

　　在加州理工学院，基普·桑尼办公室门前长长的走廊廊壁上，挂
着一排记录档案，一共10张，全部裱有黑边框，每一张都是桑尼与著
名天文学家或物理学家打赌的赌约，与史蒂芬·霍金打赌的赌约也在
其中。赌的内容各种各样，既有黑洞的性质、"裸奇点"（不存在视界
的黑洞）[1]是否存在，也包括预期中宇宙大尺度上的性质。其中有一张
手写在加州理工学院专用信纸上的，就是关于引力波探测的。布鲁
诺·波特蒂打赌在赌约签署之后的10年内，即在1988年5月5日之前，
人们是探测不到引力波的，赌注是一餐盛宴。很明显，桑尼输了。他
在赌约的底部写上了这句话："我认输了，带着悲哀的遗憾。"但一直
都是乐天派的他，又于1981年5月6号签下了另一份赌约。这次打赌
的对手是普林斯顿大学的耶利米·奥斯泰克，他还是主张很快就能探
测到引力波：

　　　尽管耶利米·P.奥斯泰克和基普·S.桑尼都相信爱因

　　斯坦方程是正确的；

---

1. 奇点系时空曲率无穷大的点，通常只隐藏在黑洞视界的后面，即只存在于黑洞内部。裸奇点则
指没有隐藏在黑洞视界后面的奇点。也可以像作者这样，理解成没有视界的黑洞。"视界"的定义
见"恒星的华尔兹"一章的译者注。——译者注

而且两人也都相信这些方程预测了引力波的存在；

而且两人也都相信自然界存在物理定律预测的事物；

而且两人也都相信科学家们最终将能探测到自然界中存在的任何事物；

然而两人却就天然辐射源的可能强度和近期是否可能出现可靠的探测结果产生了分歧；

故两人同意为此赌下一箱上等红酒。

奥斯泰克赌的是一箱法国红酒，而桑尼却想要加利福尼亚产的。但天文学家们并没有如桑尼所愿，没有在2000年1月1日之前探测到引力波，他又赌输了。不过，他很希望跟任何想赌的人再赌上一把。

第 10 章
最终章

当前一个接一个的实验都与爱因斯坦的广义相对论完全相符，很自然就会有人问到，为什么物理学家们还要花那么大力气去设计更为复杂的实验呢 —— 因为，正如广义相对论专家克利福德·威尔所说，"任何一个实验对相对论来说，都有可能是致命的"。引力是宇宙的统治者，弄明白了它在最细微尺度上的运作机制，也就搞懂了我们宇宙家园的本质特征。对广义相对论的任何背离，任何不同寻常的信号，都会提供一些线索来深化我们对宇宙结构的理解。因此，单单地上的干涉仪是满足不了引力波天文学家们的。地上的干涉仪所能探测到的引力波，其频率是有一定限制的。很不幸的是，根据预测，很多我们感兴趣的、来自强引力波源的信号，都落在了 10^{-6} 赫兹到 1 赫兹的低频范围内。为了探索这些领域，引力波天文学家们就必须向太空进军。

从某种意义上来说，引力波天文学家们已经在太空中建立起一些基地了。它们就是已经去过其他行星，或者正在太阳系中穿行、将要前往不同行星的太空船。无论哪种情况，都存在两个物体：太空船和地球。科学家们可以从地球上发出一个频率极其精准的信号到太空船上，再令船上的无线电收发机把它发回地球。如果在这个过程中，一个引力子经过并扰动了地球的话，信号在发出时频率就会有一个细微

207

208

的改变。而当引力子穿过太空船时，也会给返回地球的信号带来一个类似的频移。两方面的因素综合在一起的话（假设其他噪声已经被排除），就会得到一组别具特色的脉冲，这就是受引力波影响而间歇性地改变频率的无线电波留下的印痕。从某些方面来说，整个地球－太空船系统就像一台干涉仪，只不过只有一条上百万千米长的臂而已。

研究行星的科学家们已经监测了与"海盗"号、"旅行者"号、"先驱者"10号和11号、"尤利西斯"号和"伽利略"号太空船之间的通信。但探测到一些结果的机会总是很小；太阳风的波动也会改变无线电波的频率。但如果在这些太空使命尚未完成之前，有强度特别高的引力波经过的话，探测到的机会还是有的。用这种手段能探测到的引力波，其波长一定特别长，可能要赶得上我们到太阳的距离了。遥远星系里的两颗超大质量的黑洞，在很近的距离上绕彼此旋转时，有可能会发出这样的引力波。

1993年春天，天文学家们就进行了一次这样的实验。那是规模最大的此类实验之一。当时有三艘独立的太空船飞离了地球，正向着不同的方向进发。这就给引力波实验提供了一次绝佳的机会。NASA的"火星探路者"（在神秘故障发生之前）正朝着那颗红色的行星进发，"伽利略"号探测器也正努力向着木星前进，还有欧洲空间局的"尤利西斯"号也正在前往太阳的途中。3月21日到4月11日这段时间里，天文学家们利用分布在全球各地的射电天线网（NASA的深空探测网），同时向这三艘太空船发射了无线电信号。一旦收到，三艘太空船都会把信号放大，并发回地球。

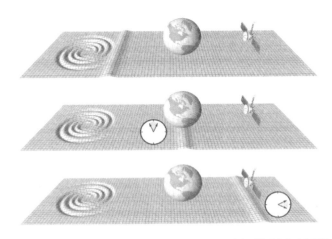

宇宙事件发出的引力波。探测它们的一条途径就是把它们对地球上和对太空船
上时钟速度的影响进行对比。此刻太空船正在太阳系里遨游，离地球很远

209　　　进行这次实验的美国和意大利行星方面的科学家们指出，如果有
引力波经过的话，太空船将会像水面上漂着的浮标一样在时空海洋里
轻微地晃动。这就解释了为什么发射的无线电波会产生如此细微的频
移。一艘飞船上局部干扰带来的频移有可能会把我们给欺骗了。但如
果三艘太空船发回的信号同时都发生了频移的话，这样的证据将更具
有说服力。他们用了超级精准的原子钟来监视可能出现的频移。这种
计时器都能把频率在 10^{-15} 量级上的变化分辨出来。但他们没有探测到
类似于引力波的东西，这也并不是那么的出乎意料，希望本来就很渺
茫。太空船在太空中飞行时仍受着太阳风的冲击，而且地球大气层内
的湍流也会带来无线电噪声。

　　　1993年那次实验所用的通信信号频率在2.3千兆赫到8.4千兆
赫之间。但如果通信信号频率更高的话，地球电离层和太阳风带来的

干扰就会更弱一些。与"卡西尼"号探测器通信的信号频率就高了很 210
多。"卡西尼"号探测器是于1991年10月发射升空的,现正在前往木
星和土星进行研究的路上。"以前我们不过是搭个便车罢了,"NASA
喷气推进实验室(JPL)的约翰·阿姆斯特朗说,"不过这次我们在
'卡西尼'号探测器上安装了专门进行引力波实验的仪器。""卡西尼"
号探测器将使用32千兆赫兹的信号,频率比以前实验所用的信号高
了4倍。我们将有三个机会来探索"卡西尼"号探测器和地球之间的
引力波:2001年、2002年和2003年各自的12月到1月,各有40天
的时间。当20世纪80年代首次利用"先驱者"10号和11号探测器进
行此类实验时,地球−太空船系统所能探测到的引力波应变约为10^{-13}。
"卡西尼"号探测器比它们做的要好上1000倍,能探测到的引力波应
变降到了10^{-16},主要归因于它采用了频率更高的通信信号。这次也比
1993年的那次实验要好10~30倍。事实上,"卡西尼"号探测器的实
验可能已经达到了这类实验的极限。要想做得更好的话,就要把整台
干涉仪都送上太空了。

　　这个题目是在1974年秋天的一次会议上提出的。怀斯是为了
让他的NASA委员会了解一些引力空间物理学而举办这次会议的。
NASA的一个设备研发小组向大会提交了一份详细的报告。这个来自
阿拉巴马州亨茨维尔的小组,在报告中提议把一台大型干涉仪送到
太空去。他们建议在太空中建造两条各1千米长的铝质臂,并组装成
十字形的结构。实验物体就悬挂在这套装置上。那个时候的科学家们,
都热衷于讨论把各式各样的设备送上太空去的前景。会议结束后,在
波士顿一家海鲜馆的饭桌上,怀斯询问了彼得·班德这样一台引力波
天线是否可行。在接下来的谈话中,他们就开始考虑用不同的太空船

来代替这么一套装置了。这样一来，镜片间的距离就大大增加了。

　　班德因自己以前在月球测距实验中的工作而进入了怀斯的委员会。20世纪50年代，他在普林斯顿大学跟着迪克学原子物理。之后，他去了国家标准局工作。再后来，他又去了位于玻尔得的科罗拉多大学的天文物理联合研究所（JILA）[1]工作。他在那儿做的是始于1962年的精确测距工作，那时候他与詹姆斯·福勒之间的长期合作才刚刚开始。福勒是迪克的另一位学生，刚来到JILA做博士后。他很想说服NASA在无人登月计划中能把一套反射镜预装件放到月球表面上来反射从地球上发过去的激光束。通过测量激光在月地之间来回一趟所用的时间，研究人员们就可以很精确地测定月球轨道了，并且还能了解更多月球内部的信息。后来他们又发现还可以利用那些镜片来做广义相对论实验，而且不管月球和地球相对于太阳的加速度相同与否，实验都能进行。到了1965年，在其他人的推动下，福勒的想法变成了现实，这就是月球测距实验（LURE）[2]。

　　LURE小组的项目能够搭乘实现了人类首次登月的"阿波罗"11号前往月球，纯粹是出于运气。由于担心"阿波罗"11号的宇航员没有时间来完成他们计划的所有实验，NASA开始征集并不需要太多安装时间的项目。LURE的提议正符合要求，宇航员们所要做的只是把LURE的反射镜预装件放到月球表面，再把镜片调到合适的角度，以便能反射来自地球的激光束。这套系统今天还在工作着，还在做着从

1. "天文物理联合研究所"的英文名字为Joint Institute for Laboratory Astrophysics，简作JILA。——译者注
2. "月球测距实验"的英文名字为Lunar Ranging Experiment，简作LURE。——译者注

"阿波罗"登月时就一直进行着的后续实验。那些仍在反射着激光的被动式镜片们，至今都没有受到过灰尘或微小陨石的损害。它们反射的激光束仍是由法国格拉斯附近的一家天文台和得克萨斯的麦克唐纳天文台发射的。班德说："这个实验在1‰的误差范围内与爱因斯坦的强等效原理相符。你打眼一看就知道，这是至今已经完成的最重要的相对论实验之一。"它证明了引力对物体的加速是等效的，而不管物体的质量与能量大小如何。通过实验他们发现，地球和月球向太阳加速的速率是相同的。可以说，这次实验是比萨斜塔实验在太空时代的延伸。

这是班德在实验相对论方面的第一次尝试。他与怀斯1974年一起吃的那顿饭让他在此领域更进了一步。他们讨论的亨茨维尔小组关于大规模太空干涉仪的提议，在接下来的几周里又有福勒和隆·德莱弗加入了支持者队伍。"我们已经认识到干涉仪的两个端点相距应该 212 尽可能远了 —— 你不必拘泥于一个固定的结构，"班德解释说，"我们终于鼓起勇气，讨论了1000千米左右长短的干涉仪，却没有想到已经有人提到过用太空船来做到这一步了。"20世纪70年代初期，在怀斯把他第一台激光干涉仪设计画到图纸上之后不久，包括福沃德及他在休斯的同事、理论家普莱斯和桑尼，还有苏联的布拉金斯基在内的一部分科学家，已经在出版物上讨论过把干涉仪像太空船一样发射上天的可能性了。班德回忆说："当时隆说：'为什么停在那儿了呢？'你只需要把它做得更长一些。我们最终断定，百万千米长的距离还是可以考虑的。"这就是那个将要孕育、发展20多年的想法精华之所在。

20年前，把引力波探测器发射到太空去的想法看起来几乎是空想。部分原因在于人们脑海中都有这么一个印象：激光干涉仪技术首先就应该在地面上发展。当时，稳定的激光寿命较短，功率也较低。在没有改进的情况下，100 万千米长的太空干涉仪必须能够在 10 米范围内匹配。这就需要频繁地调整太空船的位置，也就是说要频繁地打断测量，从而大大增加了测量的难度。不过，这个想法提出来之后，感兴趣的研究人员们就开始考虑如何绕过这些障碍了。曾于 1981 年首次就此概念做了一场公开报告的福勒，提出了一个降低激光噪声的方法。而班德利用在月球测距实验中学得的天体力学方面的知识，得出了太空船的最佳轨道 —— 绕日飞行。

福勒和班德从 NASA 和国家标准局争取到了一定的资金支持，这个想法终于付诸实践了。有了这笔经费，从研究生时代就开始研究实验相对论的 R. 塔克·斯特宾斯也加入班德和福勒的队伍中来了，并做了更具支撑意义的工作。他们甚至还给提议中的太空探测器取了个名字：LAGOS，"太空激光引力波天文台"的意思[1]。

到了 1989 年，LAGOS 获得了 NASA 一个委员会的高度评价。这个委员会刚刚完成了大型天文台计划，正寻找天文学方面可行的太空项目。不过几年后 NASA 用于未来研究的经费削减了，他们的热情也就不再那么高涨了。斯特宾斯回忆说："还有人开玩笑说，这下我们脱离苦海了。"

然而，美国一部分空间干涉仪的老手们与欧洲一个更大的引力波

---

1. "太空激光引力波天文台"的英文名字为 Laser Gravitational-wave Observatory in Space，简称 LAGOS。—— 译者注

专家组同心协力，又让这个想法复活了。在欧洲的专家组包括GEO
600的卡斯坦·丹兹曼、吉姆·哈夫和伯纳德·舒兹在内。他们给规划
中新的太空任务取名为LISA，意指"激光干涉仪太空天线[1]"。关于这
次任务的申请，是于1993年递交给欧洲空间局（ESA）的。ESA最终
接受了，并把它当作了一个"基础任务"，资金一旦到位就会启动。此
项目总费用预计为5亿美元。而ESA之所以决定支持这个项目，是觉
得NASA最终会作为一个对等的合作者加入进来的。NASA现在对此
项目态度谨慎。一个LISA的项目办公室已经在JPL建立起来了，由
威廉·福克纳领导，而LISA的科学组在大西洋两岸也都组建起来了。
LISA很有可能入选NASA从2005年到2010年的计划，地上的天文台
可能会在这个时间段里探测到第一个引力子。如获批准，LISA将像哈
勃太空望远镜和钱德拉X射线天文台一样，成为NASA探索宇宙结构
和演化的一个小分队。

　　LISA并不是唯一一个在争取NASA和ESA支持的项目。短期内还
有另外一个计划正在两边穿梭，争取支持。这是NASA喷气推进办公
室的隆·海林斯在支持的一个计划。这个计划刚开始取名叫LINE，后
来改成SAGITTARIUS，之后又改为OMEGA，目的是要把激光干涉
仪系统送到绕地球而不是绕太阳的轨道上去，这样某些方面就会更简单
一些，比如发射和无线电通信方面。海林斯已经50多岁了，很希望能
在退休之前做出点什么来。OMEGA需要6艘环绕地球的太空船，现
有的太空平台就能胜任，而不用再专门建造了，所以会更快、更便宜，
这正是NASA的最新理念。其缺点是在地心轨道上运行的太空船，将

---

1. "激光干涉仪太空天线"的英文名字为Laser Interferometer Space Antenna，简称为LISA。——
译者注

214　身处一个更为恶劣的太空环境。地球附近会有更多的热效应、地磁影响和可能会导致卫星旋转的引力影响。LISA 的支持者们倾向于日心轨道，这样太空船就可以相对于太阳保持一个固定的姿态，所受的力也就更简单些。因为这个以及别的一些原因，OMEGA 的很多人最终都加入了 LISA。

　　在 ESA 介入之前，LISA 项目有着几分个人爱好的意味，来自各行各业的参与者们都是利用业余时间来做这个的，而且最初的研究经费还都是他们自己出的。不过，ESA 和 JPL 提供了种子基金后，"我们第一次开始考虑设计细节上的东西了"，斯特宾斯说。当前的设计要求有三艘太空船在太空中呈三角形阵列飞行，而三角形的中心在地球绕太阳的轨道上运动。整个系统将像一个忠实的仆从一样，永远在 5000 万千米外跟随着地球运动。在太空中离地球这么远，将不会再有地震的影响了。所用实验物体为抛光的铂－金立方体，边长 4 厘米，它们将在太阳开辟出的时空路径上完全靠惯性运动。研究人员特意选择了这么一个轨道，以便每艘太空船都能受到太阳从一个固定方向的照射，帮助它们维持一个稳定的热环境。送上轨道后，三艘太空船在飞行的过程中还要不断地做细微的调整来保持队形，因为阳光的光压会像风吹帆船一样推动太空船，所以它们的小型推进器要持续不断地产生一个微弱的推力来抵消阳光的影响。

　　三艘太空船将会彼此相距 500 万千米。每艘都会载有呈 "Y" 形排列的两台激光器和两块实验物体，以便能瞄向另外两艘。这样一来，它们就可以沿着三角形的每条边不断地发射、接收激光了。由于相距很远，LISA 要采用不同于以往的方式进行干涉测量。激光束在从一艘太空船射向另一艘的过程中，会变得越来越宽，最终将有几十千米宽。发射时虽然有半瓦特的能量，接收时却只有10^{-9}瓦特了。所以信号不能简简单单地就反射回来，首先必须经过放大 —— 信号在沿原路返回之前，必须用船载激光器补充能量。如果直接反射回去的话，每秒钟能够到达目的地的光子将只有寥寥几个，测量也就无从谈起了。这样一个放大程序在太空船的跟踪上也有应用，不过这里是用无线电波来通信的，而不是激光束。

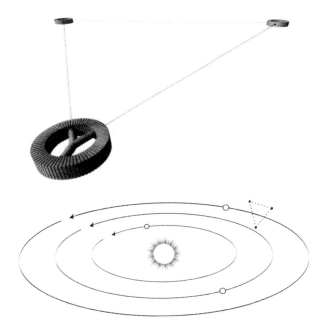

三艘LISA太空船及其队形。LISA的太空船呈正三角形排列，每条边长500万千米，它们将随着地球在其绕日轨道上一起运转

　　LISA还要求其他一些工程上的灵敏度和规格，但现在还尚未达到或没有经过飞行测试。最重要的是，研究人员还必须开发出一种能

216 维持"无外力"环境的办法,这样才能把作用在实验物体上的力几乎全部去除(太阳及行星的引力作用除外)。每一个实验物体都必须只靠惯性运动,就好像只有它自己在太空中自由漂浮一样,所以外围的东西都不能碰到它。太空船船舱相对于内载实验物体的位移每秒不能超过几纳米。在这么一个极小的距离上,只能排得下几个原子。这种操控技术在其他卫星上已有应用,但都不曾达到过 LISA 要求的高度。这种姿态调整,要靠微型推进器来完成,它们可能会用高能金属等离子体之类的东西做推进剂。"基本上我们要用的火箭,其功率小得几乎超出你的想象。"斯特宾斯说。而且,研究人员还要考虑像偶尔出现的小流星撞击之类的事件,它们会给太空船带来很大的冲击力。如果仅仅一颗千分之几厘米大小的微粒撞上太空船的话,它给实验物体带来的扰动就足以让微型推进器开足马力忙活上一阵子来修正轨道了。这项任务预计将会持续 3 ~ 10 年。如果不出什么意外的话,直到微型推进器用完所有的推进剂,该任务方告结束。

对于地面干涉仪来说,LISA 将只是一个补充,而不会成为一个竞争对手。原因就在于 LISA 只接收频率很低的引力波,从 10^{-6} 赫兹到 1 赫兹,远低于 LIGO 和 VIRGO 所能探测到的引力波频率。LISA 的探测目标将会是时空海洋里的滔天大浪,而 LIGO 及其同类天文台探测的却是较为细微的波纹。每种类型的引力波都可能是不同的辐射源或者同一事件在不同时刻发出的。比如说,LIGO 和 VIRGO 最适于探测每个都有几个太阳重的黑洞-黑洞双星系统了。而 LISA 将能探测到质量顶得上 100 到 1 亿个太阳的黑洞系统。两者都能探测到中子双星,只不过是不同时期的中子双星。LISA 将能看到距离碰撞还有几千年,而正绕着彼此旋转的中子双星。而 LIGO 则能在两颗中子星将要碰撞时观测到它们，此时两颗星正飞快地旋转着冲向对方，辐射出的引力波频率也越来越高。所以，天上和地上的这两套设备都需要，这样才能完全覆盖可能到来的引力波频谱的全部。然而，LISA能探测到的典型波，振动得十分缓慢，一个波峰过去之后，另一个波峰要等1000秒才会出现。这就是适合有耐心的人来研究的那种天文学。结果LISA最终获取的数据将比地面探测器少。LISA收集数据的速度将低于1000比特每秒，而LIGO的速度为60万比特每秒。一张CD盘就能存储LISA的所有数据了。

217

那些支持者之所以在财政十分困难时仍没有放弃太空干涉仪的想法，只有一个原因——仅仅一个原因。"LISA最大的优势在于它的科学性。"斯特宾斯说。如果这项技术成功了，LISA的观测者们绝对能探测到一些结果。他们甚至会先于地面干涉仪而第一个探测到真正的引力波。对于地面干涉仪来说，能否探测到辐射源，以及总共有多少事件能够探测到，都有太多不确定因素在里面。地面上的仪器只是徘徊在探测能力的边缘地带而已。确实，LIGO能够看到中子双星的结合，但这种事件出现的频率太低了。虽然超新星的确也会爆发，但产生的引力波强度还不是很确定。而LISA将看到满眼的辐射源，耳畔还缭绕着嘈杂的背景噪声。银河系里像大量存在的白矮星双星这样的双星系统，都在不懈地对外广播着远远就能听到的刺耳的引力音波。研究人员对这些辐射源很有信心，LISA的一个研究小组甚至在报告中说："如果LISA没有探测到来自已知双星系统的引力波，或者强度与广义相对论预测的有出入的话，将会撼动引力物理学最深处的根基。"

依照研究人员的预想，一旦检测到并弄明白了我们银河系里那些双星的信号，就可以把这些信号从 LISA 的数据中扣除了。"这样的话，记录中就只有来自河外的信息了。"班德说。它们就应该是从遥远星系里的大质量黑洞处传过来的了。这些星系均处于一种非稳态，有可能会发生碰撞。LISA 将来有可能会成为研究遥远星系里这种特大质量黑洞的工具。这些黑洞也将会是引力波天文学里最强大的辐射源，检测它们是 LISA 的首要目标。要想探测这种上百万个太阳一样重的特大质量黑洞发出的信号，最好的办法就是把目标锁定在合并中的两个星系身上。在合并的过程中，两星系核心处的黑洞将会结合，形成一个更大的黑洞，结果就会有大量的引力波辐射出来。在黑洞致命的碰撞之前，会有一年的向内旋转期，LISA 可以看到整个过程。长期从事黑洞探索工作的道格拉斯·里奇斯通把这种合并中的黑洞称作"天空中人类尚未见过的最明亮的天体"。LISA 有可能每年都探测到 10 例这样的事件。它的灵敏度很高，能探测到 90 亿光年外发过来的信号，几乎整个可探测宇宙都在它的探测范围内了。

LISA 很可能会有所发现，因为近年来新出现的证据表明，像椭圆星系和大部分螺旋星系这样有着球形凸起的星系，中心处都存在着一个特大质量黑洞。凸起越大，黑洞也就越大。我们的银河系中心也有一个黑洞，其质量正好等于太阳质量的 200 万倍。越来越多的证据表明这些黑洞是"类星体遗骸"。它们曾经在自己的星系还很年轻时，像一台发动机一样带动它不断发出强于太阳万亿倍的光芒。有人指出，星系的形成和中心黑洞的生长有着某种密切联系，但至今尚不能确定到底是怎样的联系。或许最先形成的是一个一般大小的黑洞，它起着引力"种子"的作用，吸引周围的物质形成了一个星系。随着时间的流逝，这个黑洞大量吞噬年轻星系里的诸多恒星和气态物质，自己也随之膨胀起来，成了一个特大质量星体。也许是这样的：早期的宇宙产生了一堆较小的黑洞，每一个都在一个巨大的积木块里。这些单独的积木块最终会融合形成一个成熟的星系，而黑洞们则会在星系中心结合成为一个巨大的黑洞。

无论哪种情况，大质量黑洞看起来都是星系演化的自然结果，并为宣布星系诞生的焰火表演提供了能量。这是因为黑洞的质量很大，附近的任何物质都会被它吸引进去，永远都逃不出来。但是这些物质在被捕获之前，会环绕着黑洞聚集成一个螺旋吸积盘，并强烈地辐 219射着能量。与此同时，黑洞也在自转，并像一台巨型电磁发电机一样，从两极向相反的方向喷射出两股亚原子粒子，速度接近于光速。只要附近存在足够的"食物"——恒星、星际尘埃、气态物质——供中心那个黑咕隆咚的饕餮怪物享用的话，以上现象就会发生。

根据当前的理论，星系碰撞时，静止的黑洞也有可能被激活，而且进行中的合并还会在天空中留下痕迹。比如，射电星系3C 75就有一组弯曲的射电喷流，就像作业中的洒水车一样。这些喷流看起来是由两个核发出来的，每个核都可能是一个巨大的黑洞。长长的喷流盘绕的方式，就跟两个黑洞绕彼此旋转一样。这两个特殊的黑洞在很长一段时间内还不会结合。但它们最终靠近对方时，会发出独特的引力波信号。刚开始频率会比较低；之后随着时间的流逝，两个黑洞会越靠越近，引力波的频率也将越来越高。这将是引力波天文学最终收到的回报：确认了黑洞的的确确就是星系中心活动的发动机。LISA可以作为一个早期告警系统，如果它能获得一个活动盘旋星系的精确方位，光学望远镜、X射线望远镜以及伽马射线望远镜就可以锁定那个方向，去记录最后的碰撞了。

　　观察较小一点的天体 —— 中子星、小黑洞、白矮星以及普通恒星 —— 落入位于星系中心的特大质量黑洞，几乎也能引起天文学家们同样的兴趣。恒星很多，这样的事件也时有发生。注定难逃厄运的恒星们最后的轨道错综复杂。在某些情况下，轨道衰减可以持续70～100年，LISA的天文学家们可观察它们好多年。对于绘制特大质量黑洞附近的时空几何图形和引力场的迂回曲折来说，每个天体都将会是一枚绝佳的探针。

　　LISA自始至终都将聆听着来自我们银河系里双星系统的引力波信号杂音：中子星绕着中子星运转时、黑洞围着黑洞旋转时、白矮星与另一颗白矮星结伴起舞时，以及其中所有可能的结合发生时，都将会有引力波持续不断地辐射出来。许多这种系统用常规望远镜是看不到的，所以天文学家们最终将靠引力波探测器来一次可靠的双星普查。如果在这些系统中，两颗白矮星结合成为一颗壮观的超新星的话，天文学家们就中了头彩了。据估计，LISA在它一生中，将有2%的可能性看到这种事件。

　　很多科学家正在翘首盼望的是来自更为奇异的事件的引力波。太空干涉仪将给天文学家们提供一个探寻宇宙起源的绝佳机会，沿时间轴往回观望时，它们将比任何其他天文仪器都看得更远。微波背景辐射现在正诉说着大爆炸之后50万年时宇宙的一些情况。当时，原始烟雾正在消散，宇宙也正逐渐变得透明。直到大爆炸后50万年，宇宙已经冷却到了能够形成中性原子的地步，辐射才终于能够在其中任意穿行、畅通无阻了。这些大部分都在可见光和红外范围内的光波，随着宇宙的膨胀而逐渐在向外蔓延，到了今天就成了我们探测到的微波海洋。在这个决定性时刻到来之前，原始火球还只是黑乎乎的一锅汤——由质子、简单核子、电子、中微子以及电磁辐射出的光子组成的混合体。即使有一天天文学家们的目光能够穿越时间，投射到这个时间点上，他们也将看不到太多的东西，因为这锅宇宙等离子体完全不透明，就像我们不能透过太阳炙热的外层看到它的内核一样。这个所谓的火球将成为我们视野中不可穿透的障碍。

不过一台灵敏度很高的太空干涉仪（不是LISA的话，那就是其继任者）有可能向后看到大爆炸后10^{-14}秒时的情景。引力波不是电磁波，它能穿透原始火球的迷雾层。而且在宇宙诞生之初的特殊时刻，还可能存在其他的引力波事件，这时候宇宙正经受着环境剧变的折磨——突然从一种态转变为另一种态，就像液态水转变成截然不同的冰一样。宇宙在不断膨胀的过程中，会逐渐冷却下来，到了一定程度就有可能会经历某种"相变"。在这个过程中，还会另有引力波辐射出来。

这种急速的转变可能会促生离奇的缺陷，也就是说有些区域会保持着早先高能状态的特征。这就是宇宙弦的起源。这些弦将会不停地振荡、摇摆、连接、生成闭合弦环。它们运动时会产生十分壮观的尾迹，尾迹又会产生新的引力波。由于在摆动中不断损失能量，它们最终会在死亡的阵痛中灰飞烟灭，并爆发出最后一波引力辐射。

正是一些看似并不起眼但又出人意料的问题导致了LIGO启动过程的走走停停。在汉福德，研究人员花了几周的时间来更换失效的黏合剂，其作用是把细小的控制磁铁粘到镜片上。LIGO将会一直在这种细节上徘徊不前吗？弗莱德·拉阿布并不灰心，他回答说："这个问题就好像一开始就问莱特兄弟为什么不再多飞几分钟一样。"

正当研究人员在汉福德重新粘紧磁铁时，怀斯赶到了这儿来测量还残留在管道臂里的气体。这些钢质管道已经被"烘干"过了；经过这个过程，最后残留的气体也给排了出去。"烘干"时，研究人员把管道当作导线给通上电流，1个月后，管道被加热到了149摄氏度，电费总计超过了6万美元。这次，怀斯把一个轻便小拖车当作了办公室，就停在北边那条管道臂中间的5号舱门外。他先拧开一系列阀门，把气体探测器连接到管道内，然后就坐在狭小办公室里的电脑前，耐心地盯着屏幕看，上面显示有管道内气体的残留量。刚开始时，结果喜人。"这不是很好嘛，"他看着电脑屏幕上不断生成的曲线说，"我看管子里没多少残余气体了。"可是，情况太好了，有点让人不敢相信。一个半小时后，他注意到一条曲线上出现了一个细微的变化，这就意味着还有泄漏存在。幸运的是，第二天的测试证实了这是一个舱门出现的泄漏，而不是修复工作远为麻烦的焊接问题。舱门泄漏问题只需要上紧螺栓或更换一下垫圈就能解决。

222　　怀斯坐在小拖车里，颇有流年之叹。从他第一次坐下来构思LIGO的基本结构至今，将近30年过去了。现在眼前终于出现了几千米长的钢筋混凝土管道。他回忆说："1997年第一条激光束管道建造时，我就在这儿。当时，外面常常有成群的草地鹨和喜鹊，还经常看到燕子们乘着暖气流，沿管道直飞而去。"顿了一下之后他又说："碰到了很多头疼的事，但这些付出都是值得的。"

　　解除了在LIGO的职务后，德莱弗在与加州理工学院协商的过程中，决定自己搞一套引力波探测的研究计划出来。他自己建起了40米长的干涉仪用来试验。这些日子他看起来轻松了许多，又在自己的实验室里工作了。"我喜欢玩一些疯狂一点的想法，"他承认说，"LIGO管制严格，这也是必需的。但我觉得这有好有坏。它只采用那些确保可行的想法，所以灵敏度最低。它能不能看到什么还不一定，但可能性还是有的。"他的目的是取得能确保成功的突破。眼下他正在考虑如何才能把干涉仪噪声降下来，这样所能探测的引力波的频率就会越来越低了。"我的新实验室正是为探索而建的。"

　　他的工作地点位于校园里的"同步加速器实验室"里。之所以有这么一个名字，是因为在这个洞穴一样的大房子里曾建有一台同步加速器——一种粒子加速器。德莱弗的干涉仪建在了大厅的边上，一条臂沿大厅较长的一边而建，另一条臂沿大厅较短的一边并在一头穿墙而出，在一条埋在路面下的隧洞里延伸向前。在这台探测器上，他试验了悬挂实验物体的一个新方法——磁悬浮。他希望没有了悬挂线之后，主要噪声源也会减少一个。当然，他还得考虑新的噪声源，比如磁场扰动什么的，但他对此仍满怀希望。他和一位助手已经造好了一个原型，那是一个很小的四方块悬浮在光学实验台上，没有什么可见的支撑物，像是在玩魔术一样。四方块的平衡很容易就能打破，从附近走过导致的地板倾斜就足以推动它滑动了。

在不断向低频领域推进的过程中，德莱弗开始觉得他的干涉仪不应该只局限于引力波探测了。"我们还应该研究地球物理学方面一些223 有趣的东西，"他说，"比如地心里的运动。"由层层液体包裹着的固体地核的振动，应该会产生引力梯度；理论上讲，在极低频波段是能检测到它们的。

"做了很多失败实验的人是最优秀的，"德莱弗说，"你试验出了更多的东西，这样才能有所发现，但你的行动得够快。"德莱弗走到这一步确实也够快的，他说话和平时的动作也不慢。他总是忙忙碌碌，总是不断思考，总是充满活力。在这个特殊的下午，他仍因前一天进行的实验而兴奋不已，他为此还在实验室度过了一个晚上。他拿来一台老式留声机，用它的唱针和扩音器大致测量了一种新材料的热噪声。这种材料是他刚从加州大学另一个实验室找来的，他还说拿它来做实验物体的话，LIGO 可能会取得突破性进展。

远在同步加速器之前，就有了德莱弗现今所在的大房子。这座房子建于 20 世纪 30 年代，它没有窗户，阳光带来的热量也进不去，当初是用作抛光 500 厘米镜面的厂房的。这些镜片用在了著名的哈尔望远镜上，后者已经忠实地坚守在圣地亚哥东北方的帕洛马山顶上超过半个世纪了，一直都在庄严地注视着天空。然而，天文学家乔治·海尔首次提出这个想法时，能否成功，他心里一点谱都没有。正如提出 LIGO 的想法时一样，很多技术还不成熟，还无法保证一定就能马到成功。这么大的镜面要比威尔逊山上发现了河外星系并扩大了宇宙范围的 250 厘米望远镜镜面还要宽 1 倍，当时的天文学家们十分怀疑能否浇铸好，能不能安装好、调整好什么的。美国国家标准局曾经断定直径大于250厘米的望远镜在技术上是不可行的,抛光它厚厚的派热克斯玻璃板[1]曾被形容为大萧条时代的阿波罗工程。就在离德莱弗的探测器几米远处,曾经停放过用来放置世界上最大单块玻璃的巨大转盘。1936 — 1947年(第二次世界大战时中断了一段时间),每次抛光工具挤压镜面时,转盘都会跟着转动。

渐渐地,镜面被无情地打磨到了极高的光滑度。其间,人们可以从高高的观众台透过玻璃墙观看打磨过程。总共用去了数卡车的研磨剂和宝石匠的红铁粉,磨掉了好几吨的玻璃粉末,才把镜面打磨成了一个抛物面,误差在10^{-6}厘米以内。这样的耐心和谨慎终于成功了。海尔望远镜从1948年开始运行,尽管曾为世界之最的尺寸已经被赶超了,但它至今仍是全球最有用的光学望远镜之一。在镀上铝膜,成了凹面反射镜之后,天文学家们就是靠它看到了比以前更为深远的宇宙。镀的铝总重不过几克,铝膜只有1000个原子厚。它帮助天文学家们证实了类星体是在宇宙诞生后不久生成的。

海尔望远镜成功运行后,加州理工学院的光学实验室就另作他用了。校方在那儿又安装了仪器,但把探索的目光转了回来,转向了原子核内部的工作机理。不过,现在同步加速器又被挪走了,房间的一部分重新回到了最初的用途:为了再一次把目光投向深空而完善探测技术。然而,这次大房间眼下的任务不再是打磨一块可以搜集光波的镜面了,而是要帮助物理学家们把他们的耳朵贴到时空之网上,去聆听它那别具一格的天籁之音。

1.派热克斯(Pyrex),系多种耐热和抗化学作用玻璃的商标。—— 译者注

　　最初他们将会记录下一些音符。一段时间以后，这些音符将会组成一曲美妙的乐章，并最终交汇成一首气势恢宏的交响乐。这时，天文学家们才最终得以品味宇宙隐匿起来的韵律。

第 11 章
尾声

我们所处的时代

生活的节奏太快

还有新发明和四维空间之类的

常常让我们倍感忧虑和无奈

而爱因斯坦的理论

我们已经有点厌倦

所以有时候我们还要回归现实

放松一下神经，缓解一下不安

无论前进的道路怎样

也不管什么会被证实

生活中最根本的东西

永远都不会消失

你必须牢记

吻就是吻

叹息就是叹息

任时光流逝

基本的真实

不会随年华老去

225

—— 引自《任时光流逝》，赫尔曼·哈普菲德为1931年的百老汇
音乐剧《欢迎每个人》所作，后来电影《卡萨布兰卡》又引用过这首
曲子（华纳兄弟公司1931年版本，经允许使用）。

参考文献

227 Abbott, David (ed.). *Mathematicians*. London : Blond Educational, 1985.
-

Agiietta, M., et al. " Correlation Between the Maryland and Rome Gravitational-Wave Detectors and the Mont Blanc, Kamioka and 1 MB Particle Detectors During SN 1987 A. " *Il Nuovo Cimento*, 106 (November 1991): 1257-1269.
-

Allen, B., J. K. Blackburn, A. Lazzarini, T. A. Prince, R. Williams, and H. Yamamoto. " White Paper Outlining the Data Analysis System (DAS) for LIGO I. " Document LIGO-M 970065 -B, June 9, 1997.
-

Anderson, Christopher. " Divorce Splits LIGO 's ' Dysfunctional Family. ' " *Science*, 260 (May 21, 1993): 1063.
-

Anderson, Christopher. " LIGO Director Out in Shakeup. " *Science*, 263 (March 11, 1994): 1366.
-

Angel, Roger B. *Relativity : The Theory and It 's Philosophy*. Oxford : Pergamon Press, 1980.
-

Barish, Barry, and Rainer Weiss. " Gravitational Waves Really Are Shifty. " *Physics Today*, 53 (March 2000): 105.
-

Barish, Barry, and Rainer Weiss. " LIGO and the Detection of Gravitational Waves. " *Physics Today*, 52 (October 1999): 44-50.
-

Bartusiak, Marcia. " Celestial Zoo. " *Omni*, 5 (December 1982): 106-113.
-

Bartusiak, Marcia. " Einstein 's Unfinished Symphony. " *Discover*, 10 (August 1989): 62-69.
-

Bartusiak, Marcia F. " Experimental Relativity : It 's Day in the Sun. " *Science News*, 116 (August 25, 1979): 140-142.
-

228 Bartusiak, Marcia. " Gravity Wave Sky. " *Discover*, 14 (July 1993): 72-77.
-

Bartusiak, Marcia. " Sensing the Ripples in Space-Time. " *Science* 85, 6 (April 1985): 58-65.
-

Begelman, Mitchell, and Martin Rees. *Gravity 's Fatal Attraction*. New York : Scientific American Library, 1996.
-

Bell, E. T. *Men of Mathematics*. New York : Simon and Schuster, 1965.
-

Bender, P., et al. (LISA Study Team). LISA : Laser Interferometer Space Antenna for the Detection and Observation of Gravitational Waves. Pre-Phase A Report, second edition. Garching, Germany : Max-Planck-Institut fur Quantenoptik, July 1998.
-

Blair, David, and Geoff McNamara. *Ripples on a Cosmic Sea*. Reading, Mass. : Helix Books, Addison-Wesley, 1997.

Bromberg, Joan Lisa. *The Laser in America*, 1950 — 1970. Cambridge, Mass.: MIT Press, 1991.

Burnell, Jocelyn Bell. "The Discovery of Pulsars." *Serendipitous Discoveries in Radio Astronomy*. Proceedings of Workshop Number 7 held at the National Radio Astronomy Observatory, Green Bank, W. Va., May 4–6, 1983.

Carmeli, Moshe, Stuart I. Fickler, and Louis Witten (eds.). *Relativity: Proceedings of the Relativity Conference in the Midwest*. New York: Plenum Press, 1970.

Chandrasekhar, S. *Eddington*. Cambridge: Cambridge University Press, 1983.

Ciufolini, Ignazio, and John Archibald Wheeler. *Gravitation and Inertia*. Princeton, N. J.: Princeton University Press, 1995.

Coles, Mark. "How the LIGO Livingston Observatory Got Its Name." *Latest from LIGO Newsletter*, 3 (April 1998).

Collins, H. M. "A Strong Confirmation of the Experimenters' Regress." *Studies in History and Philosophy of Science*, 25 (1994): 493–503.

Collins, H. M. *Changing Order: Replication and Induction in Scientific Practice*. Chicago: University of Chicago Press, 1992.

Committee on Gravitational Physics, National Research Council. *Gravitational Physics: Exploring the Structure of Space and Time*. Washington, D. C.: National Academy Press, 1999.

Coyne, Dennis. "The Laser Interferometer Gravitational-Wave Observatory (LIGO) Project." *In Proceedings of the IEEE 1996 Aerospace Applications Conference*, 4 (1996): 31–61.

D'Abro, A. *The Evolution of Scientific Thought: From Newton to Einstein*. New York: Dover Publications, 1950.

Damour, T. "Theoretical Aspects of Gravitational Radiation." In *General Relativity and Gravitation: Proceedings of the 14 th International Conference*. Singapore: World Scientific, 1997.

Davies, P. C. W. *The Search for Gravity Waves*. Cambridge: Cambridge University Press, 1980.

Davies, P. C. W. *Space and Time in the Modern Universe*. Cambridge: Cambridge University Press, 1977.

Dietrich, Jane. "Realizing LIGO." *Engineering & Science*, 61: 2 (1998): 8–17.

Drever, R. W. P. "Gravitational Wave Astronomy." *Quarterly Journal of the Royal Astronomical Society*, 18 (1977): 9–27.

Dunnington, G. Waldo. *Carl Friedrich Gauss: Titan of Science*. New York: Exposition Press, 1955.

Dyson, Freeman. "Gravitational Machines." *Interstellar Communication*. New York: W. A. Benjamin, 1963.   229

Eddington, Arthur. *Space, Time and Gravitation*. Cambridge: Cambridge University Press, 1920.

Eddington , A. S. *The Mathematical Theory of Relativity.* Cambridge : Cambridge University Press , 1930.
-

Eddington , Arthur. *The Theory of Relativity and It's Influence on Scientific Thought* (The Romanes Lecture , 1922) . Oxford : Clarendon Press , 1922.
-

Einstein , A. " Die Grundlagen der allgemeinen Relativitatstheorie. "*Annalen der Physik* 49 (1916): 769–822.
-

Einstein , Albert. *Relativity : The Special and the General Theory.* New York : Crown Trade Publishers , 1961.
-

Einstein , A. *Sitzungsberichte der Koniglich Preussichen Akademie der Wissenschaften ,* (1916): 688.
-

Ellis , George E R. , and Ruth M. Williams. *Flat and Curved Space-Times.* Oxford : Clarendon Press , 1988.
-

Ezrow , D. H. , N. S. Wall , J. Weber , and G. B. Yodh. " Insensitivity to Cosmic Rays of the Gravity Radiation Detector. "*Physical Review Letters ,* 24 (April 27 , 1970): 945–947.
-

Faber , Scott. " Gravity ' s Secret Signals. "*New Scientist ,* 144 (November 26 , 1994): 40.
-

Fauvel , John , Raymond Flood , Michael Shortland , and Robin Wilson (eds.) . *Let Newton Be*! Oxford : Oxford University Press , 1988.
-

Fermi , Laura , and Gilberto Bernardini. *Galileo and the Scientific Revolution.* New York : Basic Books , 1961.
-

Ferrari , V. , G. Pizzella , M. Lee , and J. Weber. " Search for Correlations Between the University of Maryland and the University of Rome Gravitational Radiation Antennas. "*Physical Review D ,* 25 (May 15 , 1982): 2471–2486.
-

Finn , Lee Samuel. " A Numerical Approach to Binary Black Hole Coalescence. " In *General Relativity and Gravitation : Proceedings of the* 14 th *International Conference.* Singapore : World Scientific , 1997.
-

Fisher , Arthur. " The Tantalizing Quest for Gravity Waves. "*Popular Science ,* 218 (April 1981): 88–94.
-

Flam , Faye. " A Prize for Patient Listening. "*Science ,* 262 (October 22 , 1993): 507.
-

Flam , Faye. " Scientists Chase Gravity 's Rainbow. "*Science ,* 260 (April 23 , 1993): 493.
-

Florence , Ronald. *The Perfect Machine : Building the Palomar Telescope.* New York : HarperCollins , 1994.
-

Folkner , William M. (ed.) . *Laser Interferometer Space Antenna : Second International LISA Symposium on the Detection and Observation of Gravitational Waves in Space.* AIP Conference Proceedings 456. Woodbury , N. Y. : American Institute of Physics , 1998.
-

Folsing , Albrecht. *Albert Einstein : A Biography.* New York : Viking , 1997.
-

Fomalont , E. B. , and R. A. Sramek. " Measurements of the Solar Gravitational Deflection of Radio Waves in Agreement with General Relativity. "*Physical Review Letters ,* 36 (June 21 , 1976): 1475–1478.
-

230 Forward , Robert L. " Wideband Laser-Interferometer Gravitational-Radiation Experiment. "*Physical Review D ,* 17 (January 15 , 1978): 379–390.
-

Franklin, Allan. " How to Avoid the Experimenters' Regress. "*Studies in History and Philosophy of Science*, 25 (1994): 463-491.

-

Friedman, Michael. *Foundations of Space-Time Theories* : *Relativistic Physics and Philosophy of Science*. Princeton, N. J. : Princeton University Press, 1983.

-

Garwin, Richard L. " Detection of Gravity Waves Challenged. "*Physics Today*, 27 (December 1974): 9-11

-

Garwin, R. L. " More on Gravity Waves. "*Physics Today*, 28 (November 1975): 13.

-

Garwin, Richard L., and James L. Levine. " Single Gravity-Wave Detector Results Contrasted with Previous Coincidence Detections. "*Physical Review Letters*, 31 (July 16, 1973): 176-180.

-

Gertsenshtein, M. H., and V. I. Pustovoit. " On the Detection of Low Frequency Gravitational Waves. "Soviet *Physics JETP*, 16 (February 1963): 433-435.

-

Giazotto, Adalberto. " Interferometric Detection of Gravitational Waves. "*Physics Reports*, 182 (November 1989): 365-424.

-

Gibbons, G. W, and S. W. Hawking. " Theory of the Detection of Short Bursts of Gravitational Radiation. " *Physical Review D*, 4 (October 15, 1971): 2191-2197.

-

Gillispie, Charles Coulston (ed.). *Dictionary of Scientific Biography*. New York : Charles Schribner' s Sons, 1972.

-

Glanz, James. " Gamma Blast from Way, Way Back. "*Science*, 280 (April 24, 1998): 514.

-

Gorman, Peter. *Pythagoras* : *A Life*. London : Routledge & Kegan Paul, 1979.

-

" Gravitating Toward Einstein. "*Time*, 93 (June 20, 1969): 75.

-

" Gravitational Waves Detected. "*Science News*, 95 (June 21, 1969): 593-594.

-

" Gravitational Waves Detected. "*Sky & Telescope*, 38 (August, 1969): 71.

-

" Gravity Waves Slow Binary Pulsar. "*Physics Today*, 32 (May, 1979): 19-20.

-

Hall, Tord. *Carl Friedrich Gauss*. Cambridge, Mass.: MIT Press, 1970.

-

Hariharan, P. *Optical Interferometry*. Sydney : Academic Press, 1985.

-

Hawking, S. W., and W Israel (eds.). *General Relativity* : *An Einstein Centenary Survey*. Cambridge : Cambridge University Press, 1979.

-

Hilts, Philip J. " Last Rites for a ' Plywood Palace ' that Was a Rock of Science. "*The New York Times*, (March 31, 1998): C4.

-

Hinckfuss, Ian. *The Existence of Space and Time*. Oxford : Clarendon Press, 1975.

-

Hoffmann, Banesh. *Albert Einstein* : *Creator and Rebel*. New York : The Viking Press, 1972.

Hoffmann, Banesh. *Relativity and Its Roots*. New York : W. H. Freeman, 1983.

Hulse, Russell A. " The Discovery of the Binary Pulsar. "*Reviews of Modern Physics*, 66 (July1994): 699-710.

Jammer, Max. *Concepts of Space*. Cambridge, Mass. : Harvard University Press, 1954.

Kepler, Johannes. *The Harmony of the World*. Philadelphia : American Philosophical Society, 1997.

Kimball, Robert (ed.). *The Complete Lyrics of Cole Porter*. New York : Alfred A. Knopf, 1983.

Kleppner, Daniel. " The Gem of General Relativity. "*Physics Today*, 46 (April 1993): 9-11.

Laser Pioneer Interviews. Torrance, Calif. : High Tech Publications, 1985.

Lee, M., D. Gretz, S. Steppel, and J. Weber. " Gravitational-Radiation-Detector Observations in 1973 and
231　1974. "*Physical Review D*, 14 (August 15, 1976): 893-906.

Levine, James L., and Richard L. Garwin. " Absence of Gravity-Wave Signals in a Bar at 1695 Hz. "*Physical Review Letters*, 31 (July 16, 1973): 173-176.

Lubkin, Gloria B. " Experimental Relativity Hits the Big Time. "*Physics Today*, 23 (August 1970): 41-44.

Lubkin, Gloria B. " Weber Reports 1660 -Hz Gravitational Waves from Outer Space. "*Physics Today*, 22 (August 1969): 61-62.

Machamer, Peter K., and Robert G. Turnbull (eds.). *Motion and Time/Space and Matter : Interrelations in the History of Philosophy and Science*. Columbus : Ohio State University Press, 1976.

Marshall, Eliot. " Garwin and Weber ' s Waves. "*Science*, 212 (May 15, 1981): 765.

Mather, John C, and John Boslough. *The Very First Light*. New York : Basic Books, 1996.

Michelson, Peter E, John C. Price, and Robert C. Taber. " Resonant-Mass Detectors of Gravitational Radiation. "*Science*, 237 (July 10, 1987): 150-157.

Minkowski, H. " Das Relativitatsprinzip. "*Jahresbericht der Deutschen Mathemuiiker Vereinigung*, 24 : 372-382.

Misner, C. W, K. S. Thorne, and J. A. Wheeler. *Gravitation*. San Francisco : W. H. Freeman, 1973.

Monastyrsky, Michael. Riemann, *Topology, and Physics*. Boston : Birkhauser, 1987.

Moss, G. E., L. R. Miller, and R. L. Forward. " Photon-Noise-Limited Laser Transducer for Gravitational Antenna. "*Applied Optics*, 10 (November 1971): 2495-2498.

Naeye, Robert. " To Catch a Gravity Wave. "*Discover*, 14 (July 1993): 76.

Norton, John. " How Einstein Found His Field Equations, 1912 — 1915. "*Einstein and the History of General Relativity*, Don Howard and John Stachel (eds.). Boston : Birkhauser, 1989.

Overbye, Dennis. " Testing Gravity in a Binary Pulsar. "*Sky & Telescope*, 57 (February 1979): 146.

Pais, Abraham. ' *Subtle Is the Lord ...* ' : *The Science and the Life of Albert Einstein.* Oxford : Oxford University Press, 1982.

Park, David. *The How and the Why.* Princeton, N. J. : Princeton University Press, 1988.

Perkowitz, Sidney. *Empire of Light.* New York : Henry Holt, 1996.

Perryman, Michael. " Hipparcos : The Stars in Three Dimensions. "*Sky & Telescope*, (June 1999): 40–50.

Pirani, F. A. E. " On the Physical Significance of the Riemann Tensor. "*Acta Physica Polonica*, 15 (1956): 389–405.

Pound, R. V., and G. A. Rebka, Jr. " Apparent Weight of Photons. "*Physical Review Letters*, 4 (April 1, 1960): 337–340.

Preparata, Giuliano. " Joe Weber ' s Physics. " In *QED Coherence*, *in Matter.* Singapore : World Scientific, 1995.

Press, William LL, and Kip S. Thorne. " Gravitational-Wave Astronomy. "*Annual Review of Astronomy and Astrophysics*, (1972): 74.

Preston, Richard. *First Light* : *The Search for the Edge of the Universe.* New York : Atlantic Monthly Press, 1987.

Raine, Derek J., and Michael Heller. *The Science of Space-Time.* Tucson : Pachart Publishing House, 1981.

Salmon, Wesley C. *Space*, *Time*, *and Motion.* Minneapolis : University of Minnesota Press, 1980.　　　　232

Sanders, J. H. *The Velocity of Light.* Oxford : Pergamon Press, 1965.

Saulson, Peter R. *Fundamentals of Interferometric Gravitational Wave Detectors.* Singapore : World Scientific, 1994.

Saulson, Peter R. " If Light Waves Arc Stretched by Gravitational Waves, How Can We Use Light as a Ruler to Detect Gravitational Waves? "*American Journal of Physics*, 65 (June 1997): 501–505.

Schilpp, Paul A. (ed.) . *Albert Einstein* : *Philosopher-Scientist.* New York : Harper Torchbooks, 1959.

Schwinger, Julian. *Einstein ' s Legacy.* New York : Scientific American Books, 1986.

Shapiro, Irwin I. " A Century of Relativity. " In *More Things in Heaven and Earth* : *A Celebration of Physics at the Millennium*, Benjamin Bederson, ed. New York : Springer-Verlag, 1999.

Shapiro, Irwin I. " Fourth Test of General Relativity. "*Physical Review Letters*, 13 (December 28, 1964): 789–791.

Shapiro, Irwin I., et al. " Fourth Test of General Relativity : New Radar Result. "*Physical Review Letters*, 26 (May 3, 1971): 1132–1135.

Shapiro, Irwin I., et al. "Fourth Test of General Relativity: Preliminary Results." *Physical Review Letters*, 20 (May 27, 1968): 1265-1269.

Shapiro, Stuart L., Richard F, Stark, and Saul A. Teukolsky. "The Search for Gravitational Waves." *American Scientist*, 73 (May/June 1985): 248-257.

Shaviv, G., and J. Rosen (eds.). *General Relativity and Gravitation: Proceedings of the Seventh International Conference* (GR7). New York: John Wiley & Sons, 1975.

Silk, Joseph. "Black Holes and Time Warps: Einstein's Outrageous Legacy." *Science*, 264 (May 13, 1994): 999.

Sklar, Lawrence. *Space, Time, and Spacetime.* Berkeley: University of California Press, 1974.

Smart, J. J. C. (ed.). *Problems of Space and Time.* New York: Macmillan, 1964.

Sobel, Michael I. *Light.* Chicago: University of Chicago Press, 1987.

Taubes, Gary. "The Gravity Probe." *Discover*, 18 (March 1997): 62.

Taylor, Edwin R, and John Archibald Wheeler. *Spacetime Physics.* New York: W H. Freeman, 1966.

Taylor, Joseph H., Jr. "Binary Pulsars and Relativistic Gravity." *Reviews of Modern Physics*, 66 (July 1994): 711-719.

Thomsen, Dietrick. "Gaining on Gravity Waves." *Science News*, 98 (July 11, 1970): 44-45.

Thomsen, Dietrick. "Trying to Rock with Gravity's Vibes." *Science News*, 126 (August, 4, 1984): 76-78.

Thorne, Kip. *Black Holes and Time Warps: Einstein's Outrageous Legacy.* New York: W. W. Norton, 1994.

Thorne, Kip S. "Gravitational-Wave Research: Current Status and Future Prospects." *Reviews of Modern Physics*, 52 (April 1980): 285-297.

Torretti, Roberto. *Relativity and Geometry.* Oxford: Pergamon Press, 1983.

Tourrene, Philippe. *Relativity and Gravitation.* Cambridge: Cambridge University Press, 1997.

Travis, John. "LIGO: A $250 Million Gamble." *Science*, 260 (April 30, 1993): 612-614.

Trimble, Virginia, and Joseph Weber. "Gravitational Radiation Detection Experiments with Disc-Shaped and Cylindrical Antennae and the Lunar Surface Gravimeter." *Annals of the New York Academy of Sciences*, 224 (December 14, 1973): 93-107.

Tyson, J. A. "Gravitational Radiation." *Annals of the New York Academy of Sciences*, 224 (December 14, 1973): 74-92.

Tyson, J. Anthony. Testimony before the Subcommittee on Science of the Committee on Science, Space, and Technology, United States House of Representatives, March 13, 1991.

Vessot, R. F. C, and M. W. Levine. "A Test of the Equivalence Principle Using a Space-Borne Clock." *General Relativity and Gravitation*, 10 (1979): 181–201.

Vessot, R. F. C., et al. "Test of Relativistic Gravitation with a Space-borne Hydrogen Maser." *Physical Review Letters*, 45 (December 29, 1980): 2081–2084.

Wald, Robert M. *Space, Time, and Gravity*. Chicago: University of Chicago Press, 1992.

Waldrop, M. Mitchell. "Of Politics, Pulsars, Death Spirals-and LIGO." *Science*, 249 (September 7, 1990): 1106.

Weber, J. "Anisotropy and Polarization in the Gravitational-Radiation Experiments." *Physical Review Letters*, 25 (July 20, 1970): 180–184.

Weber, J. "Detection and Generation of Gravitational Waves." *Physical Review*, 117 (January 1, 1960): 306–313.

Weber, J. "Evidence for Discovery of Gravitational Radiation." *Physical Review Letters*, 22 (June 16, 1969): 1320–1324.

Weber, J. "Gravitational Radiation Detector Observations in 1973 and 1974." *Nature*, 266 (March 17, 1977): 243.

Weber, Joseph. "Gravitational Waves." *Physics Today*, 21 (April 1968): 34–39.

Weber, J. "Gravitons, Neutrinos, and Antineutrinos." *Foundations of Physics*, 14 (December 1984): 1185–1209.

Weber, Joseph. "How I Discovered Gravitational Waves." *Popular Science*, 200 (May 1972): 106+.

Weber, Joseph. "The Detection of Gravitational Waves." *Scientific American* 224 (May 1971): 22–29.

Weber, Joseph. "Weber Replies." *Physics Today*, 27 (December 1974): 11–13.

Weber, J. "Weber Responds." *Physics Today*, 28 (November 1975): 13+.

Weber, J., and T. M. Karade (eds.). *Gravitational Radiation and Relativity*. Singapore: World Scientific, 1986.

Weber, J., and B. Radak. "Search for Correlations of Gamma-Ray Bursts with Gravitational-Radiation Antenna Pulses." *Il Nuovo Cimcnto*, 111B (June 1996): 687–692.

Weiss, Rainer. "Gravitation Research." Quarterly Progress Report Number 105. Research Laboratory of Electronics, Massachusetts Institute of Technology, (1972): 54–76.

Weiss, Rainer. "Gravitational Radiation." In *More Things in Heaven and Earth: A Celebration of Physics at the Millennium*, Benjamin Bederson, ed. New York: Springer-Verlag, 1999.

Westfall, Richard S. *The Life of Isaac Newton*. Cambridge: Cambridge University Press, 1993.

Wheeler , John Archibald , and Kenneth Ford. *Geons , Black Holes , and Quantum Foam.* New York : W. W. Norton , 1998.

-

Will , Clifford M. " General Relativity at 75 : How Right Was Einstein? " *Science* , 250 (November 9 , 1990): 770-776.

-

Will , Clifford M. " Gravitational Radiation and the Validity of General Relativity. " *Physics Today* , 52 (October 1999): 38-43.

-

Will , Clifford M. " The Confrontation Between Gravitation Theory and Experiment. " In *General Relativity : An Einstein Centenary Survey.* Cambridge : Cambridge University Press , 1979.

-

Will , Clifford M. *Was Einstein Right* ? New York : Basic Books , 1986.

-

Williams , L. Pearce (ed.). *Relativity Theory : It's Origins and Impact on Modern Thought.* Huntington , N.Y. : Robert E. Krieger , 1979.

索引

注：为便于检索，索引中的人名按先姓后名的方式排列，后附有英文原名全称。其中，伽利略除外，因为我们通常用他的名字"伽利略"而不是姓"伽利雷"来指代他。每个条目后的页码均为原书的页码，即本书的边码。

A

AIGO（澳大利亚国际引力波天文台），**183**，**184**

阿贝尔**2218**星系团，**51-52**

阿波罗计划，**92**，**211**

阿贡国家实验室，**94**，**103**

阿基塔斯，**12**

阿雷西博天文台，**76-78**，**81**，**83**

阿姆斯特朗，约翰（**John Armstrong**），**210**

艾德伯格，埃里克（**Eric Adelberger**），**64**

爱丁顿，亚瑟（**Arthur Eddington**），**37-38**，**48-49**，**50**，**52**，**69**

艾尔伯特·爱因斯坦研究所，**181**

埃杰顿，哈罗德（**Harold Edgerton**），**116**

埃里森，史蒂夫（**Steve Elieson**），**153**

艾萨克森，理查德（**Richard Isaacson**），**131**，**136**

埃托里·马约拉纳科学文化中心，**129**

爱因斯坦，艾尔伯特（**Albert Einstein**）；还可见词条"*广义相对论*""*狭义相对论*"

    相貌、行为，**29**

    合作者，**41-42**，**43**，**47**，**57**

    大学时代，**28**，**30**，**34**

    就"常识"的评论，**38**

    爱因斯坦与牛顿的"对话"，**16**，**46**

    爱因斯坦与电磁学，**28-29**，**30**

    引力辐射概念，**68-69**

    职业生涯，**30**，**39**，**59**，**89**

光速，23，28

超级明星/神秘所在，4，49-50，139，140，225

想象实验，23，39-40

青年时期，23，29-30，39

安德森，菲利普（Philip Anderson），139

澳大利亚国立大学，183

奥本海默，J. 罗伯特（J. Robert Oppenheimer），59-60，61，89-90

奥斯泰克，耶米利（Jeremiah Ostriker），206

奥斯特，汉斯·克利斯汀（Hans Christian Orsted），25-26

B

BATSE（爆发与瞬变源实验室），113

巴登，马赛尔（Marcel Bardon），136

巴里希，巴里（Barry Barish），68，143-144，156，162，186

巴索夫，尼克莱（Nikolai Basov），91

巴瓦尔，比普拉卜（Biplab Bhawal），163-164

班德，彼得（Peter Bender），210-212

"贝波萨克斯"号卫星，201

贝尔·伯内耳，乔丝琳（Jocelyn Bell Burnell），70-71，72，86

贝尔实验室，96，99

贝克道夫，大卫（David Beckedorff），61

毕达哥拉斯学派，187-188

比林斯利，加里林（GariLynn Billingsley），151-152

比令，海因兹（Heinz Billing），176

比萨斜塔，171-172

宾夕法尼亚州立大学，165，188

玻尔，尼尔斯（Niels Bohr），57-58，60，111

波尔约，贾诺斯（Janos Bolyai），19

伯克利，乔治（George Berkeley），16

伯斯扬声器，116

波特，科尔（Cole Porter），49-50

波特蒂，布鲁诺（Bruno Bertotti），206

波特吉斯·兹沃特，西蒙（Simon Portegeis Zwart），196

勃朗宁，罗伯特（Robert Browning），1

钚，145

布拉金斯基，弗拉迪米尔（Vladimir Braginsky），64，96-97，99，128-129，130，212

布兰斯，卡尔（Carl Brans），65

布兰斯-迪克理论，63-66，96

布朗克斯科学高中，75

布朗运动，30-31

布利莱特，阿雷恩（Alain Brillet），174

布鲁克海文国家实验室，163

CERN（欧洲核子研究中心），107，109，174

COBE（"宇宙背景探测"号）卫星，130，135，169，204

CSIRO（澳大利亚联邦科学与工业研究组织），152

查普曼，菲利普（Philip Chapman），123，126

钱德拉 X 射线天文台，192，193

钱德拉塞卡，苏布拉马尼扬（Subrahmanyan Chandrasekhar），192

超导超级对撞机，143，144，151，159，162

超导仪器，106

潮汐诱发者，150

超新星，3

　　伽马射线爆，113

　　引力波，68，69，88，90，94，96，105，109，149，162，166，173，174，188-189，193，
　　201-202

　　银河系，105，149

　　中子星，72，79，201，202

　　1987 A，109，133，150，201，202

　　圣都立克-69° 202，6-7

　　信号特征，149，202

应变, 217

白矮星碰撞, 220

虫洞, 189-190

磁场

地磁场, 73, 100

磁场和引力波探测, 100

磁场强度, 73

雷暴产生的磁场, 150

磁畴壁, 205

磁单极子, 143, 186, 205

磁铁, 150

磁学, 25-26

《从一到无穷大》(*One*, *Two*, *Three*, *Infinity*), 190

D

大爆炸, 3, 63, 130, 203-204, 220

大麦哲伦星云, 6-7, 109, 133, 201

大萨索山, 143

大学

阿姆斯特丹大学, 108

柏林大学, 39, 42

加利福尼亚大学欧文分校, 110

芝加哥大学, 99, 137, 192

科罗拉多大学, 165, 211

特拉华大学, 164

佛罗里达大学, 165

格拉斯哥大学, 95, 103, 104, 126, 127-128, 130, 131, 177, 179, 182

哥廷根大学, 19, 20

汉诺威大学, 180-181

莱顿大学, 89, 108

马里兰大学, 10, 87, 89, 91, 93, 94, 98, 103, 105, 110

马萨诸塞大学阿默斯特分校, **73**, **76**, **81**

密歇根大学, **165**

俄勒冈大学, **165**

帕多瓦大学, **8**

宾夕法尼亚大学, **204**

罗切斯特大学, **96**, **99**, **102**, **103**

罗马大学, **105-106**

得克萨斯大学奥斯汀分校, **197-198**

华盛顿大学西雅图分校, **64**

威斯康星大学, **164**, **165**

苏黎世大学, **39**, **42**

戴森, 弗里曼（**Freeman Dyson**）, **90**, **191**, **198-199**

丹兹曼, 卡斯坦（**Karsten Danzmann**）, **179-180**, **181**, **182-183**, **213**

道格拉斯, 大卫（**David Douglass**）, **99**, **102**, **104**

德国大学, **39**, **41**

德国皇家天文学会和伦敦皇家学会, **49**

得克萨斯相对论天体物理学讨论会, **83-84**, **100**

德莱弗, 罗纳德（**Ronald Drever**）

加州理工学院引力波计划, **130**, **131-133**, **136**, **141**, **151**, **222-223**

专长, **130**

格拉斯哥引力波计划, **95**, **103**, **104**, **127-128**, **130**, **131**, **177**

引力红移探测器, **127**

惯性实验, **126-127**

激光能量循环, **133**, **178**

LIGO之建造, **130**, **136**, **137**, **138**, **141-142**, **144**, **156**, **165**

性格, **137**, **142**

引力波太空探测器, **212**

就韦伯的发现所发表的评论, **105**

德莱弗与怀斯, **137**

德谟克柯利特（**Democritus**）, **12**

迪克, 罗伯特（**Robert Dick**）, **63-66**, **67**, **119**, **120**, **124**, **163**, **191**, **192**, **210**, **211**

地球

引力辐射, **68**

内部引力梯度, **223**

　　　　地磁场，**73**，**100**

　　　　地球作为共振天线棒，**92**，**97**

　　　　潮汐，**150**

第五届相对论剑桥会议，**102**

第七届广义相对论和引力国际会议，**103**

电磁辐射，**26**，**73**，**188**，**189**

《电磁通论》（*Treatise on Electricity and Magnetism*），**26**

电磁学，**8**

　　　　法拉第实验，**26**

　　　　麦克斯韦电磁场方程，**26**，**28-29**，**89**

　　　　牛顿力学与电磁学，**30**

　　　　奥斯特实验，**25-26**

电光研究，**152**

电子管研讨会，**91**

电学，**25**

杜鹃座**47**球状星团，**108**

度量场，**22**，**44**

E

二氧化硅五氧化钽镀膜，**152**

F

法布里-泊罗干涉仪，**127-128**，**138**

法拉第，迈克尔（**Michael Faraday**），**26**

"帆船号"人造卫星，**201**

费尔班克，威廉（**William Fairbank**），**95**，**97-98**，**106**

菲茨杰拉德，乔治（**George FitzGerald**），**28**，**32**

芬，萨姆（**Sam Finn**），**188**，**198**

冯·艾厄特沃什，罗兰男爵（**Baron Roland von Eotvos**），**64**

富尔顿，罗伯特（Robert Fulton），2

弗吉尼亚·特林波（Virginia Trimble），111

福克纳，威廉（William Folkner），213

福兰克林，塞西尔（Cecil Franklin），155

福勒，威廉（William Fowler），191

福乐，詹姆斯（James Faller），211，212

福沃德，罗伯特·L（Robert L. Forward），92-93，122-123，124-126，161，177

弗洛伦斯，罗纳德（Ronald Florence），141

G

GEO，179-180

GEO 600，172，180-183，213

伽马射线

　　伽马射线爆，113，162，200-201

　　伽马射线探测器，113，185

　　频率红移，54

伽莫夫，乔治（George Gamow），190

高等学术研究所，57，89-90

高斯，卡尔·弗里德里希（Carl Friedrich Gauss），18-19，20，21

哥白尼（Copernicus），37-38

戈登博格，H·马克（H. Mark Goldenberg），66

格雷塔森，安德里（Andri Gretarsson），168

格罗斯曼，马塞尔（Marcel Grossmann），41-42

隔振与悬挂系统

　　熔融石英丝，182

　　激光干涉仪的隔振与悬挂系统，128，132，133，175，176，177，182

　　LIGO的隔振与悬挂系统，153-154，166，168

　　磁悬浮，222

　　共振天线的隔振与悬挂系统，93

　　VIRGO超级衰减器，175，176

勾股定理，187

惯性，**37**，**64**，**126-127**

光，还可见词条"*光速*"、"*恒星*"

　　质量，**34**

　　粒子（光子），**30**，**157**

　　光在以太中的传播，**25**

　　可见光，**26-27**

光波

　　引力和光波，**5**，**39-41**，**44**，**45**，**47-49**，**51-52**，**54**

　　引力波和光波，**121**原文注，**188**

　　红移，**54**，**58**

光速

　　早期测量，**23-24**，**26-27**

　　物质趋近于光速是发射出的引力波，**68-188**

　　激光测量，**97**

　　光速和质量，**34**

　　狭义相对论，**31**，**32**，**33**，**37**

　　介质中的光速，**32**原文注

　　真空中的光速，**32**，**71**，**121**原文注

光以太

　　光在以太中的传播，**25**，**32**

　　地球在以太中的运动，**27**

　　以太风，**27**，**28**，**34**

光子，**30**，**157**

广义相对论

　　替代理论，**63-66**

　　应用，**6**

　　广义相对论和黑洞，**60-62**

　　对计算的修正，**83**

　　广义相对论和拖曳力（磁引力），**55-57**

　　广义相对论方程，**44**，**69**

　　广义相对论的证据，**5**，**6**

　　引力和广义相对论，**38-39**，**41-42**，**44**，**45-47**，**51-53**，**69**，**197-198**

　　广义相对论的笑话，**53-54**

　　广义相对论和光折射，**39-41**，**44**，**47-49**，**51-52**，**54**

LURE实验，211

重大意义，47

水星轨道和广义相对论，42-43，44，47，76，81

庞家莱和广义相对论，28

在解释实验结果时的问题，69-70

脉冲星实验，81-86

雷达实验，51，52

复兴，62

参考系，41-42，45

黎曼曲率和广义相对论，21-22，41，44

广义相对论和时空概念，4，44

星光偏转实验，48

强等效原理，211

实验技术，5-6，119，207

引力场中的时间，52-53

归谬法（reduction ad absurdum），18

（美国）国家标准局，210，212

（美国）国家射电天文台，71

（日本）国家天文台，183

国家研究理事会，197

过冷共振棒，97-98，105-106，107，123，127，177

H

哈勃，埃德温（Edwin Hubble），58

哈勃太空望远镜，155，168，213

哈佛－史密松天体物理中心，54

哈佛大学，70，71，126-127

  杰斐逊物理实验室，54

哈夫，詹姆斯（James Hough），128，180，181，213

哈雷，埃德蒙（Edmond Halley），13

哈威特，马丁（Martin Harwit），167

"海盗"号登陆车, 51

海尔, 乔治 (George Hale), 223

海尔望远镜, 223-224

海佛福德学院, 74

海浪, 干涉仪的干扰源, 150

海斯泰克天文台, 51

海王星的发现, 17

汉福德核子反应堆, 145-146, 149

汉密尔顿, 威廉 (William Hamilton), 106-107

汉斯, 塞林 (Hans Thirring), 56

贺利氏集团, 152

核裂变的一般性理论, 57-58, 60

赫兹, 海因里希 (Heinrich Hertz), 27, 89

黑洞, 3, 5, 116, 191

　　碰撞, 88, 108, 149, 166, 188, 193, 194, 194-198, 216

　　天鹅座X-1, 193

　　证据, 188, 192, 194, 218

　　形成/来源, 196-197, 200, 201

　　伽马射线爆, 113

　　广义相对论与黑洞, 60-62, 197-198

　　引力场, 53

　　辐射出的引力波, 68, 88, 93, 96, 108, 165, 166, 188, 193, 194-195, 197-198, 208

　　质量, 57, 166, 196

　　中子星合并, 166

　　NSF的"大挑战"计划, 197-198

　　名字的来源, 62

　　性质, 195, 219

　　旋转, 56, 195, 219

　　信号的特征, 149, 195-196

　　特大质量黑洞, 57, 108, 197, 208, 217-219

黑死病, 13

恒星

　　坍缩, 60

　　碰撞, 68

引力辐射，**68**

光偏转，**43-44**，**45**，**48-50**，**51-52**

视差测量，**20**

白矮星，**85**

红移，**54-55**，**58**，**119**，**127**

胡尔斯，罗素（**Russell Hulse**），**75-81**，**83**

胡尔斯-泰勒双星，**78-79**，**81-82**，**83**，**84**，**85**，**164**，**188**，**199**

华盛顿大学圣·路易斯分校，**63**

怀斯，瑞纳（**Rainer Weiss**），**68**，**85**

原子钟，**116**，**118**，**119**

迪克和怀斯，**65**，**119**，**124**

关于爱因斯坦的评论，**4**

首次探测的基本规则，**184-186**

研究生时代，**119**

重差计，**119**

引力常数的测量，**120**

激光干涉仪研究，**120-121**，**123**，**128**，**131**，**134**，**177**，**212**

LIGO 的建造，**115**，**117**，**135-137**，**138**，**155**，**169**，**221-222**

微波背景辐射的测量，**130**，**167**，**169**

在 **MIT** 的日子，**115-116**，**118**，**119-120**，**128**，**134**

NASA 委员会，**129**，**210**

个人背景，**117-118**

性格特征，**115**，**137**

太空引力波探测器，**210**

关于理论家与实验家的看法，**116**，**189**

桑尼和怀斯，**129-130**，**135**，**190**

大学时代，**116**

怀斯和韦伯，**137**

惠特柯姆，斯坦（**Stan Whitcomb**），**131**，**151**，**156**

惠勒，约翰·阿齐博尔德（**John Archibald Wheeler**），**6**，**58-59**，**60-62**，**67**

《引力论》（*Gravity*），**6**，**81**，**130**，**139**，**192-193**

汉福德核反应堆，**145**

个人特征，**63**

桑尼和惠勒，**81**，**191**，**192-193**

韦伯和惠勒，**89-90**，**92**，**191**

霍夫曼，班纳什（**Banesh Hoffman**），**47**

霍金，史蒂芬（**Stephen Hawking**），**98**，**206**

火星，**51**

"火星探路者"号飞船，**208**

霍伊尔，弗莱德（**Fred Hoyle**），**191**

I

IBM公司，**96**，**102**

INFN（意大利国家核物理研究院），**109**，**173**，**174**，**175**

J

吉本斯，加里（**Gary Gibbons**），**98**

吉波伊，大卫（**David Zipoy**），**93**

吉尔增斯坦，米吉尔·**E**（**Mikhail E. Gertsenshtein**），**122**

激光干涉仪，**97**。还可见词条"*LIGO*""*太空干涉仪*"

　　AIGO，**183-184**

　　校正，**124**

　　加州理工学院原型，**131-133**，**135-136**，**139**，**151**，**157**，**161**

　　工作频率范围，**124**，**178**

　　GEO 600，**172**，**180-183**

　　德国原型，**177-180**

　　休斯激光干涉仪引力辐射天线，**123-126**

　　激光器功率，**132**，**177**

　　镜片/实验物体，**132-133**，**177**，**183**，**184**

　　MIT原型，**134**，**136**，**177**

　　NSF的资金支持，**131**

　　天文台的设计，**123-124**，**132**

能量循环，**133**，**156-157**，**178**

工作原理，**121**，**182**

原型，**124-126**

灵敏度，**122**，**125**，**130**，**132**，**133**，**177**，**178-179**，**182**

建造，**121-123**

信号循环，**182**，**184**

设备尺寸，**130-131**，**172**，**173**，**177**，**178-179**，**182**

稳定性，**128**，**132**，**133**，**175**，**176**，**177**，**182**

应变，**132**，**134**，**180**，**184**

TAMA 300，**183**

事件时间的确定，**125**

真空系统，**132**，**181-182**

VIRGO，**172-176**，**182**，**216**

激光干涉仪太空天线，参见词条"*LISA*"

激光干涉仪引力波天文台，参见词条"*LIGO*"

激光器，**64**，**91**，**97**

为远距离通信而放大信号，**214-215**

氩离子，**156**

能量循环，**133**，**156-157**，**178**

固态红外激光器，**156-157**，**158**

激光陀螺仪，**133**

《几何原本》（*The Elements*），**17-18**

几何学

欧氏几何，**17-18**

虚构几何，**20**

负曲率，**19**，**21**

非欧几何，**18-21**，**41**

正曲率，**20-21**

计算机应用

黑洞碰撞模拟，**198**

引力波分析，**93**，**161-162**，**198**

LIGO模拟，**159-160**

轨道模拟，**75**

脉冲星探测，**76-78**，**85**

加的夫大学，**101**

伽利略·伽利雷（**Galileo Galilei**），**8**，**13**，**15**，**24**，**92**，**171-172**

"伽利略"号探测器，**208**

加速度和引力，**39-40**，**53**

加文，理查德（**Richard Garwin**），**102**，**137**

加州理工学院，**52**，**63**，**95**，**180**，**190**

　　桥楼，**152-153**

　　广义相对论研究，**128**，**191**

　　引力波计划，**130**，**131-133**，**136**，**141**，**151**，**222-223**

　　激光干涉仪原型，**131-133**，**135-136**，**139**，**151**，**157**，**161**

　　LIGO，**2**，**136**，**140**，**144**，**151**，**152-153**，**161**，**163**

　　毫米波射电望远镜阵列，**138**，**143**

　　光学实验室，**223-224**

　　帕洛马望远镜，**138**，**141**

　　脉冲星研究，**72**

　　类星体研究，**191**

　　同步加速器实验室，**222**

贾佐托，阿戴尔伯特（**Adalberto Giazotto**），**173**，**174-176**

（英国）剑桥大学，**70**

角动量守恒，**57**，**73**

《接触未来》（**Contact**），**189**

近日点，**42**，**43**，**65**

金星，发射至金星的雷达信号，**51**

镜片

　　熔融石英镜片，**132**，**152**，**165**，**177**，**184**

　　LIGO 设计，**150**，**151-154**，**158-159**，**161**，**165-167**，**168**

　　蓝宝石，**165-167**，**184**

　　悬挂系统，**177**

　　过冷镜片，**183**

　　超级镜片，**135-136**，**178**

聚硫橡胶化工公司，**190**

K

卡夫卡，彼得（Peter Kafka），103

卡勒顿学院，83

"卡西尼"号飞船，210

凯克望远镜，52，168

开普勒，约翰尼斯（Johannes Kepler），187-188，201

凯斯应用科学学院，27

康林公司，152

康奈尔大学，81

康普敦伽马射线天文台，70

柯林斯，哈里，（Harry Collins），101

空间，还可见词条"*虚无*"

    绝对空间，16，23，32

    空间的收缩，32

    深层次的概念，11-13

    欧氏空间，17，21

    度量场，22，44

    负曲率，19，21

    牛顿的空间观念，14-15，16-17

    正曲率，20-21

    神学上的空间观念，12，16-17

寇斯，马克（Mark Coles），2-3

科维尔，丽塔（Rita Colwell），3

库柏联合学院，75

L

LAGOS（太空激光引力波天文台），212-213

LIGO，113

巴里希和LIGO，143-144，156，162

光束管，154-155，221

一流科学家小组，137，139-140

加州理工学院－麻省理工学院合作

发现结果的比较，149-150

控制系统，157-159

成本／预算，138-139，143，150-151，153，160-161

批评／反对意见，137，139，169

数据分析，160-164

诊断探针，159

各天文台之间的距离，148-149

德莱弗和LIGO，130，136，137，138，141-142，144，156，165，222

事件追踪，160

预期探测到结果的概率，166

可行性研究，135-136

频率，149，216

发起及变数，168-169，221

使用仪器，2，9

干涉仪，138，140，147-148，149，157-159

内部冲突，137，141-142，144

激光器，148，156-157，158，160，166，189

臂长，148，163，173，181，182，199

路易斯安那（利文斯顿）设施，2，8，115，140，147，148，154-155，169

镜片，150，151-154，158-159，161，165-167，168

噪声／干扰，148-149，150，152，153-154，155-156，157，159，160，164，166，167-168

NSF／联邦资金支持，135-137，138-139，140，143，151，185

光学实验室，152-153

原理，9-10

公众教育，147

科学协作组，151，165

第二代设备，165-168，199，202

灵敏度，139，148，149，157，165，182

模拟，159-160

当地特征，148-149

口号，3

职工安排，140

引力波的应变，157，165，184

悬挂与隔振，153-154，166，168

音调，153，161

桑尼和LIGO，136，137-138，165，189，190

可探测事件的类型，149-150，162，164，166

真空系统，115，147，154-156，189

沃格特和LIGO，137-138，140，142-143，144

可探测太空的体积，199

华盛顿州（汉福德）的设施，8，115，143，145-147，148，149，169，221

怀斯和LIGO，115，117，135-137，138，155，169

LINE，213

LISA，213-217，219-220

LGM（小绿人），71

LURE（月球测距实验），210，211，212

拉阿布，弗莱德（Fred Raab），146，147，221

拉绳定界先师（harpedonaptai，ropestretcher），17

拉扎里尼，艾尔伯特（Albert Lazzarini），160，161，162

莱布尼茨，戈特弗里德·威廉（Gottfried Wilhelm Leibniz），16

（意大利）莱格那罗国家实验室，107

蓝宝石镜片，165-167，184

兰斯，约瑟夫（Josef Lense），56

兰斯-塞林效应，55-57

朗道，列夫（Lev Landau），72

劳伦斯·伯克利实验室，204

雷暴，150

雷布卡，格伦（Glen Rebka），54，58

雷达，115

信号延迟，51，62

类星体，5，8，50，57，70，188，191，205，218，224

冷聚变，96

利布里切特，肯尼斯（Kenneth Libbrecht），65，66，163，165

里奇斯通，道格拉斯（Douglas Richstone），218

黎曼，伯恩哈德（**Bernhard Riemann**），20-21

黎曼几何，**41，44**

黎曼流形，**35，41**

黎曼弯曲，**20-22，41，44**

利文斯顿，埃德华（**Edward Livingston**），**2**

粒子加速器，**116，138，156，200，222**

量子力学，**30，111-112**

列文，犹大（**Judah Levine**），**97**

列文，詹姆斯（**James Levine**），**102**

林赛，保罗（**Paul Linsay**），**135-136**

灵敏度

　　激光干涉仪的灵敏度，**122，125，130，132，133，177，178-179，182**

　　LIGO 的灵敏度，**139，148，149，157，165，182**

　　共振棒天线的灵敏度，**104-105，106，108-109，113**

　　信号循环和灵敏度，**182**

　　设备尺寸和灵敏度，**182**

卢克莱修（**Lucretius**），**12**

路易斯安那州立大学，**96，106，107，127**

罗巴切夫斯基，尼克莱（**Nikolai Lobachevsky**），**19，20**

洛仑兹，亨德里克（**Hendrik Lorentz**），**28，31，32，58**

罗默，奥尔（**Ole Romer**），**24，25**

《绿野仙踪》（***The Wizard of Oz***），**196**

M

*μ*子，**34**

MIT（麻省理工学院），**2，4，123，128，167，189**

　　建筑，**20，115-116，118，119**

　　激光干涉仪原型，**134，136，177**

　　LIGO，**136，140，157**

　　电子研究实验室，**134**

马克斯·普朗克量子研究所，**178，179，180**

马克斯·普朗克物理和天文学研究所, 176

马赫, 恩斯特 (Ernst Mach), 55, 64, 126

马赫原理, 64-65, 126

马吉德, 瓦利德, (Walid Majid), 163

脉冲星, 5, 62, 188, 还可见词条 "*中子星*"

　　脉冲双星, 74-75, 78-85, 177

　　计算机应用, 76-78, 85

　　分布范围, 76

　　最快脉冲星, 79

　　脉冲频率, 71, 76, 79

　　伽马射线爆, 113

　　广义相对论和脉冲星, 81-86

　　引力波, 81-83, 95, 96, 108, 162, 163, 173, 177

　　质量, 74

　　银河系, 74, 78

　　周期测量, 79-80

　　PSR 1913+16, 78-79, 81-82, 83, 84, 85

　　射电脉冲探测, 71-72, 73-74, 205

　　信号特征, 149

　　来源, 202

　　"杜鹃" 47号球状星团里的脉冲星, 108

麦基, 威廉 (William Magie), 37

迈克尔逊, 艾尔伯特·A (Albert A. Michelson), 27-28, 34, 147

迈克尔逊干涉仪, 27-28, 121, 127, 138, 147-148

麦克斯韦, 詹姆斯·克拉克 (James Clerk Maxwell), 26, 27-28

麦克斯韦场方程, 26, 28-29, 89

麦克唐纳天文台, 211

迈斯纳, 查尔斯 (Charles Misner), 6, 81, 192

麦兹纳, 理查德 (Richard Matzner), 197-198

曼哈顿工程, 58, 59-60

美国国防部, 134

美国海军舰船办公室, 91

美国空军, 201

美国能源部，**145**，**151**

美国物理协会，**102**

美国物理学会，**37**

蒙大拿州立大学，**63**

蒙塔古，阿希礼（**Ashley Montagu**），**53-54**

米尔斯，布赖恩（**Brian Meers**），**182**

米勒，拉里（**Larry Miller**），**124**

民兵导弹工程，**190**

闵可夫斯基，赫尔曼（**Hermann Minkowski**），**34-35**，**41**

《明日帝国》（*Tomorrow Never Dies*），**55**

莫雷，埃德华（**Edward Morley**），**27-28**，**34**，**147**

莫里森，菲利普（**Philip Morrison**），**102**

莫斯，盖洛德（**Gaylord Moss**），**124-125**

莫斯科大学，**97**

木卫一，光速实验，**24**，**25**

N

NASA（美国国家宇航局），**56**，**112**，**113**，**114**，**123**，**126**，**129-130**，**213**

中子双星大挑战，**200**

相对论实验委员会，**129**

COBE卫星，**130**，**135**，**169**

深空探测网，**208**

"火星探路者"号飞船，**208**

NASA戈达德空间研究所，**62**

NIKHEF（核物理与高能物理研究所），**108**

NSF（美国国家科学基金会），**3**，**74-75**，**79**，**110**，**131**，**191**

黑洞双星大挑战，**197-198**

LIGO资金支持，**135-137**，**138-139**，**140**，**143**，**151**，**185**

铌，**106-107**

"尼俄伯"号探测器，**107**

牛顿，艾萨克（**Isaac Newton**），**4**，**13-17**，**89**

牛顿定律

　　绝对静止坐标系，**25**

　　失效，**17**

　　引力定律，**5，13-14，15-16，17，41-42，45，48**

　　运动定律，**14-15**

　　空间观，**14-15，16-17，23**

　　时间观，**15，23，32**

牛津大学，**127**

诺贝尔奖，**28，63，64，75，85-86，91，184**

诺德维特，肯尼思（**Kenneth Nordtvedt**），**63**

诺顿，约翰（**John Norton**），**41**

钕 **YAG，156-157**

O

OMFGA，213

欧几里得（**Euclid**），**17**

欧洲空间局，**50，208，213，214**

P

帕洛马望远镜，**138，141，169**

庞德，罗伯特（**Robert Pound**），**54，58，127，128**

庞家莱，亨利（**Henri Poincare**），**28，31，68** 原文注

喷气推进实验室，**137，210，213，214**

彭齐亚斯，亚诺（**Arno Penzias**），**63**

膨胀宇宙，**5**

频宽/频率范围

　　天线棒探测器，**96，107，123**

　　激光干涉仪探测器，**124，149，178**

　　LIGO，149，216

太空探测器，209，210，216

品质因数，152，165-166

平行公理，17-18，20

普莱斯，威廉（William Press），99，212

普林斯顿大学，37，58，62，63，84，119，128，134，163，167，191，192，210

　　　帕默物理实验室，59

　　　等离子物理实验室，85

普林斯顿应用研究公司，65

普林西比岛科考之旅，48-49

普鲁士皇家科学院，39，43

普洛霍罗夫，亚历山大（Aleksandr Prokhorov），91

普适常量，32

普斯托瓦特，V. I.（V. I. Pustovoit），122

普通光学，152

Q

奇点，60，192，206

牵牛星，71

强等效原则，211

乔姆斯基，诺姆（Noam Chomsky），115

氢弹，58，102

氢原子钟，54-55

"轻快的乐章"号（Allegro），107，108

球形共振棒探测器，108-109，172-173

球状星团，196-197

全球卫星定位系统，6，55

R

人马座，**78**，**96**

热噪声，**97**，**152**，**153**，**159**，**166**，**167-168**，**183**，**223**

《任时光流逝》（*As Time Goes By*），**225**

日食实验，**48-49**，**50**，**52**

熔融石英镜片，**132**，**152**，**165**，**177**，**184**

S

SAGITTARIUS，**213**

萨根，卡尔（**Carl Sagan**），**189-190**

萨谢利，吉洛拉莫（**Girolamo Saccheri**），**18**

散粒噪声，**157**，**159**，**164**，**178**

桑德曼，约翰（**John Sandeman**），**183-184**

桑德斯，盖里（**Gary Sanders**），**162-163**，**185-186**

桑尼，基普（**Kip Thorne**）

　　打赌，**206**

　　黑洞／中子星研究，**63**，**191**，**192**，**193-194**，**195**，**197**，**199**，**200**

　　桑尼和布兰金斯基，**128-129**，**130**

　　宇宙弦，**191**

　　桑尼和德莱弗，**130-131**

　　桑尼和实验家们，**192-193**

　　广义相对论方面的工作，**62**，**63**，**128**，**191**，**192-193**

　　对吉尔增斯坦的评论，**122**

　　《引力论》（*Gravity*），**6**，**81**，**130**，**139**，**192-193**

　　引力波研究，**82-83**，**95**，**99**，**128-130**，**173**，**189**，**190**，**193-194**

　　激光干涉仪研究，**130**

　　LIGO建造，**136**，**137-138**，**165**，**189**，**190**

　　个人背景，**190-191**

火箭发动机设计，**190**

太空引力波探测器，**212**

桑尼和韦伯，**95**，**99**，**129**

桑尼和怀斯，**129-130**，**135**，**189**

虫洞理论，**189-190**

山本博章（**Hiro Yamamoto**），**159-160**

射电望远镜阵列，**6**，**8**，**50**，**70**，**76**

最大的射电望远镜阵列，**76**

毫米波阵列，**138**，**143**

脉冲星探测，**71**，**73**，**205**

亚毫米射电望远镜阵列，**151**

学生建造的射电望远镜阵列，**74**，**75**

射电星系，**74**，**219**

深空探测网，**208**

圣杯工程，**108-109**

圣都立克−69°202，**6-7**

视差测量，**20**

视界，**60**，**206**

时间，还可见词条"*时空*"

绝对时间，**16**，**23**

时间收缩，**32**，**33**，**53**

引力场中的时间，**52-53**

牛顿的普适时钟，**15**，**16**，**32**

狭义相对论中的时间，**31-32**，**33**，**34-35**

时空

黑洞和时空，**195**，**197**

概念，**4-5**，**34-35**

时空弯曲，**41**，**44-46**，**58**

拖曳效应，**55-57**，**81**，**199-200**，**216**

电磁波与时空，**189**

视界处的时空，**60**

时空的膨胀，**8**

广义相对论和时空，**4**，**44**

引力和时空，**41**，**44-47**，**55-57**

陀螺仪实验，56-57

时空涟漪，可见词条"*引力波*"

旋转，55-57

时空扭曲，44-45，48，51-52，55-57，60，120

施奈德，哈特兰（Hartland Snyder），60

室女座星系团，105，166，174，196，202

史瓦西，卡尔（Karl Schwarzschild），60

施韦卡特，菲迪南（Ferdinand Schweikart），19

受扰爆时因素，100

舒茨，伯纳德（Bernard Schutz），181，213

数据分析，160-164，181

舒马克，大卫（David Shoemaker），140

双星系统

辐射出的引力波，81，82，93，96，173，177，188

脉冲双星，74-75，78-85，177

白矮星碰撞，220

X射线，188，193

水星

轨道运动，42-43，44，47，76，81

近日点，42，43，65

雷达信号延迟，51

斯费拉工程，109

斯穆特，乔治（George Smoot），204

斯奈德，约瑟夫（Joseph Snider），54

斯坦福大学，95，96，106，127，165，179

斯坦福线性加速器，163

斯坦哈特，保罗（Paul Steinhardt），204

斯特宾斯，R. 塔克（R. Tucker Stebbins），97，212-213，214，216

索布拉尔科考之旅，48，49

索尔森，彼得（Peter Saulson），69-70，87，110，121原文注，135-136，141，167-168

索莫菲，阿诺德（Arnold Sommerfeld），44

索德纳，J（J. Soldner），47原文注

锁相放大器，64，65-66

T

TAMA 300, **183**

太空测距, **200**, **211**

太空飞行器时钟, **6**, **209**

太空引力波探测器

　　所载原子钟, **209**

　　成功概率, **218**, **220**

　　可探测的事件, **207**, **216-218**

　　频率, **209**, **210**, **216**, **219**

　　LAGOS, **212-213**

　　激光干涉仪, **210**, **213-215**

　　LISA, **213-218**, **219-220**

　　噪声／干扰, **209-210**, **212**, **217**

　　OMEGA, **213-214**

　　轨道, **212**, **213-214**

　　原理, **208**, **209**

　　太空船作为引力波探测器, **208-209**, **210**, **212**

　　灵敏度, **210**

　　实验物体, **214**, **216**

泰勒, 约瑟夫（Joseph Taylor）, **70**, **71-72**, **73-75**, **79**, **80**, **81**, **83**, **84**, **85-86**, **87**, **177**

泰森, J. 安东尼（J. Anthony Tyson）, **99-100**, **101**, **103**, **104**, **105**, **106**, **112**, **139**

太阳

　　偏心率测量, **65-66**

太阳风, **208**, **209**, **210**

"探测者"号探测器, **107**, **108**

汤斯, 查尔斯（Charles Townes）, **91**

特温特大学, **108**

提拉夫, 塞拉普（Serap Tilav）, **164**

天鹅座 X-1, **193**

天球坐标, **78**

天王星轨道运动, **17**

天文物理联合研究室，97，128，210-211

天线棒探测器，89

"轻快的乐章"号（Allegro），107，108

信号放大器，99

"御夫座"号，107

天线棒材料，97，106，107-108

校准，101

把地球作为共振棒探测器，92，97

"探险家"号，107，108

频率范围、频宽，96，107，123

小组合作，96-97，103-104

干扰/误差源，97，100-103，106，108

反应的解释，9-10，102，112

隔离与悬挂系统，93

局限性，123

压电换能器连接，104

相距很远的多台天线棒探测器联网，105

"鹦鹉螺"号，107，108

联网107-108

"尼俄伯"号，107

压电晶体接收器，92，93

原理，9，93

第二代天线棒探测器，106

灵敏度，104-105，106，108-109，113

尺寸，93，99-100，123

球形探测器，108-109，172-173

超导设备，106

过冷探测器，97-98，105-106，107，123，127，177

记录信号的类型，98

天鹰座，78

陀螺实验，56-57

托罗罗山天文台，100

拖曳效应，55-57，81，199-200，216

VIRGO探测器，172-176，182，216

瓦尔特，巴德（Walter Baade），72

外尔，赫尔曼（Hermann Weyl），22

望远镜，8

微波背景辐射，63，130，149，167，204，220

微波辐射计，64

微波激射器，64，91

微波能，91

韦伯，约瑟夫（Joseph Weber），10，87，189

　　对引力波研究的贡献，176，177，191

　　与其他数据间的关系，105-106，109-110，113-114，177

　　对韦伯的批评，98-103，104-105，129，135，185

　　对自己发现的捍卫，100，101，103，105-106，111-112

　　专长，101

　　引力波天线，89，90，92，93-94，101-102，150，191，199

　　引力波观测，94-95，96，127，176

　　韦伯激射器概念，91，111

　　天文台，112-113

　　个人背景，90-91，110-111

　　量子力学解释，111-112

　　相对论研究，88-89，91-92

威尔，克利福德（Clifford Will），5，55，63，64，207

威尔逊，罗伯特（Robert Wilson），63

威尔逊山望远镜，223

微积分的发明，13，16

威斯伯格，约耳（Joel Weisberg），83

维索特，罗伯特（Robert Vessot），54-55，119

沃尔特，荷伯特（Herbert Walther），179

沃格特，罗切斯（罗比）（Rochus Vogt），137-138，140，142-143，144

五大学射电天文台，73

无线电波，27，50，95，还可见词条"脉冲星"

物质，11，189

X

X射线天文学，9，188，193，194，206

"希巴古斯"卫星，50

西储大学，27

西尔克，约瑟夫（Joseph Silk），139

锡拉丘兹大学，69-70，165，167

西林，罗兰（Roland Schilling），176，177-178，179

夏皮罗，欧文（Irwin Shapiro），51，62

狭义相对论

　　方程，34

　　四维世界，35

　　参照系，29，31，32，33

　　引力和狭义相对论，38-39

　　数学争论，31

　　闵可夫斯基的重新解释，34-35，41

物理学家们的反应，31，35，37

　　光速，31，32，33

　　时间，31-32，33，34-35

仙女座星系，108

相对论，还可见词条"广义相对论"、"狭义相对论"

　　测量，34

相对论中心，197-198

蟹状星云，79

信号循环，182，184

辛克法斯，伊恩（Ian Hinckfuss），11

星系

　　星系团，51-52

　　星系碰撞，217，219

　　引力透镜，51，52

　　FSC 10214＋4724，52

　　MCG 6-30-15，206

行星探测器，6

休斯，弗农（Vernon Hughes），126

休斯-德莱弗实验，126

休斯飞行器研究实验室，92-93

休斯激光干涉仪引力辐射天线，123-126

休伊什，安东尼（Antony Hewish），70，71，86

虚无

　　连续三维虚无，15

　　元气（Pneuma apeiron）观，12

Y

压电传感器，104

压电晶体接收器，92

亚里士多德（Aristotle），12，13，172

颜色理论，13

央斯基，卡尔（Karl Jansky），95

耶鲁大学，126

银河，8，74，78，95-96，105，149，166，183，196，218

引力

　　引力和加速度，38-41，53

　　引力作用，13-14，53

伽利略实验，171-172

广义相对论和引力，38-39，41-42，44，45-47，51-53，69，197-198

引力和光，5，39-41，44，45，47-49，51-52，54

马赫原理，64-65，126

牛顿引力定律，5，13-14，15-16，17，41-42，45，48

引力和时空弯曲，41，44-46

引力波

　　替代理论，63-66，120

　　音频范围，161，188，189，195-196，197，199-200，207，219

　　背景引力波（原始背景），203-206

　　双星系统辐射出的引力波，81-82，93，96，173，177，188，198-201

　　黑洞辐射出的引力波，68，88，93，96，108，165，166，188，193，194，219

　　对计算的修正，83

　　定义，3，67-68

　　探测，68，81-83；还可见词条"引力波探测器"

　　爱因斯坦的概念，68-69

　　引力波与电磁辐射的比较，188

　　证据，8，70-71，100，109-110

　　所传递的信息，3，200，201，204-205，219

　　引力波与光波的关系，121原文注，188

　　中子星辐射出的引力波，81-82，93，95，96，108，161，166，173，188，193，198-201

　　波长，161，175，208

　　性质，7，9-10，69，84，90，120，188，189

　　脉冲星辐射出的引力波，81-83，95，96，108，162，163，173

圣都立克－69°202辐射出的引力波，6-7

　　强度（应变），68，69，87-88，98，99，100，129，132，134，157，165，180，184

　　超新星辐射出的引力波，68，69，88，90，94，96，105，108，109，149，162，166，173，

　　174，188-189，194，201-202

　　均匀辐射的引力波，202

　　信号源的追踪，95-96，103，124，173，183

引力波探测器。还可见词条"天线棒探测器"、"激光干涉仪"、"LIGO"

　　首次探测程序，184-186

　　国际引力波探测器网，172-173，180-186

引力场

　　黑洞，53

　　引力场中的时钟，41，52-53

引力常数，120

引力磁学，55-57

引力红移，54-55，58，119，127

《引力论》（*Gravity*），6，81，130，139，192-193

引力探测器A，56

引力探测器B，56-57

引力透镜，5，51-52，112，205

《引力物理学》（*Gravitational Physics*），197

引力质量，等价于惯性质量，64

引力子，174

应变，68，69，87-88，98，99，100，129，132，134，157，165，180，184，210

"鹦鹉螺"号探测器，107，108

"尤利西斯"号太空船，208

御夫座，107

宇宙大小，200

宇宙的乐章，187-188，189

宇宙膨胀，58，64，204，220-221

宇宙射线，108，127，188

宇宙弦，191，205，221

《自然哲学的数学原理》（*Philosophiae naturalis principia mathematica*），13，15

原子喷泉，119

原子钟，54-55，64，116，118-119，209

约翰逊，沃伦（Warren Johnson），106-107

月球比重计，92

运动学，12

Z

噪声/干扰

　　天线棒探测器的噪声/干扰，97，100-103，106，108

　　激光干涉仪的噪声/干扰，123-124，125，127-128，138，177

　　噪声/干扰与反应的解释，102，112

噪声／干扰和隔振与悬挂系统，93，175

LIGO，148-149，150，152，153-154，155-156，157，159，160，164，166，167-168

散粒噪声，157，159，164，178

太空引力波探测器的噪声／干扰，209-210

过冷天线棒探测器和噪声／干扰，97-98，105-106，107，123，127

热噪声，97，152，153，159，166，167-168，183，223

扎波尔斯基，哈里（Harry Zapolsky），131

扎卡莱亚斯，杰罗德（Jerrold Zacharias），118-119

扎克，迈克尔（Michael Zucker），150，157，158

真空系统，115，132，147，154-156，181-182

质量

黑洞的质量，57，166，196，197

引力质量，64

光的质量，34

光速和质量，34

质能，34

织女星，71

重差计，92，119

重力波，可见词条"引力波"

中微子探测器，164，185，188

中子星，3，5，192，还可见词条"脉冲星"

音频信号，199-200，202

中子双星，8，74-75，81，84，113，161，169，188，198-201，216，217

黑洞合并，166

"沸腾"，202

碰撞，84，96，108，149，164，166，198-201

变形，202-203

电磁辐射，73

定义，9

形成，7，72，201，203

引力场，53，199

引力波，81-82，93，95，96，98，108，161，166，188，193，198-199

磁场，73

质量，84，166

　　大小，**84-85**

　　"晃动"，**203**

　　自转，**72-73**，**133**，**203**

　　中子星、白矮星成对，**85**

兹威基，弗里茨〔**Fritz Zwicky**〕，**52**，**72**

译后记

李红杰
2007 年 8 月 28 日

2006年春，我有幸应湖南科学技术出版社之约，开始了本书的翻译工作。本书内容丰富，涉及范围很广，所以翻译时要查阅很多资料。这一方面固然增加了翻译的难度，但另一方面也使我受益匪浅。相信这本书也能带给您一份别具风味的科普大餐。

这是一本关于引力波探测的书，作者玛西亚·芭楚莎是美国知名科普作家，是获得颇负声望的美国物理学会"科学写作奖"的第一位女性。作者首先从古老的时空观出发，简单扼要地向我们介绍了天文学及物理学的发展史，特别是时空观的发展史，之后又着重介绍了引力波探测的发展历程。时空观的发展，一直贯穿着物理学的发展史。在中国，古人在对时空的思考中产生了天圆地方、阴阳互生等概念；在西方，哲学诞生于古希腊人对时空的思考，之后天文学又从哲学中分化出来，之后经典物理学又诞生于天文学。16世纪，哥白尼通过《天体运行论》一书告诉了世人地球并不是宇宙的中心。到了17世纪，牛顿提出了万有引力定律及运动学三大定律，标志着经典物理学从天文学中分化了出来，人类的时空观也因牛顿及前人的努力而发生了重大改变，人们逐渐相信了地球并不是宇宙的中心，而是和其他天体一样运行于静止的空间中；时间则不紧不慢地流逝着。到了20世纪，爱因斯坦的相对论给时空观带来了又一次革命，它告诉人们时间和空间并不是相互独立的，两者构成了时空这个实体；空间不再是静止的，时间也不再是不变量了，唯一不变的是两者的结合体 —— 时空。

物理学发展至今天，告诉了我们自然界存在着4种力：引力、电磁力、强作用力和弱作用力。各种力的作用都是通过交换特定介质实现的，比如电磁力是通过交换光子/电磁波实现的，而传播引力的介质就是引力子/引力波。爱因斯坦提出广义相对论的同时，也预言了这种波的存在。就像加速运动的电荷会辐射出电磁波一样，有质量的物体被加速时也会辐射出引力波。但引力波与电磁波有着本质的区别。电磁波是在时空中传播的一种波动，而引力波则是时空自身的波动。不过，由于其他天体发出的引力波传至地球时已十分微弱，导致时空波动的幅度很小，起初科学家们对探测这种波并不热心。直到1959年，美国马里兰大学的韦伯教授宣布探测到了引力波，这才掀起了探测引力波的热潮。时至今日，全球各地已经建起了很多各式各样的引力波探测设备，而且还有很多新式设备正在兴建或即将建造，其中最著名的就是美国的LIGO项目。本书对这一项目着墨颇多。那么，大家为什么热衷于探测引力波呢？

综观天文学的发展史，我们可以看到，观测手段的每一次重大革命都会带给人们很多惊喜，都会大大拓展人们的观测范围。望远镜出现之前，人们只能靠肉眼来观察天象，观测范围十分有限。望远镜出现后，新的天象纷至沓来，人们不但看清了月球的外貌、行星的卫星等，甚至还把目光投向了遥远的河外星系。射电望远镜的出现又一次大大拓宽了人类的视野，帮助人们发现了宇宙背景辐射、脉冲星、黑洞等天文现象。我们有理由相信，引力波这种全新的探测手段出现的话，一定会带给人类很多全新的天文现象，对人类理解宇宙的起源、时空的特性等都将具有重大意义，甚至还有可能带来另一场时空革命。所以全世界不少宇宙学家、天文学家才将毕生精力献给这项事业，本书作者才耗时多年，经多方采访、广泛搜集资料，记录下了这项事业的发展历程。

　　本书虽然着重讲述了引力波探测事业的发展历程，但在哲学、物理学、天文学、数学等方面都有所涉及，文笔优美，繁简得当，且不乏幽默诙谐之处，将严肃而难以理解的科学知识以细腻而通俗易懂的语言向我们娓娓道来，这也是本书吸引我的地方。作为译者，我本着严谨求真的态度翻译了本书；作为读者，我郑重地向大家推荐本书。

　　无论是翻译还是写作，都是我期望已久的梦想。感谢湖南科学技术出版社给了我这次实践的机会。在翻译的过程中，我的导师张新宇研究员给予了莫大的支持，大学同窗好友刘万霖给予了很多帮助，我的弟弟李红坤帮忙校了一遍稿子，提出了不少建议，还有很多朋友都伸出了援助之手，在此向他们表示诚挚的谢意。译稿完成后，我发现每次校对都能找到一些漏洞，因此我相信书中仍有不少疏漏之处，还请读者不吝赐教。

图书在版编目（CIP）数据

爱因斯坦的未完成交响曲 /（美）玛西亚·芭楚莎著；李红杰译. — 长沙：湖南科学技术出版社，2018.1（2024.1重印）
（第一推动丛书，宇宙系列）
ISBN 978-7-5357-9445-1
Ⅰ.①爱… Ⅱ.①玛… ②李… Ⅲ.①天文台—普及读物 Ⅳ.① P112-49
中国版本图书馆 CIP 数据核字（2017）第 212886 号

Einstein 's Unfinished Symphony
Copyright © 2017 by Marcia Bartusiak
Published in agreement with Lippincott Massie McQuilkin, through The Grayhawk Agency
All Rights Reserved

湖南科学技术出版社通过光磊国际版权经纪有限公司获得本书中文简体版中国大陆独家出版发行权
著作权合同登记号 18-2006-004

AIYINSITAN DE WEIWANCHENG JIAOXIANGQU
爱因斯坦的未完成交响曲

著者
[美] 玛西亚·芭楚莎
译者
李红杰
出版人：潘晓山
责任编辑
吴炜 戴涛 杨波
装帧设计
邵年 李叶 李星霖 赵宛青
出版发行
湖南科学技术出版社
社址
长沙市芙蓉中路一段416号泊富国际金融中心
http://www.hnstp.com
湖南科学技术出版社
天猫旗舰店网址
http://hnkjcbs.tmall.com
邮购联系
本社直销科 0731-84375808

印刷
湖南凌宇纸品有限公司
厂址
长沙县杨帆路8号
邮编
410137
版次
2018 年 1 月第 1 版
印次
2024 年 1 月第 7 次印刷
开本
880mm×1230mm 1/32
印张
10.5
字数
218000
书号
ISBN 978-7-5357-9445-1
定价
49.00 元